MATHEMATIK 8
BADEN-WÜRTTEMBERG

Herausgeber
Dieter Baum – *Karlsruhe* • Hannes Klein – *Karlsruhe*
Thilo Schmid – *Winnenden*

Autorinnen und Autoren
Dieter Baum – *Karlsruhe* • Hannes Klein – *Karlsruhe*
Franziska Köhler – *Neckargemünd* • Elke Kopp – *Winnenden*
Sabine Kowalk – *Freiburg* • Mathias Nimmrichter – *Hockenheim*
Lisa Polzer – *Karlsruhe* • Thilo Schmid – *Winnenden*
Nicola Steinkamp – *Ladenburg*

Herausgeber
Dieter Baum, Hannes Klein, Thilo Schmid

Autorinnen und Autoren
Dieter Baum, Hannes Klein, Franziska Köhler, Elke Kopp, Sabine Kowalk,
Mathias Nimmrichter, Lisa Polzer, Thilo Schmid, Nicola Steinkamp

Unter Verwendung der Materialien von
Dieter Baum, Ulrike Hellstern, Hannes Klein, Marina Kopp, Reiner Mecherlein,
Mathias Nimmrichter, Angelika Philipzen, Joachim Poloczek, Klaus Gierse, Heinrich Hausknecht,
Susanne Lautenschlager, Klaus Markowski, Thilo Schmid, Joachim Schmidt, Peter Scholze

Redaktion:	Dr. Hans-Peter Waschi, Wolnzach
Illustration:	Cleo-Petra Kurze, Berlin
Grafik:	Detlef Seidensticker, München;
	Kapiteleingangsbilder: Elke Rohleder/floxdesign, Berlin
Umschlaggestaltung:	SOFAROBOTNIK GbR, Augsburg & München
Layoutentwurf:	Elke Rohleder/floxdesign, Berlin
Technische Umsetzung:	PER MEDIEN & MARKETING GmbH, Braunschweig

Begleitmaterial zum Lehrwerk für Lehrerinnen und Lehrer
Lösungen zum Schülerbuch ISBN 978-3-06-004893-9
Handreichungen für den Unterricht mit CD-ROM ISBN 978-3-06-004878-6
Kopiervorlagen für eine Lerntheke ISBN 978-3-06-004884-7

www.cornelsen.de

1. Auflage, 1. Druck 2017

Alle Drucke dieser Auflage sind inhaltlich unverändert
und können im Unterricht nebeneinander verwendet werden.

© 2017 Cornelsen Verlag GmbH, Berlin

Das Werk und seine Teile sind urheberrechtlich geschützt.
Jede Nutzung in anderen als den gesetzlich zugelassenen Fällen bedarf
der vorherigen schriftlichen Einwilligung des Verlages.
Hinweis zu den §§ 46, 52a UrhG: Weder das Werk noch seine Teile dürfen ohne eine
solche Einwilligung eingescannt und in ein Netzwerk eingestellt oder sonst öffentlich
zugänglich gemacht werden.
Dies gilt auch für Intranets von Schulen und sonstigen Bildungseinrichtungen.

Soweit in diesem Buch Personen fotografisch abgebildet sind und ihnen von der Redaktion
fiktive Namen, Berufe, Dialoge und ähnliches zugeordnet oder diese Personen in bestimmte
Kontexte gesetzt werden, dienen diese Zuordnungen und Darstellungen ausschließlich der
Veranschaulichung und dem besseren Verständnis des Buchinhalts.

Druck: Mohn Media Mohndruck, Gütersloh

ISBN 978-3-06-004872-4 (Schülerbuch)
ISBN 978-3-06-004892-2 (E-Book)

PEFC zertifiziert
Dieses Produkt stammt aus nachhaltig
bewirtschafteten Wäldern und kontrollierten
Quellen.
www.pefc.de

Inhalt

Vorwort 6
Rückschau 8

1 Termumformungen und Binome

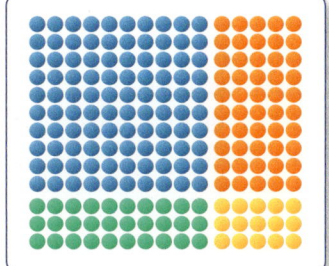

1.1	Termumformungen	18
1.2	• Ausmultiplizieren und Ausklammern	20
1.3	• Multiplikation von Summen	23
1.4	• Binomische Formeln	26
1.5	• Faktorisieren mithilfe von binomischen Formeln	30
1.6	Grundlagentraining	33
1.7	Mach dich fit!	35
1.8	Grundwissen	38
1.9	Mehr zum Thema: Kopfrechentricks	40

2 Gleichungen

2.1	Äquivalenzumformungen in Gleichungen	42
2.2	Sonderfälle beim Lösen von Gleichungen	44
2.3	Gleichungen mit Klammern	45
	Strategie: Gleichungen mit Klammern lösen	46
2.4	• Gleichungen mit Binomen	48
2.5	Textaufgaben mithilfe von Gleichungen lösen	50
2.6	• Bruchgleichungen	53
2.7	• Verhältnisgleichungen	56
2.8	Grundlagentraining	58
2.9	Mach dich fit!	61
2.10	Grundwissen	64
2.11	Mehr zum Thema: Das Königsberger Brückenproblem	66

3 Funktionale Zusammenhänge

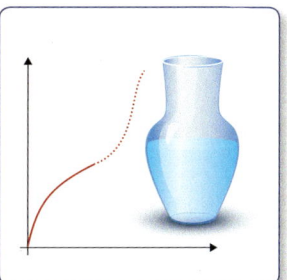

3.1	Proportionale Zusammenhänge	68
3.2	Antiproportionale Zusammenhänge	70
3.3	Funktionen	74
3.4	• Proportionale Funktionen	78
3.5	• Lineare Funktionen	80
3.6	• Die Steigung in Bruchdarstellung	82
3.7	• Berechnungen mit linearen Funktionen	85
3.8	• Darstellungsformen funktionaler Zusammenhänge ...	89
3.9	Grundlagentraining	92
3.10	Mach dich fit!	94
3.11	Grundwissen	98
3.12	Mehr zum Thema: Steigungen und Gefälle	100

Inhalt

4 Lineare Gleichungssysteme

4.1	• Grafische Lösung eines linearen Gleichungssystems	102
4.2	• Gleichsetzungsverfahren	104
4.3	• Einsetzungsverfahren	107
4.4	• Additions- und Subtraktionsverfahren	110
4.5	• Sonderfälle und ihre geometrische Bedeutung	112
4.6	• Strategie: Wann bietet sich welches Verfahren an?	114
4.7	• Das passende Lösungsverfahren finden	115
4.8	Grundlagentraining	118
4.9	Mach dich fit!	121
4.10	Grundwissen	124
4.11	Mehr zum Thema: Mischungen im Chemielabor	126

5 Berechnungen am Kreis

5.1	Faustregeln für Kreise	128
5.2	Umfang und Flächeninhalt des Kreises	130
5.3	Kreisringe	134
5.4	Kreisausschnitte	135
5.5	Zusammengesetzte Figuren	137
5.6	Grundlagentraining	139
5.7	Mach dich fit!	141
5.8	Grundwissen	144
5.9	Mehr zum Thema: Ellipsen sind „gestauchte" Kreise	146

Inhalt

6 Körper darstellen und berechnen

6.1	Körper in der Übersicht	148
6.2	Netze und Schrägbilder von Prismen und Zylindern	150
6.3	Oberflächeninhalt von Prismen	154
6.4	Volumen von Prismen	156
6.5	Oberflächeninhalt von Zylindern	158
6.6	Volumen von Zylindern	160
6.7	Zusammengesetzte Körper	162
6.8	Grundlagentraining	165
6.9	Mach dich fit!	167
6.10	Grundwissen	170
6.11	Mehr zum Thema: Aus 3D mach 2D	172

7 Mathematik im Alltag anwenden

7.1	Vom Alltag zur Mathematik und zurück	174
7.2	• Vermischte Anwendungsaufgaben	178
7.3	Prozente und Zinsen	182
7.4	• Die Tabellenkalkulation sinnvoll nutzen	186
7.5	Mehr zum Thema: Weltbevölkerung	190

Lösungen zur Rückschau	191
Lösungen zum Grundlagentraining	198
Lösungen zu Mach dich fit!	215
Lösungen zu Mehr zum Thema	236
Zeichenerklärung	237
Stichwortverzeichnis	238
Bildquellenverzeichnis	240

• Diese Inhalte sind nur für den Mittleren Schulabschluss verbindlich.

Vorwort

Liebe Schülerin, lieber Schüler,

wir haben dein neues Schulbuch so gestaltet, dass du dich leicht in den einzelnen Kapiteln zurecht findest und dass du möglichst viel Freude daran hast, dich mit Mathematik zu beschäftigen.

- Am Anfang des Buches halten wir **Rückschau** auf die Klassenstufen 6 und 7. Die Aufgaben der Rückschau solltest du alle lösen können, dann bist du gut gerüstet für das neue Schuljahr!

- Jedes Teilkapitel beginnt mit einer **Einstiegssituation**. Mithilfe von hinführenden Aufgaben, die du an ihrer grauen Nummer erkennst, sollst du dich in das Thema eindenken. Oft kannst du dabei zusammen mit deinen Mitschülerinnen und Mitschülern etwas entdecken.

- Das Wichtigste zu einem Thema, das du dir unbedingt merken solltest, wird in einem **Merkkasten** zusammengefasst.

  > **M** Ein Produkt ist null, wenn ein Faktor null ist.

- Manchmal gibt es auch noch einen hilfreichen **Tipp**.

  > **T** Die **Quersumme** einer Zahl ergibt sich, indem man alle Ziffern der Zahl addiert.

- Die **Strategieseiten** und die Kästen in gleicher Farbe beschreiben, wie du bestimmte Aufgabentypen lösen kannst.

  > ① **Klammern zuerst**
  > Gibt es im Rechenausdruck Klammern? Wenn ja, müssen diese zuerst …

- Die **Übungsaufgaben** haben blaue Nummern. Sie sind unterschiedlich schwierig, was du an der Anzahl der Punkte unter der Aufgabennummer leicht erkennen kannst, zum Beispiel: 6, 14, 19. Manche Aufgaben haben keine Punkte. Hier ist auch deine Fantasie gefordert, denn es gibt ganz unterschiedliche Wege, wie man solche Aufgaben lösen kann.

- Auf die Teilkapitel, in denen du Neues gelernt hast, folgt das **Grundlagentraining**. Dort findest du einfache und anschauliche Aufgaben zum Üben und Festigen des neu Erlernten.

- Danach kommt der Abschnitt **„Mach dich fit!"**. Er bietet dir viele Aufgaben in unterschiedlichen Schwierigkeitsgraden, mit denen du selbstständig wiederholen und dich auf die Klassenarbeit vorbereiten kannst.

- Das **Grundwissen** ist eine Sammlung der wichtigsten Begriffe und Regeln.

- Ganz am Ende eines Kapitels steht die Seite **„Mehr zum Thema"**. Hier wird Erstaunliches, Witziges, Interessantes oder auch mal ein Spiel aus dem Reich der Mathematik geboten. Vielleicht gefällt es dir so gut, dass du dich sogar nach der Schule damit beschäftigst!

- Am Ende des Buches findest du die **Lösungen** zum „Grundlagentraining", zu „Mach dich fit" und zu „Mehr zum Thema".

Und jetzt viel Erfolg!

Autoren und Verlag

Rückschau

Rückschau

Rationale Zahlen

Addition und Subtraktion
Bei gleichen Rechenzeichen und Vorzeichen wird addiert.
Bei ungleichen Rechenzeichen und Vorzeichen wird subtrahiert.

$5 + (+4)$ wird zu: $5 + 4$
$5 - (-4)$ wird zu: $5 + 4$
$5 + (-4)$ wird zu: $5 - 4$
$5 - (+4)$ wird zu: $5 - 4$

Multiplikation und Division
1. Beide rationalen Zahlen ohne Berücksichtigung des Vorzeichens multiplizieren/dividieren.
2. Vorzeichen für das Ergebnis festlegen:
   gleiche Vorzeichen im Term
   ⇒ Ergebnis positiv $(+6) \cdot (+3) = +18$
   $(-8) : (-4) = +2$
   ungleiche Vorzeichen im Term
   ⇒ Ergebnis negativ $(-8) : (+4) = -2$
   $(+6) \cdot (-3) = -18$

Der Wert von Potenzen mit negativer Basis ist …
… bei geraden Exponenten positiv.
$(-3)^4 = (-3) \cdot (-3) \cdot (-3) \cdot (-3) = +81$

… bei ungeraden Exponenten negativ.
$(-3)^3 = (-3) \cdot (-3) \cdot (-3) = -27$

---

1 Vereinfache die Schreibweise und berechne.
a $(+9) + (-5)$
b $(-20) - (-30)$
c $(-1\,800) - (+250)$
d $(+7,5) + (+22,5)$
e $(-11,8) + (-5,4)$
f $\left(+\frac{3}{4}\right) - \left(-\frac{1}{8}\right)$

2 Lege vor dem Berechnen das Vorzeichen fest.
a $100 : 4$; $100 : (-100)$; $100 : (-8)$; $100 : 0,5$
b $-18 \cdot (-5)$; $-18 \cdot (-6,9)$; $-18 \cdot 1\,000$; $-18 \cdot \frac{1}{3}$

3 Markiere die Zahlen auf einer geeigneten Zahlengeraden.
a -5; $+4$; $-1,5$; $+7$; 0; $+2,5$; -3
b $-0,6$; $0,3$; $-0,25$; -1; $0,05$

4 Berechne.
a $(-11) \cdot (-11)$
b $(-5) \cdot (-5) \cdot (-5)$
c 10^9
d $(-2)^5$
e $(-7)^2$
f $12^2 + (-4)^2$

5 Achtung: Klammer vor Punkt vor Strich!
a $-27 + 9 \cdot (-11) - 25 \cdot (-5)$
b $91 : (-7) - 4 \cdot 6 \cdot 2 + (-8)^2$
c $-200 - (17,3 + 3,25 \cdot 4 - 29,2) + 11,1$

6 Bestimme die Koordinaten der Punkte.

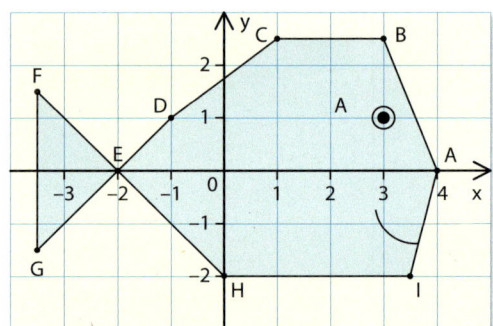

7 Trage die Eckpunkte der Vierecke in ein Koordinatensystem ein (Einheit 1 cm).
① $A(3|3,5)$; $B(3|6)$; $C(0,5|6)$; $D(0,5|3,5)$
② $E(-2,5|4)$; $F(-3,5|5)$; $G(-4,5|4)$; $H(-3,5|1)$
③ $K(-3|0)$; $L(-4,5|-1,5)$; $M(-2|-4)$; $N(-0,5|-2,5)$

a Welches der Vierecke ist kein Rechteck? Wie heißt dieses Viereck?
b Zeichne die Gerade g, die durch den Punkt B und den Ursprung verläuft. In welchen beiden Punkten schneidet die Gerade die Seiten des Vierecks ③? Notiere die Koordinaten.

Rückschau

Terme

Addition und Subtraktion
Terme mit gleichen Variablen können addiert bzw. subtrahiert werden.

$$4a + 5b - 7a + b \quad | \text{ordnen}$$
$$= 4a - 7a + 5b + b$$
$$= -3a + 6b$$

Multiplikation und Division
- Faktoren multiplizieren/dividieren.
- Malpunkt zwischen den Variablen weglassen.
- Gleiche Variablen als Potenz schreiben.

$$4 \cdot 5a \cdot b \cdot 3b \quad | \quad 56x : 7 = 8x$$
$$= 4 \cdot 5 \cdot 3 \cdot a \cdot b \cdot b = 60ab^2$$

Terme mit Klammern
Plusklammern können weggelassen werden.
$7a + (-3b + 5c) = 7a - 3b + 5c$

Minusklammern kann man auflösen, indem man alle Vorzeichen im Klammerterm umdreht.
$8x - (-3y + z) = 8x + 3y - z$

Ausmultiplizieren
Klammern auflösen mit dem Verteilungsgesetz.
$4 \cdot (3x + 5y) = 4 \cdot 3x + 4 \cdot 5y = 12x + 20y$

Ausklammern
Gemeinsame Faktoren ausklammern.
$2ab - 10ac = 2a(b - 5c)$

---

1 Vereinfache die Terme.
- **a** $k + k + m + m - k$
- **b** $20a - 25a$
- **c** $5x + y - 3x + 10y$
- **d** $x - 8x - 4y + 10x + 3y$
- **e** $-2{,}7a + 16b - 2{,}2b + a$
- **f** $\frac{1}{2}e + 7f + \frac{3}{2}e$

2 Stelle Terme für den Umfang der Figuren auf und fasse sie so weit wie möglich zusammen.

a 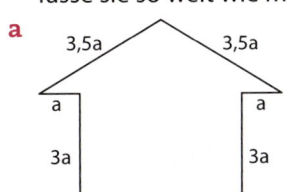 b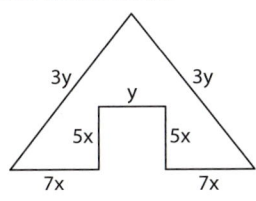

3 Fasse die Terme zusammen.
- **a** $7g \cdot 3h$
- **b** $10n \cdot 8n$
- **c** $51rs : 17$
- **d** $a \cdot b \cdot c \cdot b \cdot a \cdot b$
- **e** $6t \cdot 4u \cdot v \cdot 5 \cdot 2uv$
- **f** $1{,}5x \cdot 3xy \cdot x$

4 Löse die Klammern auf und fasse zusammen.
- **a** $a + (5a - 8)$
- **b** $6b - (2 + 9b)$
- **c** $-7x + (-4y + 3x)$
- **d** $-c - (-d + 6c)$
- **e** $15p - (-12p - 17q)$
- **f** $6{,}6h + (4{,}7 - g + 1{,}4h)$

5 Je drei Kärtchen gehören zusammen.

$a^2 + ab$	$2b + (4b + a)$	$a \cdot b + a \cdot a$
$8a + 2b - 4a$	$a + 6b$	$8b - (-a + 2b)$
$a \cdot (a + b)$	$4a + 2b$	$2 \cdot (2a + b)$

6 Löse die Klammern auf, indem du ausmultiplizierst.
- **a** $10 \cdot (v + 7w)$
- **b** $-6a \cdot (b - 3)$
- **c** $(2k + 4n) \cdot k$
- **d** $(7x - 8y) \cdot 3z$
- **e** $8(5a + 9b - z)$
- **f** $2e(4e - 5f + 6)$

7 Klammere gemeinsame Faktoren aus.
- **a** $15p - 50q$
- **b** $9x + 4xy$
- **c** $\frac{3}{8}d + \frac{3}{8}e + \frac{3}{8}f$
- **d** $-8g + 14gh$
- **e** $13xy - 5xyz$
- **f** $9abc + 4{,}5bc + 13{,}5c$

8 Fülle die Wertetabelle im Heft.

x	−10	−2	0	1	5
$4 - x$	…	…	…	…	…
$3x + 1$	…	…	…	…	…
$x^2 - 7$	…	…	…	…	…

Rückschau

Gleichungen

Äquivalenzumformungen

Gleichungen kann man durch mehrfaches Umformen lösen, indem man nacheinander:
- Auf beiden Seiten die gleiche Zahl addiert oder subtrahiert.
- Auf beiden Seiten mit der gleichen Zahl multipliziert oder durch die gleiche Zahl (außer null) dividiert.

$$4x + 7 = 55 \quad |-7$$
$$4x = 48 \quad |:4$$
$$x = 12$$

Gleichungen lösen

1. Klammern auflösen.
2. Terme zusammenfassen.
3. Variable auf eine Seite bringen.
4. Zahlen auf die andere Seite bringen.
5. Durch den Faktor vor der Variablen dividieren.

$$3(x+5) = x + 9$$
$$3x + 15 = x + 9 \quad |-x$$
$$2x + 15 = 9 \quad |-15$$
$$2x = -6 \quad |:2$$
$$x = -3 \quad \Rightarrow \quad L = \{-3\}$$

1 Wie schwer ist jeweils ein Paket?

a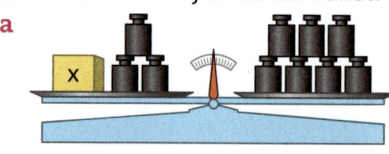

b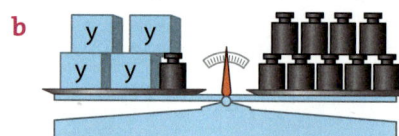

c

2 Rechne im Kopf. Setze die Zahlen so in die Gleichungen ein, dass sie stimmen.

| 22 | 6 | 0,5 | 25 | 28 | 5,5 |

a $\heartsuit + 13 = 41$
b $-5 + \clubsuit = 17$
c $4 \cdot \diamondsuit = 22$
d $\spadesuit : 5 = 1,2$
e $3 \cdot \star - 10 = 65$
f $\smiley + 4,8 + \smiley = 5,8$

3 Wähle die passende Äquivalenzumformung.

a $q - 10,5 = 4,3$
b $x : 8 = 12,5$
c $12a = -132$
d $0,5e = 10$
e $-2,2 + n = -5,5$
f $\frac{1}{5}y = 6$

4 Löse durch mehrfaches Umformen.

a $3x + 11 = -16$
b $x \cdot 5 - 17 = 28$
c $19 + x : 13 = 58$
d $-6 + 4x = -1$
e $-2x - 19 = -33$
f $\frac{1}{7}x + 1 = 1,3$

5 Stelle die Gleichungen auf und ordne der gesuchten Zahl jeweils das passende Kärtchen zu.

| 1,1 | 3,3 | 6,6 |

a Addiere zur gesuchten Zahl die Zahl 5,8 und subtrahiere dann 7,1. Das Ergebnis ist 2.
b Dividiere die gesuchte Zahl durch 2 und addiere dann 8. Das Ergebnis ist 11,3.
c Multipliziere die Summe von x und 3,9 mit der Zahl 12. Das Ergebnis ist 60.

6 In dem Dreieck mit einem Umfang von 18,6 cm sind zwei Seiten gleich lang. Die dritte Seite hat eine Länge von 5,4 cm.
a Erstelle eine Planfigur.
b Stelle eine Gleichung auf.
c Berechne die fehlenden Größen.

7 Fasse zusammen und löse dann.
a $6x + 5x - 1 - 3x + 7 = -10$
b $2(x + 1,5) + 100 = 111$
c $4x + 8 - (5x + 9) = -3x + 21$

Rückschau

Proportionalität

Proportionale Zuordnungen
1 kg Kirschen kostet 5,50 €.
Doppelt so viele Kirschen kosten **doppelt** so viel.

Tabelle

Gewicht (kg)	1	2	3	4
Preis (€)	5,50	11,00	16,50	22,00

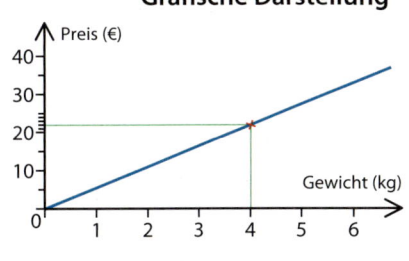

Grafische Darstellung

Dreisatz …
Bei einer proportionalen Zuordnung kann man fehlende Werte mit dem Dreisatz berechnen. Man schließt zuerst auf die Einheit oder auf eine geeignete Zwischengröße und dann auf das gesuchte Vielfache.

… drei Sätze
3 Mohnschnecken kosten 4,20 €.
1 Mohnschnecke kostet 4,20 € : 3 = 1,40 €.
7 Mohnschnecken kosten 1,40 € · 7 = 9,80 €.

… als Tabelle

Anzahl	Preis (€)
3	4,20
1	1,40
7	9,80

---

1 Welche Zuordnungen sind proportional? Begründe deine Antwort.
a Äpfel in kg → Preis
b Alter eines Pferdes → Gewicht
c Betrag in Euro → Betrag in Schweizer Franken

2 Robin kauft sich ein Riesenseis mit fünf Megakugeln und bezahlt 6,50 €.
a Zeichne das Schaubild für bis zu 12 Kugeln auf der x-Achse und bis zu 15 € auf der y-Achse.
b Lies die Preise für drei und sechs Kugeln ab.
c Wie viele Kugeln bekäme Robin für 13,– €?
d Kontrolliere die abgelesenen Ergebnisse für **b** und **c** durch Rechnung.

3 Ergänze die Tabellen der proportionalen Zuordnungen im Heft.

a

Anzahl	1	2	3	4	5	10
Preis (€)	…	…	…	19,60	…	…

b

Weg (km)	20	…	80	100	…	500
Zeit (min)	…	45	60	…	180	…

4 Löse die Aufgaben mithilfe des Dreisatzes.
a Für zwei Stunden Babysitten bekommt Sarah 19 Euro. Wie viel verdient sie in drei Stunden?
b Fünf Pizzen kosten bei Pepe 42,50 Euro. Noah kauft für seine Geburtstagsparty zwölf Pizzen.
c Fred Flitzi gibt Gas und fährt 30 km in 40 min. Wie weit kommt er bei gleicher Geschwindigkeit in einer halben Stunde?

5 Welche Tabelle passt zum Schaubild?

Euro	Dollar
100	105,74
…	…
99	…

Euro	Britische Pfund
50	42,59
…	…
20	…

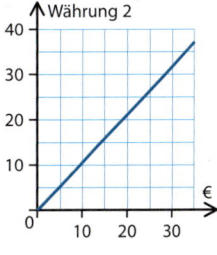

a Fülle die Lücken der Tabellen in deinem Heft.
b Zeichne das fehlende Schaubild.

Rückschau

Prozent- und Zinsrechnung

Begriffe der Prozentrechnung
Grundwert G: das Ganze, 100 %
Prozentwert P: ein Teil des Ganzen
Prozentsatz p %: Anteil am Ganzen
6 von den 30 Schülern der 8a sind heute krank. Das sind 20 % der ganzen Klasse.
G = 30 Schüler; **P** = 6 Schüler; **p %** = 20 %

Zinsrechnung
Man wendet das Prozentrechnen mit anderen Bezeichnungen an:
Grundwert G $\rightarrow$ **Kapital K**
Prozentwert P $\rightarrow$ **Zinsen Z**
Prozentsatz p % $\rightarrow$ **Zinssatz p %**

Prozentrechnung
Prozentsatz berechnen $\quad p\,\% = \frac{P}{G}$
Prozentwert berechnen $\quad P = G \cdot p\,\%$
Grundwert berechnen $\quad G = \frac{P}{p\,\%}$

Zinsen für Zeitspannen unter 1 Jahr
Zinsen = Jahreszinsen · Zeitfaktor
Zeitfaktor: Anteil der Zeitspanne am vollen Jahr
7 Monate $\rightarrow \frac{7}{12}$ $\qquad$ 55 Tage $\rightarrow \frac{55}{360}$

Vermehrter und verminderter Grundwert
$G^+ = G \cdot q \quad$ mit $\quad q = 100\,\% + p\,\%$ $\qquad$ $G^- = G \cdot q \quad$ mit $\quad q = 100\,\% - p\,\%$
Erhöhung um 25 %: $\;G^+ = G \cdot 1{,}25$ $\qquad$ Rabatt von 15 %: $\;G^- = G \cdot 0{,}85$

---

1 Vergleiche die Angaben. Setze im Heft <, > oder = ein.
a 0,2 □ 20 % $\quad$ **c** $\frac{5}{7}$ □ 75 % $\quad$ **e** $\frac{3}{8}$ □ 37,5 %
b 60 % □ $\frac{3}{5}$ $\quad$ **d** 30 % □ $\frac{1}{3}$ $\quad$ **f** 0,01 □ $\frac{1}{1000}$

2 Mats und Jerome treten beim Torwandschießen gegeneinander an.
Mats: Ich habe 18 Treffer bei 25 Schüssen.
Jerome: Ich habe mit 21 Treffern gewonnen!
Mats: Nein. Du hast ja 30-mal geschossen. Ich bin der Sieger!

3 Gib den prozentualen Anteil an.
a 800 Jugendliche leben in Burghausen. 240 von ihnen sind Mitglied im Burghauser Sportverein.
b Beim Unfall des Lkw zerbrachen 108 Spiegel. Das Fahrzeug war mit 180 Spiegeln beladen.
c Von den 3 500 Wahlberechtigten stimmten 1 330 für den Kandidaten Hansi Glöckler.

4 Berechne den Prozentwert.
a Von 400 befragten Kindern lieben 72 % Eis.
b 12 % der 75 Schüler der Klassenstufe 8 werden mit dem Auto zur Schule gebracht.
c Auf der Erde leben 7,44 Milliarden Menschen. Etwa 90 % davon haben braune Augen.

5 Bestimme den Grundwert.
a 799 Fahrräder hatten funktionierendes Licht. Das waren 85 % der kontrollierten Räder.
b Mit 68 250 Fans ist das Stadion zu 91 % gefüllt.
c 37,5 % der Schüler der 8d haben Sport als Lieblingsfach, das sind neun Sportliebhaber.

Rückschau

6 Überprüfe diese Werbung.

7 Die SMV der Leibniz-Schule hat das Ergebnis einer Umfrage veröffentlicht.

Welche Aktion soll die SMV in diesem Schuljahr planen?

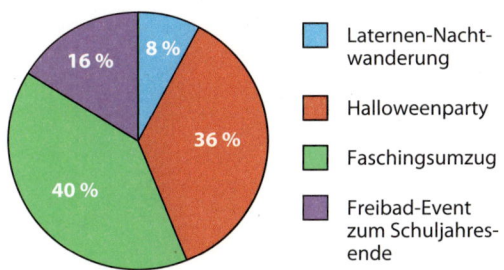

a 261 Schüler wünschen sich eine Halloweenparty. Wie viele Schüler haben an der Umfrage teilgenommen?
b Wie viele Schüler haben jeweils für die anderen Aktionen gestimmt?
c Stelle das Ergebnis der Umfrage in einem Säulendiagramm dar.

8 Zutaten der Schokocreme:
- 360 g Zucker
- 165 g Palmöl
- 97,5 g Haselnüsse
- 75 g Kakao
- 52,5 g Magermilchpulver

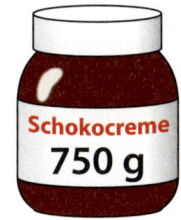

a Berechne die Anteile der Zutaten in Prozent.
b Erstelle ein Streifendiagramm.
c Eine Haselnuss ohne Schale und ein Stück Würfelzucker wiegen jeweils ca. 3 g. Wie viele Würfelzucker-Stücke und wie viele Haselnüsse sind in dem Glas Schokocreme enthalten?

9 Berechne die jeweils fehlende Größe.
a Herr Häberle legt seine 500 000 € Lottogewinn auf ein Sparbuch; er erhält einen Zinssatz von 0,3 %. Wie viele Euro Jahreszinsen wird er bekommen?
b Frau Zorn hat ein Darlehen von 8 000 € aufgenommen, für das sie nach einem Jahr 176 € Zinsen bezahlen muss. Wie hoch ist der Zinssatz?
c Toms Darlehen wird mit 1,9 % verzinst. Wie hoch war das Darlehen, wenn er nach Ablauf eines Jahres 285 € Zinsen bezahlt?

10 Vervollständige die Tabelle im Heft.

	Kapital	Zinssatz	Zeit	Zinsen
a	9 500 €	0,5 %	$\frac{1}{4}$ Jahr	…
b	1 300 €	…	5 Monate	5,96 €
c	…	0,8 %	100 Tage	12,89 €
d	2 700 €	1,2 %	…	16,20 €

11 *Vermehrter und verminderter Grundwert*
Berechne die fehlende Größe in einem Schritt.
a Das Gehalt von Frau Steffen von 2 100 € wird um 3 % erhöht. Wieviel verdient sie jetzt?
b Onkel Wilhelm schließt einen neuen Handy-Vertrag ab. Bisher zahlte er 19 € pro Monat. „Ich zahle jetzt 58 % weniger!" sagt er. Wie viel bezahlt er nun?
c Beim Kauf ihres neuen Smartphones bekommt Alina einen Rabatt von 12 % und bezahlt 210,32 €.
Wie hoch war der ursprüngliche Preis?
d Preiserhöhung bei den Bustickets ab 1. Januar:

Um wieviel Prozent wurde der Preis erhöht?

12 Ein Tablet kostet netto 210 €.
a Berechne den Preis mit Mehrwertsteuer, den man im Laden bezahlt.
b Bei *Emils Elektroladen* gibt es diese Woche die Aktion „19 % Rabatt auf jedes Produkt". Wie viel kostet das Tablet dort?

Rückschau

Dreiecke und Vielecke

Winkelsummen

Für die Summe der drei Winkel α, β und γ
im **Dreieck** gilt: α + β + γ = 180°
Für die Summe der vier Winkel α, β, γ und δ
im **Viereck** gilt: α + β + γ + δ = 360°
Für die Summe aller Winkel im **Vieleck** gilt:
(n − 2) · 180°   (n = Anzahl der Ecken)

1 Wie groß sind die Winkel?

a Benenne die Paare von Nebenwinkeln (liegen nebeneinander) und Scheitelwinkeln (liegen gegenüber) und gib die Größe aller Winkel an.

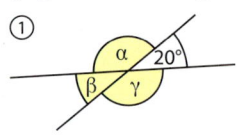 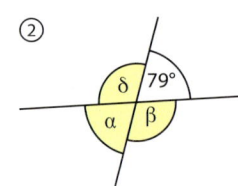

b Gib alle Paare von Stufen- und Wechselwinkeln an und berechne alle Winkelgrößen.
Beispiele $α_1$ und $α_2$ sind Stufenwinkel.
$α_1$ und $γ_2$ sind Wechselwinkel.

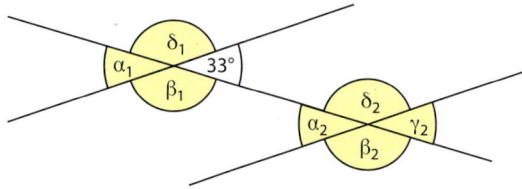

> **T** Paare von Scheitelwinkeln, Stufenwinkeln und Wechselwinkeln sind gleich groß.

2 Sind die Aussagen richtig oder falsch? Begründe deine Antwort.

a Ein rechtwinkliges Dreieck ist immer achsensymmetrisch.

b Jeder Winkel in einem gleichseitigen Dreieck hat ein Winkelmaß von 60°.

c In einem Dreieck kann kein Winkel größer als 150° sein.

3 In den Vielecken fehlt jeweils ein Winkelmaß. Überlege dir, wie du den Winkel berechnen kannst, und gib seine Größe an.

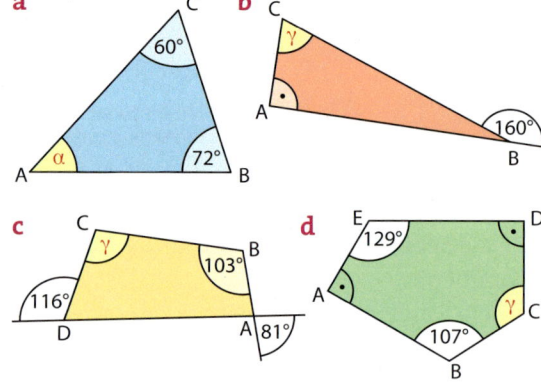

4 Rechtwinklige Dreiecke

a In einem rechtwinkligen Dreieck gilt: β = 41°. Wie groß sind die Winkel α und γ?

b Gib das Winkelmaß aller Winkel in einem rechtwinklig-gleichschenkligen Dreieck an.

5 Trage die Punkte A(−3|1) und B(3|1) in ein Koordinatensystem ein.

a Wähle die x-Koordinate des Punktes C(?|4) so, dass die angegebene Dreiecksart entsteht.
(1) spitzwinklig   (3) stumpfwinklig
(2) gleichschenklig (4) rechtwinklig

b Um ein gleichseitiges Dreieck zu erhalten, musst du den Punkt C auch nach oben oder unten verschieben. Finde seine Koordinaten durch Ausprobieren und Abmessen.

Flächen berechnen

Dreieck

$A = \dfrac{a \cdot h_a}{2}$

$A = \dfrac{b \cdot h_b}{2}$

$A = \dfrac{c \cdot h_c}{2}$

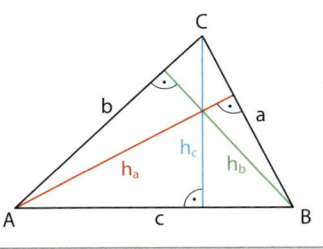

Drachen und Raute

$A = \dfrac{e \cdot f}{2}$

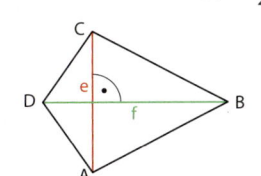
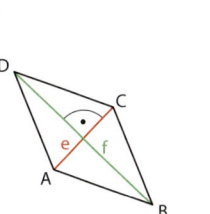

Parallelogramm

$A = a \cdot h_a$
$A = b \cdot h_b$

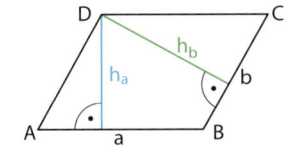

Trapez

$A = \dfrac{1}{2} \cdot (a + c) \cdot h$

$A = m \cdot h$

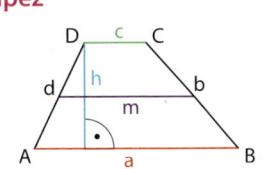

---

1 Gib an, um welche Dreiecksart es sich handelt, und berechne den Flächeninhalt.

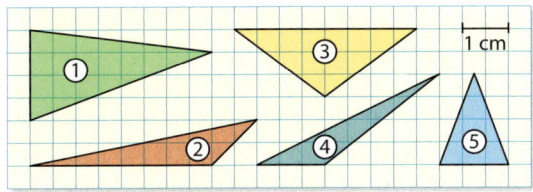

2 Übertrage die Figuren ins Heft und berechne Flächeninhalt und Umfang.

a   b

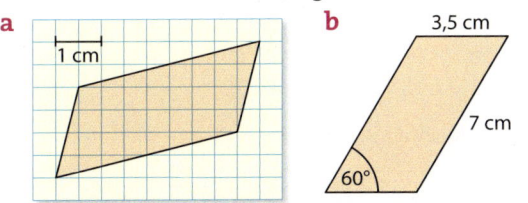

3 Zeichne die Vierecke in ein Koordinatensystem und berechne den Flächeninhalt.

a A(1|−1); B(2,5|−4,5); C(6|−6); D(4,5|−2,5)
b E(0|0); F(−3|5); G(0|6); H(3|5)
c K(−6|0,5); L(−5|0); M(−3|0,5); N(−5|1)
d P(−1|−2); Q(−3|−2); R(−3|−4); S(−1|−4)

4 Berechne Flächeninhalt und Umfang.

a   b

c   d

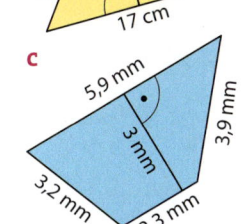
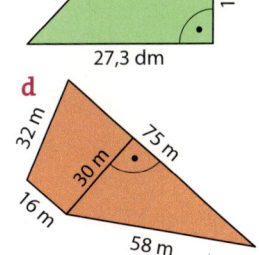

5 Verbinde die Punkte A(4|−2), B(4|2), C(1|5), D(−2|2) und E(−3,5|−2) im Koordinatensystem und bestimme den Flächeninhalt der Figur.

6 Alle Figuren haben den gleichen Flächeninhalt $A = 48\,\text{cm}^2$. Fertige eine Planfigur an und berechne die gesuchten Größen.

a Dreieck: $a = 6\,\text{cm}$ $h_a = ?$
b Rechteck: $b = 4\,\text{cm}$ $a = ?$
c Raute: $e = 12\,\text{cm}$ $f = ?$
d Parallelogramm: $h_b = 16\,\text{cm}$ $b = ?$
e Trapez mit a ∥ c: $c = 7\,\text{cm}$; $h = 8\,\text{cm}$ $a = ?$

Rückschau

Körper

> Bei einem **Prisma** gibt es mindestens ein Paar **deckungsgleicher Flächen**, die man **Grund-** und **Deckfläche** nennt. Sie liegen zueinander **parallel** und sind **Vielecke**. Die **Mantelfläche** besteht aus Rechtecken.
>
> Beispiel Dreieckprisma
>
>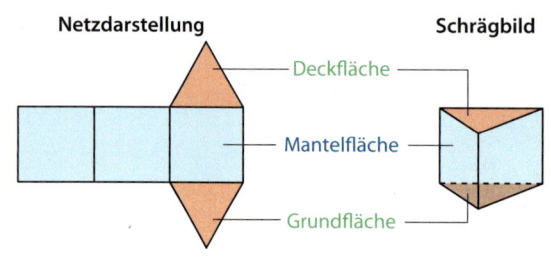

1 Welche der Körper sind Prismen? Begründe deine Entscheidung mithilfe der Eigenschaften von Prismen.

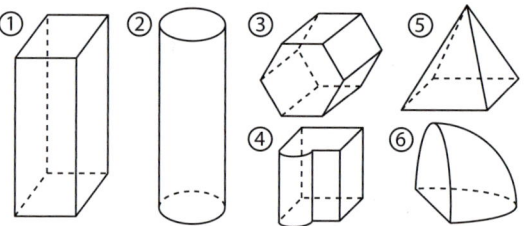

2 Ordne den Körpern die Bezeichnungen zu.

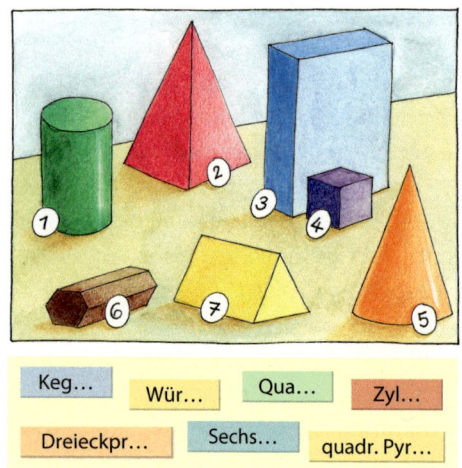

Keg...   Wür...   Qua...   Zyl...   Dreieckpr...   Sechs...   quadr. Pyr...

3 Eine Stiftebox hat die Form eines Prismas. Die Box ist 18 cm hoch, die Grundfläche ist ein Sechseck.

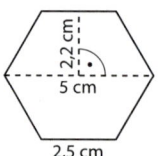

a Zeichne das Netz in Originalgröße. Benutze dafür eine ganze Heftseite.
b Wie groß ist die Fläche, die deine Zeichnung im Heft einnimmt?

4 Der Würfel und der Quader haben das gleiche Volumen. Wie hoch ist der Quader?

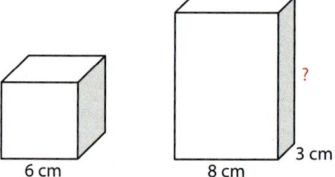

5 Das *International Commerce Centre in Hongkong* gehört mit 108 Etagen zu den höchsten Gebäuden der Welt. Der Wolkenkratzer ist 484 m hoch und hat einen nahezu quadratischen Grundriss mit einer Seitenlänge von ca. 60 m.

a Wähle einen geeigneten Maßstab und zeichne ein Schrägbild des Gebäudes.
b Im Souvenir-Shop wird ein mit Bonbons gefülltes Pappmodell im Maßstab 1:1000 verkauft (60 m ≙ 6 cm). Berechne Oberfläche und Volumen des Modells.

1

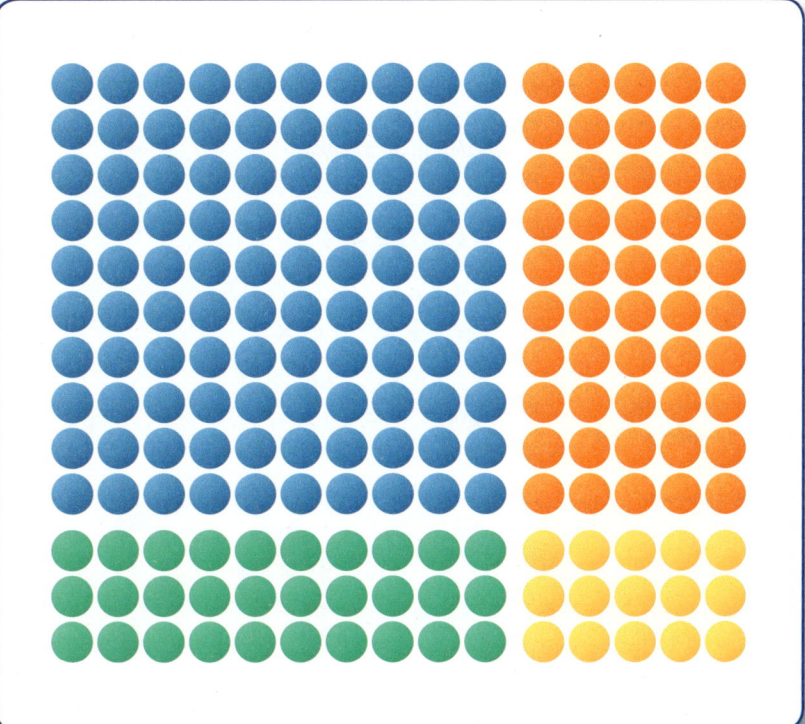

Termumformungen und Binome

1.1 Termumformungen

1 Zwei Terme sind jeweils gleich, sie haben nur eine andere Form.
Ordne die passenden Terme einander zu und erkläre deinem Nachbarn, wie du vorgegangen bist.

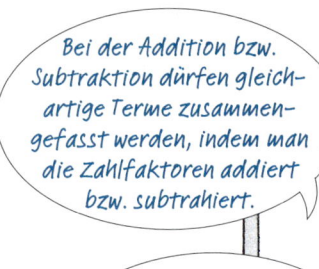

2 Beim Umformen von Termen musst du diese Regeln beachten:

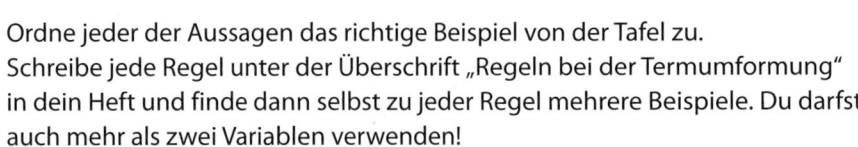

Ordne jeder der Aussagen das richtige Beispiel von der Tafel zu.
Schreibe jede Regel unter der Überschrift „Regeln bei der Termumformung"
in dein Heft und finde dann selbst zu jeder Regel mehrere Beispiele. Du darfst
auch mehr als zwei Variablen verwenden!

Übungsaufgaben

1 Berechne.
a $37q + 3q + 4q$
b $4r + 5r - 2r$
c $7x - 9x + 3x$
d $14x - 9x + 5x$
e $8 \cdot 2x$
f $(-4z) \cdot z$
g $18a : 9$
h $16b : (-4)$

2 Forme im Kopf um.
Vorsicht beim Auflösen der Klammer!
a $8k + (3k + 4k)$
b $3x + (4x + y)$
c $(a + b) + b$
d $2a + (2a - 3a)$
e $5g - (2g + 3h)$
f $8m - (4m - n)$
g $9g - (-4g + 8)$
h $-(-3s + 3t) + 4t$

Termumformungen 1.1

3 Achte beim Zusammenfassen auf die Vorzeichen und Potenzen.
a) $3 \cdot (-4a)$
b) $(-5) \cdot 2b$
c) $(-2a) \cdot a$
d) $(-4t) \cdot (-t)$
e) $(-s)^2$
f) $(-3a)^2$
g) $(-\frac{1}{4}d)^2$
h) $2 \cdot (-e)^3$
i) $-(3x)^2 \cdot 1{,}5x$
j) $(-0{,}6ef) \cdot (-3e)$
k) $\frac{1}{10}p \cdot \frac{1}{4}q \cdot (-4)$
l) $s^2 \cdot (-3s)^2 : (-3)$

4 Löse die Klammer auf und vereinfache dann.
a) $3x + (4x - y)$
b) $3e - (2d - 3e)$
c) $(4{,}5s + t) - 3t$
d) $-(-d + 9f) + f$

5 Der Term wird an der roten Stelle verändert. Schau, was beim Ergebnis passiert.
a) $8k - (3k + 4k) = 1k$
$8k - (3k + 6k) = \square$
$8k - (3k + \square) = \square$
…
$8k - (3k + \square) = -7k$

b) $20a - (3a - 4a) = 21a$
$20a - (3a - 2a) = \square$
$20a - (3a - \square) = \square$
…
$20a - (3a - \square) = 9a$

6 Vereinfache!
a) $\frac{1}{2}x + \frac{3}{4}y + \frac{3}{4}x + 3y$
b) $\frac{2}{3}a + \frac{3}{8}b - \frac{1}{4}a - \frac{1}{4}b$
c) $0{,}3r + 0{,}4s + 1{,}8s - 5r$
d) $5{,}1j - 3{,}9k + 4{,}1k - 6$
e) $\frac{4}{5}s \cdot \frac{3}{5}t \cdot \frac{1}{2}st \cdot \frac{3}{4}$
f) $\frac{2}{8}g \cdot \frac{2}{5}h \cdot 0{,}4g \cdot g$
g) $2st \cdot 0{,}4s \cdot 3t : 2$
h) $25ab : 5 \cdot 3b \cdot 2a$

7 Ist die Fläche 90 m² oder 120 m² groß?

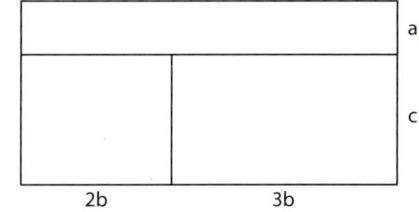

a) Stelle einen Term für die Summe der Teilflächen auf.
b) Setze für a = 2 m, b = 3 m und c = 4 m ein und berechne den Flächeninhalt.

8 Keine Angst vor Kommazahlen!
a) $2{,}63k + 1{,}1j - (6{,}3k + j)$
b) $(5{,}1a - 2{,}2b) - (a + b - 3ab)$
c) $-(3{,}3a - 2) + (3{,}3a - 2b)$
d) $p - 5q - (1{,}3p + 1{,}1q - 1)$

9 Bilde aus den Kärtchen verschiedene Terme, die dein Nachbar umformen kann. Du kannst Kärtchen auch mehrfach verwenden.

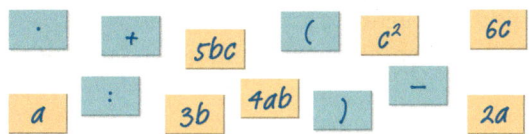

10 Löse erst die innere Klammer auf und dann die äußere. Fasse zum Schluss zusammen.
a) $2a + [3a - (4a + 3b)] + 5b$
b) $5{,}1g - [(3{,}2g + h) - (-2{,}5g + 1{,}9h)]$
c) $(7x - 3{,}5y) - [2{,}2y + 3x - (6x - 2{,}2y)] - 4{,}4y$
d) $-[5a + (3b - a) + b] - [-(7a - 2b) + (a - b)]$

11 *Starke Terme*
Vereinfache die Terme. Was fällt dir auf? Hättest du dieses Ergebnis erwartet?
a) $3a \cdot 4b + ab \cdot 6 - (6c + 17 \cdot a \cdot b) - 2 \cdot (-2{,}5c)$
b) $1218a \cdot b : 6 + 0{,}8ab - c + (-202{,}8ab - c) + c$
c) $(-1{,}8c) + [-(3{,}6c - 2a \cdot 0{,}5b) + 2{,}2 \cdot 2c]$
d) $\frac{1}{4}a \cdot \frac{4}{3}b \cdot 6 - (\frac{4}{5}c \cdot \frac{5}{4} + \frac{2}{5}ab) - \frac{3}{5}ab$

12 Das ist die Wohnung von Philipp und Aleks.

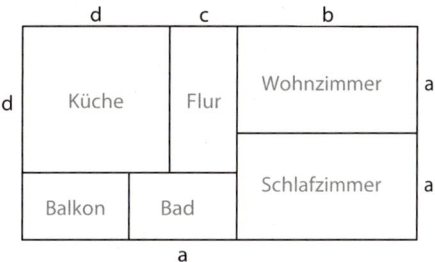

Im Flur ist die Wohnungstür und es gehen Türen in die Zimmer. Von der Küche gelangt man auf den Balkon. Erstelle im Heft eine Planfigur mit den Türen. Die Türbreite ist t.
Die beiden wollen neue Fußleisten anbringen: Erstelle jeweils einen Term mit Variablen.
a) in Schlaf- und Wohnzimmer
b) in der ganzen Wohnung, aber ohne Bad
c) im Bad
d) Ein neues Balkongeländer soll auch angeschafft werden.

Termumformungen und Binome 19

1.2 Ausmultiplizieren und Ausklammern

Die drei „Drittel" der Turnhalle sind nicht gleich groß. Mathelehrer Müller schickt zwei Vermessungsteams in die Halle, die sich zwei unterschiedliche Möglichkeiten zur Berechnung der Gesamtfläche überlegen:

Team 1
$A_1 = a \cdot b + a \cdot c + a \cdot d$
$ = 25 \cdot 17 + 25 \cdot 16 + 25 \cdot 19$
$ = 425 + 400 + 475$
$A_1 = 1300 \text{ m}^2$

Team 2
$A_2 = a \cdot (b + c + d)$
$ = 25 \cdot (17 + 16 + 19)$
$ = 25 \cdot 52$
$A_2 = 1300 \text{ m}^2$

$d = 19$ m
$c = 16$ m
$b = 17$ m
$a = 25$ m

Beide Vorgehensweisen führen zum gleichen Ergebnis. Die Terme für A_1 und A_2 sind also gleichwertig. Man kann sie mithilfe des *Verteilungsgesetzes* durch Ausmultiplizieren bzw. Ausklammern umformen.

Ausmultiplizieren: Jeder Summand wird mit dem Faktor a multipliziert.

$$a \cdot (b + c + d) = a \cdot b + a \cdot c + a \cdot d$$
Produkt → Summe

Ausklammern: Ein gemeinsamer Faktor a kann ausgeklammert werden.

$$a \cdot b + a \cdot c + a \cdot d = a \cdot (b + c + d)$$
Summe → Produkt

> **M** Steht vor einer Klammer ein Faktor, darf man die Klammer durch **Ausmultiplizieren** auflösen, indem man jeden Summanden mit dem Faktor multipliziert.
>
> Umgekehrt dürfen aus einer Summe gemeinsame Faktoren der Summanden **ausgeklammert** werden.
> Durch das Ausklammern entsteht ein Produkt mit Faktoren. Deshalb heißt dieser Vorgang **faktorisieren**.

Beispiel Ausmultiplizieren
$ 3x(5x + 2y - 4z)$
$= 3x \cdot 5x + 3x \cdot 2y - 3x \cdot 4z$
$= 15x^2 + 6xy - 12xz$

Beispiel Ausklammern
$ 8y + 12xy - 20yz$
$= \underline{4} \cdot 2 \cdot \underline{y} + \underline{4} \cdot 3 \cdot x \cdot \underline{y} - \underline{4} \cdot 5 \cdot \underline{y} \cdot z$
$= 4y(2 + 3x - 5z)$

Beispiel Dividieren
$ (10ax + 12ay - 8az) : 2a$
$= 10ax : 2a + 12ay : 2a - 8az : 2a$
$= 5x + 6y - 4z$

> **T** Zerlege beim *Faktorisieren* zunächst in Faktoren, unterstreiche gemeinsame Faktoren und klammere sie dann aus.

Ausmultiplizieren und Ausklammern 1.2

Übungsaufgaben

1 Löse die Klammer im Kopf auf.
 Beispiel $2(x + y) = 2x + 2y$
 a $3(2a + b)$
 b $(2g - 3h) \cdot 6$
 c $x(y + z)$
 d $b(3 + b)$
 e $(f - 3) \cdot e$
 f $(8p + 6q) : 2$
 g $3(x + y - z)$
 h $5(a - 2b + 5c)$
 i $3x(2x + 3y - z)$
 j $(5p - 10q + 2{,}5) : 5$

2 Klammere den angegebenen Faktor aus.
 Beispiel 2: $4x + 6y = 2 \cdot (2x + 3y)$
 a 3: $3x + 9y + 15z$
 b −4: $-8a - 24b$
 c −2: $6s + 14t - 22u$
 d g: $2g + g^2 + gh$
 e a: $a - ab + ac$
 f −d: $-cd - d + 2df$
 g −k: $2k^2 - k - 7kx$
 h x: $x - 3x^2 - 9xy + xz$

T Achte auf die „versteckte Eins"!
 $x + xy$
 $= 1 \cdot x + x \cdot y$
 $= x(1 + y)$

3 Das große Rechteck setzt sich aus vier unterschiedlich großen Rechtecken zusammen.

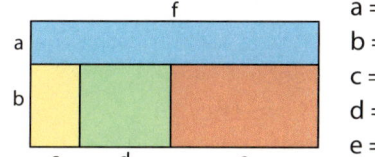

 $a = 7\,\text{cm}$
 $b = 12\,\text{cm}$
 $c = 7\,\text{cm}$
 $d = 10\,\text{cm}$
 $e = 13\,\text{cm}$

a Sind ein oder zwei dieser Terme für den Flächeninhalt falsch? Finde die Fehler mithilfe einer Planfigur, in die du die Streckenlängen einträgst.

 ① $7 \cdot 30 + 7 \cdot 12 + 10 \cdot 12 + 13 \cdot 12$
 ② $7 \cdot (30 + 12) + 12 \cdot (10 + 13)$
 ③ $12 \cdot (7 + 10 + 13) + 7 \cdot 30$
 ④ $30 \cdot 7 + 7 \cdot 19 + 10 \cdot 19 + 13 \cdot 19$
 ⑤ $30 \cdot (7 + 10 + 13) + 7 \cdot 19$

b Mit welchem Term berechnest du den Flächeninhalt? Wie groß ist der Flächeninhalt?
c Stelle Terme mit Variablen auf und prüfe durch Einsetzen der Werte.

4 Bestimme die Summe aller Kreise. Stelle zwei unterschiedliche Terme auf und berechne.

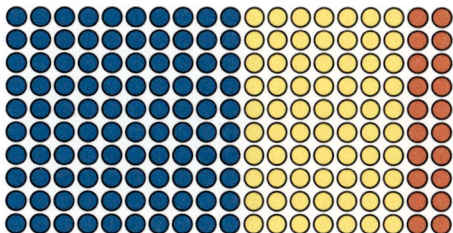

5 Achte beim Auflösen der Klammern auf die Vorzeichen.
 a $3(4x - 3y + z)$
 b $5(a^2 - a - b^2)$
 c $(-2) \cdot (a + ab - b)$
 d $(-a) \cdot (x - y + 3z)$
 e $(-4x + 3y - 7z) \cdot (-2z)$
 f $-(0{,}5s - t + 1{,}2u) \cdot (-1)$
 g $3{,}2st(-4{,}5s - st + 5{,}1t)$
 h $(9e - 15f + 6g) : (-3)$

6 Finde Terme mit und ohne Klammer, mit denen Umfang und Flächeninhalt der Figuren berechnet werden können.

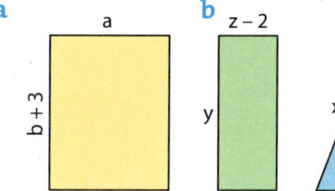
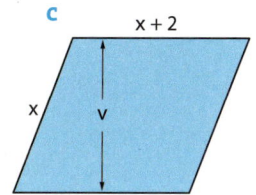

7 Schreibe ohne Klammer.
 a $\tfrac{1}{2}(a + 10)$
 b $\tfrac{2}{3}(3e + f)$
 c $\tfrac{1}{4}\left(\tfrac{3}{4}a - \tfrac{5}{9}\right)$
 d $-(m - \tfrac{1}{2}n) \cdot \tfrac{3}{4}n$

8 Karolines Füller hat gekleckst!
 a 4■$(x + 3$■$+ 4) = 4x^2 + 12xy + 16x$
 b $3s($■$- 7t +$■$u) = 15s - 21st + 9su$
 c $(4 - $■$+ 8y) \cdot ($■$x) = -12x + 3x^2 - 24xy$
 d ■$a \cdot (12$■$- 9b + c) = 6$■$- $■$ab + \tfrac{1}{2}ac$
 e $($■$p - 21$■$+ r) : 3 = -12p$■$7q +$■r

Termumformungen und Binome 21

1.2 Ausmultiplizieren und Ausklammern

9 Löse die Klammern auf und fasse dann zusammen.
a) $3x + 7(x + y) - x(5 - y)$
b) $(5x - 20y) : 5 - 3(x - 3y - z) + z$
c) $-(x + 2) \cdot x + (-x^2 + 2x) - (-x)$
d) $13a(1 - a + b) + (a - 4b) \cdot (-a)$
e) $18x - (13 + 3x) \cdot (-2) + (-8x + 6) : 2 - 3x$

10 Alle Kärtchen sollen genau einmal verwendet werden!

Überlege zusammen mit deinem Nachbarn, wie du aus den Kärtchen einen Term mit dem größten bzw. kleinsten Ergebnis legen kannst.

11 Klammere den angegebenen Faktor aus. Du kannst auch schrittweise vorgehen.
a) $7m$: $21mn + 35m^2$
b) $3a$: $27a - 3ab$
c) $\frac{1}{2}n$: $2mn + \frac{1}{2}n$
d) xy: $2xy + x^2y^2$
e) $-ab$: $-a^2b^2 + ab - a^2bc$
f) $-4{,}5st$: $-18stx - 2{,}25stz$

12 Zerlege in Faktoren, unterstreiche gemeinsame Faktoren farbig und klammere diese dann aus.
a) $12x + 15y$
b) $27a - 12b$
c) $25a + 15b - 50c$
d) $36p + 48pq$
e) $-54g - 6gh$
f) $121xy - 77xs + 99xt$

13 Löse die Klammern auf.
a) $(9x + 3y) : \frac{1}{3}$
b) $(5a + 7b - 2c) : \frac{1}{4}$
c) $(9p - 15q + 3r) : \frac{3}{4}$
d) $\left(\frac{3}{4}x - \frac{3}{8}y + \frac{1}{2}z\right) : \frac{3}{8}$

14 Zeige durch Ausklammern, dass die Gleichungen stimmen.

$6y + 9y - 8y = 7y$

$5z - 3z = 2z$

$(3 + 4) \cdot xy - (3 - 1) \cdot xy = 5xy$

$3x + 8x = 11x$

15 Klammere negative Faktoren aus. Jeweils zwei Aufgaben haben dasselbe Ergebnis!
a) $(-3)x + (-3)y$
b) $-2x - 2xy$
c) $-x - xy - yz$
d) $-3x - 3y$
e) $(-1)x + (-1)xy + (-1)yz$
f) $-\frac{1}{3}x^2 - xy + \frac{1}{3}xz$
g) $\left(-\frac{1}{3}\right)x^2 + \left(-\frac{1}{3}\right)3xy - \left(-\frac{1}{3}\right)xz$
h) $(-2)x + (-2)xy$

16 Die beiden Figuren sollen in zwei verschiedenen Größen aus Holzstäben mit der Länge $x = 100\,\text{cm}$ ($200\,\text{cm}$) gebaut werden.

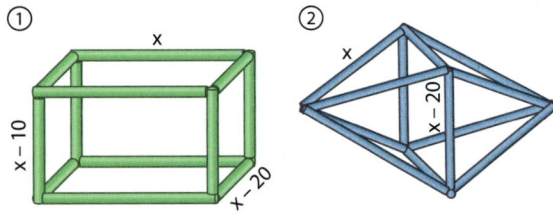

a) Erstelle jeweils einen möglichst kurzen Term mit Variablen für beide Körper. In der kürzesten Variante kommt die Variable x nur einmal vor.
b) Berechne für beide x-Werte die Gesamtlänge aller Kanten.
Welche Kosten entstehen bei einem Meterpreis von 1,20 €?
c) Kannst du aus dem Term ablesen, wie viele Zentimeter Abfall entstehen?
Vergleiche jeweils für die beiden x-Werte.

1.3 Multiplikation von Summen

1 $28 \cdot 23 = ?$

Eine Rechnung und drei Darstellungsarten.
Mit welcher kommst du am besten zurecht?

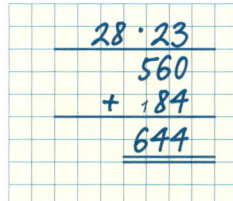

·	20	8	
20	400	160	560
3	60	24	84
	460	184	**644**

Vierfeldertafel

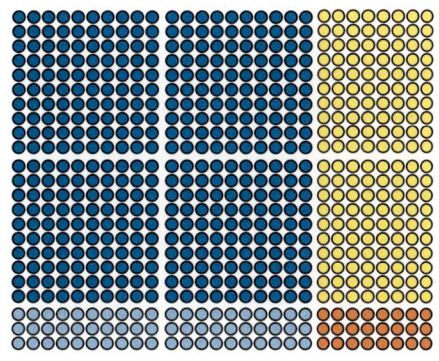

Punktefeld

Alle Beete im Schulgarten zusammen haben die Seitenlängen a und b. Die Schüler der Klasse 8b jäten die angrenzende Fläche, wodurch sich die Gesamtabmessungen a und b der Beete um die Längen x und y verlängern auf (a + x) und (b + y).
Drei Schülergruppen bestimmen den Term für den Flächeninhalt der neuen Gesamtfläche auf unterschiedliche Arten:

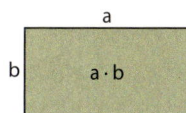

Gruppe 1: 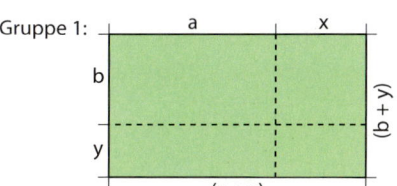 Gruppe 2: 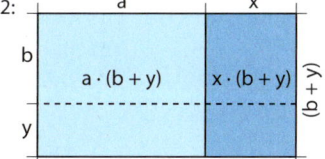 Gruppe 3: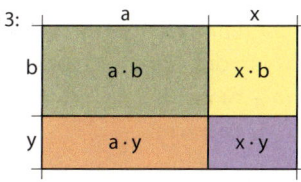

$A = (a + x) \cdot (b + y)$ 　　　 $A = a \cdot (b + y) + x \cdot (b + y)$ 　　　 $A = a \cdot b + a \cdot y + x \cdot b + x \cdot y$

Du siehst: 　　$(a + x) \cdot (b + y) = a \cdot (b + y) + x \cdot (b + y) = a \cdot b + a \cdot y + x \cdot b + x \cdot y$
Bei der Multiplikation $(a + x) \cdot (b + y)$ wird jeder Summand der Summe $(a + x)$ mit jedem Summanden der Summe $(b + y)$ multipliziert. Als Hilfe dienen die Pfeile:

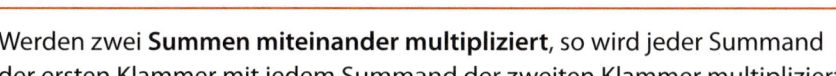

M Werden zwei **Summen miteinander multipliziert**, so wird jeder Summand der ersten Klammer mit jedem Summand der zweiten Klammer multipliziert.

Beispiele 　a　$(a + b) \cdot (c + d)$
　　　　　　　$= a \cdot c + a \cdot d + b \cdot c + b \cdot d$
　　　　　　　$= ac + ad + bc + bd$

　　　　　b　$(2x + 5y) \cdot (7y + 3z)$
　　　　　　　$= 2x \cdot 7y + 2x \cdot 3z + 5y \cdot 7y + 5y \cdot 3z$
　　　　　　　$= 14xy + 6xz + 35y^2 + 15yz$

c　Auch Terme wie a − b sind Summen,
　denn: $a - b = a + (-b)$
　$(9 - x) \cdot (3 - y)$
　$= 9 \cdot 3 - 9 \cdot y - x \cdot 3 + x \cdot y$
　$= 27 - 9y - 3x + xy$

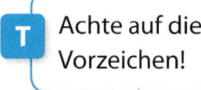

T Achte auf die Vorzeichen!

1.3 Multiplikation von Summen

Übungsaufgaben

1 Finde zusammen mit deinem Nachbarn möglichst viele verschiedene Terme mit und ohne Klammern, mit denen du den Umfang und den Flächeninhalt berechnen kannst.

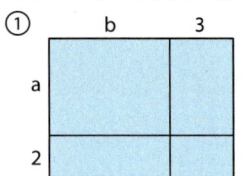
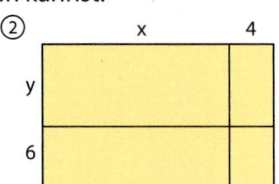

> **T** Mit negativen Vorzeichen kannst du auch so rechnen:
> $(a - b) \cdot (-x + y)$ | schreibe als Summen
> $= [a + (-b)] \cdot [(-x) + y]$
> $= a \cdot (-x) + a \cdot y + (-b) \cdot (-x) + (-b) \cdot y$
> $= -ax + ay + bx - by$

2 Schreibe mit Pfeilen wie auf der Vorseite und löse dann die Klammern auf.
a $(a + b)(x + y)$
b $(2 + x)(8 + y)$
c $(14 + s)(t - u)$
d $(r - 8)(12 + t)$
e $(g - h)(51 - i)$
f $(a - b)(b - a)$
g $(-6 + y)(y - z)$
h $(d + 8)(-e - f)$

3 Löse die Klammern im Kopf auf.
a $(x + 4)(2 + y)$
b $(3 + a)(5 + b)$
c $(d - 10)(5 + e)$
d $(p - q)(r - s)$
e $(5 - g)(-5 + h)$
f $(-m + n)(-14 + n)$
g $(x - 11)(11 - x)$
h $(9 - s)(9 + s)$

4 Multipliziere. Verwende die Pfeile, wenn du sicherer rechnen willst.
a $(4a + 2b)(5 + 3c)$
b $(7x - 7)(8y + 8z)$
c $(2c + 5d)(x - 6y)$
d $(6d - 7e)(8f - 9g)$
e $(-a + 11b)(44 - b)$
f $(3g + gh)(5g - 4h)$
g $(ab - x)(a + xy)$
h $(3mn - p)(6m - 5n)$

5 Bei der Multiplikation $(\square a \square b) \cdot (\square c \square d)$ kann für „$\square$" entweder „+" oder „−" stehen. Finde mit deinem Nachbarn alle Möglichkeiten, multipliziert sie gemeinsam aus.

6 Erstelle zu den angegebenen Aufgaben jeweils eine Vierfeldertafel.
a $12 \cdot 21 = (10 + 2)(20 + 1)$
b $23 \cdot 29 = (20 + 3)(30 - 1)$
c $37 \cdot 33 = (40 - 3)(30 + 3)$
d $18 \cdot 47 = (20 - 2)(50 - 3)$

7 Vervollständige die Vierfeldertafeln in deinem Heft, stelle ihren Inhalt als Multiplikationsaufgabe dar und berechne das Ergebnis.

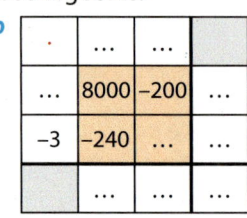

8 Hier stimmt nicht alles. Beschreibe und verbessere die Fehler.
a $(x + 2)(x - 3y) = 2x - 3xy + 2x - 5xy$
b $(a - 3b)(-7b + 2a) = 7ab + 3a + 10b - ab$
c $(g^2 - 7h)(g + 2h^2) = (-7g^2h)(2gh^2) = -14g^3h^3$

9 Multipliziere die Klammerterme.
a $(xy + y)(x + xy)$
b $(rs - tu)(-r + t)$
c $(-ab + bc)(ac - b)$
d $(-v^2z - xy)(-vz - xyz^2)$

10 Löse die Klammern auf und vereinfache dann.
a $(7 + y)(3 + 2y)$
b $(x - 2)(4x + 3)$
c $(5v + 3w)(v + w)$
d $(-7p + 12q)(p - 9q)$
e $(ab - 6b)(3ab + 4b)$
f $(g^2 - 2g)(-8g - 5g^2)$

11 Ergänze die „…" in deinem Heft.
a $(2a + 3)(3b + …) = 6ab + 2ac + 9b + …$
b $(3x - 2y)(… + 7) = 30xz …$

12 Übertrage die Tabelle ins Heft und berechne alle Produkte. Mach die Tabellenspalten breit genug!

	$3 + 2y$	$x - 5$	$-x^2 + 3y$	$-4 - y^2$
$x + y$	…	…	…	…
$2 - y$	…	…	…	…
$-3x - 4$	…	…	…	…

Multiplikation von Summen 1.3

13 Löse die Klammern auf und fasse dann so weit wie möglich zusammen. Orientiere dich an der KlaPS-Regel und unterstreiche im Heft so wie in Aufgabe **a**, was du zuerst berechnen musst.
a $\underline{(a+2)(3+b)} + (4+a)(b-7)$
b $2(45a + 25b) - (3a - 5b)(7 - 6b)$
c $(c + d)(11 + 3e) - (3 + c)(4e + 0{,}5f)$
d $\left(-\frac{1}{2}\right)\left(x + \frac{1}{4}y\right) - \left(\frac{2}{3}x - 2\right)(6 + 4y)$

14 Die Flächeninhalte gehören zur entsprechend gefärbten Fläche. Zeige ausführlich, wie du rechnest.

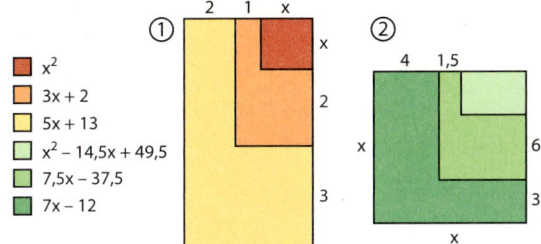

- ■ x^2
- ■ $3x + 2$
- ■ $5x + 13$
- ■ $x^2 - 14{,}5x + 49{,}5$
- ■ $7{,}5x - 37{,}5$
- ■ $7x - 12$

15 Wie hat Tim gerechnet?

$(a + 2) \cdot (b + c + d)$?
Die Lösung ist: $ab + ac + ad + 2b + 2c + 2d$

16 Zähle die Kreise; stelle dazu Rechnungen mit Klammern auf.

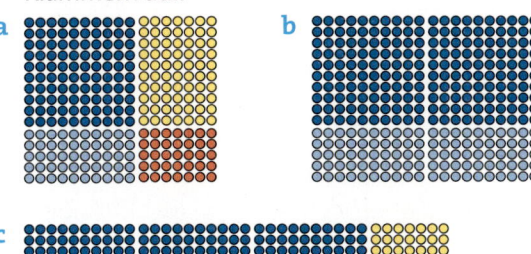

c
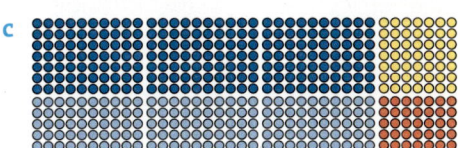

17 Löse die Klammern auf und vereinfache dann. Ordne die Ergebnisse den Aufgaben zu.
a $\left(\frac{1}{4}x + \frac{2}{3}\right)\left(\frac{1}{2}x + \frac{4}{5}\right)$
b $\left(\frac{4}{3}x + \frac{1}{6}\right)\left(\frac{1}{2} - \frac{2}{6}x\right)$
c $\left(\frac{3}{4}x - \frac{5}{8}\right)\left(\frac{1}{4}x - 2\right)$

$-\frac{4}{9}x^2 + \frac{11}{18}x + \frac{1}{12}$

$\frac{3}{16}x^2 - \frac{53}{32}x + \frac{5}{4}$

$\frac{1}{8}x^2 + \frac{8}{15}x + \frac{8}{15}$

18 Ergänze die „..." in deinem Heft.
a $(x - \ldots)(\ldots + 4z) = 3xy \ldots - 20z$
b $(\ldots + rs)(5x - \ldots) = -2{,}5x^2 \ldots - 7r^2s$
c $\left(\ldots - \frac{3}{4}e\right)\left(\ldots + \frac{4}{5}g\right) = \ldots - \frac{2}{5}dg + 1{,}5ef \ldots$

19 Multipliziere.
a $(3 + x)(3x - 2y + 4z)$
b $(1{,}2a - 3b)(4{,}5 - 0{,}5a + 4b)$
c $(4x + 3y)(a - b - c + 4d)$
d $(-3f + 1{,}1g - 0{,}5h)(4a + 5b - 6c)$
e $(5 - 3{,}5s - 5t)(0{,}1u - v + 10w - 100x)$
f Finde eine Regel für die Anzahl der Summanden, die man beim Multiplizieren der Klammern erhält.

20 Beschreibe die Rechenreihenfolge im Beispiel. Forme die Aufgaben um und fasse zusammen.

$20a - (3a + b)(4 - b)$
$= 20a - 1 \cdot (12a - 3ab + 4b - b^2)$
$= 20a - 12a + 3ab - 4b + b^2$
$= 8a + 3ab - 4b + b^2$

a $9x - (x + 6)(4x - y)$
b $5a - (7 - a)(3a - 8)$
c $-3{,}4s - (4s + 2{,}2t)(-6 - s + 2{,}2t)$

21 Beschreibe, wie das Beispiel gerechnet wurde, und löse dann die Aufgaben.

$(a + b) \cdot (c + d) \cdot (e - f)$
$= (ac + ad + bc + bd) \cdot (e - f)$
$= ace + ade + bce + bde - acf - adf - bcf - bdf$

a $(x + 3)(y - 7)(8 + z)$
b $(x - 1)(2 + x) \cdot x$
c Beginne bei **a** und **b** mit einem anderen Klammerpaar und vergleiche die Ergebnisse! Erkläre, was du herausgefunden hast.

Termumformungen und Binome

1.4 Binomische Formeln

1

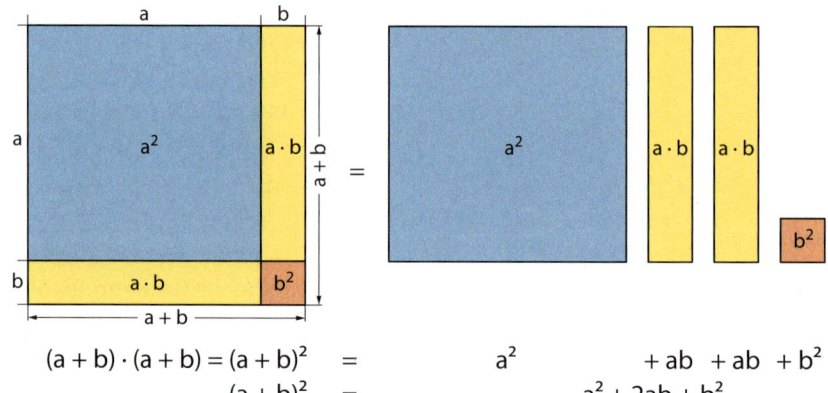

| Dirk | Julia | Kai | Kim |

$23 \cdot 23 = ?$
Ganz einfach:
$20 \cdot 20 = 400$
und $\;\; 3 \cdot 3 = \;\;\; 9$
zusammen: 409

$400 + 2 \cdot 60 + 9 = 529$

Begründe, weshalb Dirks Rechnung unvollständig ist.
Wie sind Julia, Kai und Kim vorgegangen?

Die Seiten a des blauen Quadrats werden um die Länge b verlängert. Den neuen Flächeninhalt können wir mithilfe von zwei Quadraten und zwei gleich großen Rechtecken darstellen:

$(a + b) \cdot (a + b) = (a + b)^2 \;=\; a^2 \qquad\qquad + ab\; + ab\; + b^2$
$(a + b)^2 \;=\; a^2 + 2ab + b^2$

Diese Formel für das Produkt von zwei gleich zusammengesetzten Summen kommt sehr häufig vor. Man nennt sie die **1. binomische Formel**, da eine Summe oder Differenz mit zwei Gliedern **Binom** heißt.

Zum Produkt von zwei gleich zusammengesetzten Summen gibt es zwei weitere Varianten:

2. binomische Formel: $\quad (a - b) \cdot (a - b) = (a - b)^2 = a^2 - ab - ab + b^2 = a^2 - 2ab + b^2$
3. binomische Formel: $\quad (a + b) \cdot (a - b) = a^2 - ab + ab - b^2 = a^2 - b^2$

> **M**   **Die binomischen Formeln**
>
> Die Produkte $(a + b)^2$, $(a - b)^2$ und $(a + b)(a - b)$ kann man mit den **binomischen Formeln** berechnen:
>
> $(a + b)^2 = a^2 + 2ab + b^2$ **1. binomische Formel**
> $(a - b)^2 = a^2 - 2ab + b^2$ **2. binomische Formel**
> $(a + b)(a - b) = a^2 - b^2$ **3. binomische Formel**

Binomische Formeln 1.4

Beispiele

a) $(4a + 3)^2$
$= (4a)^2 + 2 \cdot 4a \cdot 3 + (3)^2$
$= 16a^2 + 24a + 9$

b) $(5x - 3y)^2$
$= (5x)^2 + 2 \cdot 5x \cdot (-3y) + (-3y)^2$
$= 25x^2 - 30xy + 9y^2$

c) $(a - 4)(a + 4)$
$= a^2 - 4^2$
$= a^2 - 16$

Übungsaufgaben

1 Berechne das Produkt, indem du die 1. binomische Formel zu Hilfe nimmst.
a) $24 \cdot 24$
b) $26 \cdot 26$

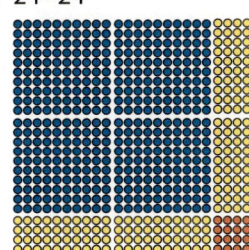
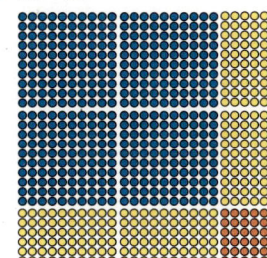

M — Das doppelte Produkt

In der 1. und 2. binomischen Formel kommt das mittlere Termglied $a \cdot b$ zweimal vor. Man nennt es daher das doppelte Produkt.
$(a + b)^2 = a^2 + 2ab + b^2$
$(a - b)^2 = a^2 - 2ab + b^2$

4 Ersetze □ durch den passenden Term und △ durch ein Rechenzeichen.
a) $(x + 8)^2 = x^2 + \Box + 64$
b) $(y - 5)^2 = y^2 \triangle 10y + \Box$
c) $(z + 7)(z - 7) = z^2 - \Box$
d) $(2x - 2)^2 = \Box - \Box + 4$
e) $(b + 3)(b - 3) = b^2 \triangle \Box$
f) $(4x + 1)^2 = \Box + \Box + 1$

2 Schreibe die dargestellten binomischen Formeln jeweils als Produkt und als Summe wie oben in Beispiel a.

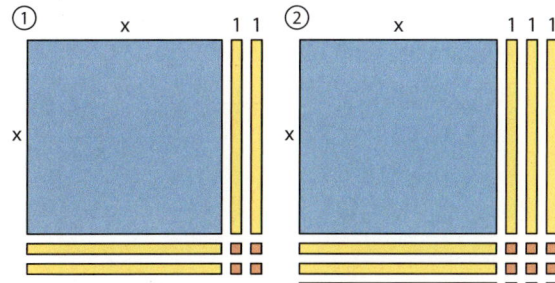

5 Forme mithilfe der 2. binomischen Formel um.
a) $(a - b)^2$
b) $(y - z)^2$
c) $(x - 1)^2$
d) $(a - 4)^2$
e) $(p - 3)^2$
f) $(b - 9)^2$
g) $(g - 2)^2$
h) $(4 - x)^2$
i) $(3y - m)^2$

6 Forme mithilfe der 3. binomischen Formel um.
a) $(m + n)(m - n)$
b) $(x + 5)(x - 5)$
c) $(a - 3)(a + 3)$
d) $(3z - 9)(3z + 9)$
e) $(2c + \frac{1}{2})(2c - \frac{1}{2})$
f) $(4y + 0{,}1)(4y - 0{,}1)$

3 Wandle die binomische Formel mithilfe der Vierfeldertafel in eine Summe um.

Beispiel $(3x + 5)^2$

	$3x$	5
$3x$	$9x^2$	$5 \cdot 3x$
5	$5 \cdot 3x$	5^2

$9x^2 + 5 \cdot 3x + 5 \cdot 3x + 5^2$
$= 9x^2 + 2 \cdot 5 \cdot 3x + 25$
$= 9x^2 + 30x + 25$

a) $(a + b)^2$
b) $(x + 4y)^2$
c) $(d + 1)^2$
d) $(p + 7)^2$
e) $(v + 3w)^2$
f) $(8r + s)^2$
g) $(m + 12n)^2$
h) $(3 + 5h)^2$
i) $(2q + 6s)^2$

7 Stelle fest, welche binomische Formel benötigt wird, löse dann die Aufgabe.
a) $(2x - y)^2$
b) $(5y - x)(5y + x)$
c) $(3p + 2s)^2$
d) $(e - 10)(e + 10)$
e) $(2a + 10)^2$
f) $(3 - c)^2$
g) $(9b + \frac{1}{3})(9b - \frac{1}{3})$
h) $(8y - 0{,}5)^2$

8 Eigene Formeln erfinden:

$(\Box + \triangle)^2 \quad (\Box - \triangle)^2 \quad (\Box + \triangle)(\Box - \triangle)$

Setze beliebige Zahlen und Variablen für □ und △ ein. Dein Sitznachbar soll dann die binomischen Formeln anwenden.

Termumformungen und Binome

1.4 Binomische Formeln

9 Forme mithilfe der binomischen Formeln um.
a $(4x + 2{,}5y)^2$
b $(1{,}1y - z)(1{,}1y + z)$
c $(10p - 0{,}5q)^2$
d $\left(p - \tfrac{1}{2}\right)^2$
e $(a + 0{,}2)^2$
f $(2w + 1{,}5)(2w - 1{,}5)$

10 Es geht auch mit Brüchen!
a $\left(x + \tfrac{1}{2}\right)^2$
b $\left(y - \tfrac{1}{4}\right)^2$
c $\left(\tfrac{1}{3} - z\right)^2$
d $\left(a + \tfrac{2}{3}\right)\left(a - \tfrac{2}{3}\right)$
e $\left(\tfrac{3}{8} - 2b\right)\left(\tfrac{3}{8} + 2b\right)$
f $\left(\tfrac{3}{5}w + \tfrac{2}{3}\right)^2$
g $\left(\tfrac{3}{4} + \tfrac{4}{5}m\right)\left(\tfrac{3}{4} - \tfrac{4}{5}m\right)$
h $\left(1\tfrac{1}{2}r - \tfrac{2}{3}s\right)^2$

11 Beschreibe die Fehler, die hier gemacht wurden, und korrigiere sie:
a $(4a + 2b)^2 = 4a^2 + 16ab + 2b^2$
b $(5w - 2x)^2 = 25w^2 + 20wx - 4x^2$
c $(2y + 3z)(2y - 3z) = 4y^2 - 12yz + 9z^2$
d $(5x - 9y)^2 = 25x^2 - 81y^2$

12 Was muss in den Lücken stehen?
a $(4r + 1{,}5s)^2 = \Box r^2 + \Box rs + \Box s^2$
b $(3x - \Box y)^2 = \Box - 12xy + \Box$
c $(5\Box + 7e)(5\Box - 7e) = 25d^2 - \Box$
d $(4\Box - 3\Box)^2 = \Box x^2 - \Box xy + 9\Box$
e $(\Box a + 5b)^2 = \Box + 60ab + \Box$

13

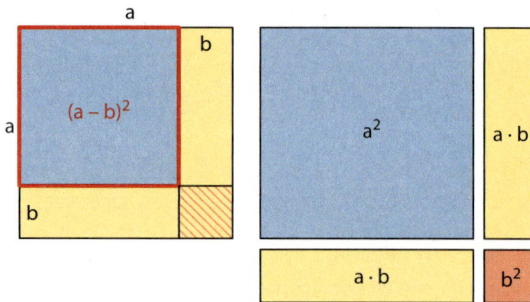

Frau Hartlieb hat ein Gemüsebeet, das auf beiden Seiten 8 Meter lang ist. Sie verkürzt es in der Breite um zwei Meter und verlängert es dafür in der anderen Richtung um zwei Meter.
a Zeichne eine Skizze in dein Heft, wie das Beet zuerst aussah, und eine weitere Skizze, wie das Beet nach der Veränderung aussieht.
b Kann Frau Hartlieb auf dem neuen Beet noch genauso viel anbauen?
c Gib den Flächeninhalt für ein Beet mit der Seitenlänge x vor und nach der Änderung an.

14 Sergio stellt eine Reihe auf.
a Wie geht sie weiter?
b Warum hat das Produkt in der fünften Zeile den größten Wert? Begründe deine Antwort!

$(x + 4)(x - 4)$
$(x + 3)(x - 3)$
$(x + 2)(x - 2)$
…

15 Welche Kärtchen gehören zusammen? Fülle im Heft die Lücken aus.

① $(x + 4)(x - 4)$
② $(2x + \Box)^2$
③ $(\Box - 2)^2$
④ $(x + 2)(x - 8)$
⑤ $(\Box + 4)^2$

⑥ $4x^2 - 8x + 4$
⑦ $x^2 - \Box - 16$
⑧ $4x^2 + 4x + 1$
⑨ $x^2 + 8x + 16$
⑩ $\Box - 16$

16 Erkläre mithilfe der Quadrate und Rechtecke …
a … wie sich die 2. binomische Formel
$(a - b)^2 = a^2 - 2ab + b^2$
geometrisch darstellen lässt:

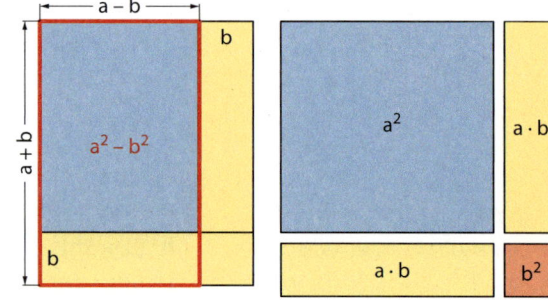

b … wie sich die 3. binomische Formel
$(a + b)(a - b) = a^2 - b^2$
geometrisch darstellen lässt:

Binomische Formeln 1.4

17 Übertrage die Zeichnung auf ein Blatt und schneide sie aus. Jetzt kannst du die 3. binomische Formel auch anders darstellen:
Schneide dazu das Quadrat mit dem Flächeninhalt b^2 weg. Schneide dann an der gestrichelten Linie entlang und wende eines der abgeschnittenen Teile, sodass du seine Rückseite siehst. Setze die beiden Teile jetzt wieder an der gestrichelten Seite zusammen.

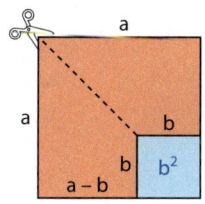

18 *Das verflixte Minus!*
a Die Umformung der Binome $(-a + b)^2$, $(-a - b)^2$ und $(-a + b)(-a - b)$ könnte man als 4., 5. oder 6. binomische Formel bezeichnen.
Wenn du ausmultiplizierst, kannst du erklären, warum dies wenig Sinn ergäbe.
b Was ändert sich an den binomischen Formeln, wenn jeweils ein Minuszeichen davorsteht?
① $-(a + b)^2 = ?$ ③ $-(a + b)(a - b) = ?$
② $-(a - b)^2 = ?$

19 Kannst du die Vorzeichen voraussagen?
a $(x - 5)(-x - 5)$
b $(y - 1{,}1)(-y - 1{,}1)$
c $\left(-3z - \frac{2}{3}\right)\left(3z - \frac{2}{3}\right)$
d $(-x - 0{,}9)^2$
e $(-2y - 1{,}5)^2$
f $(-4z - 5{,}1)^2$

20 Wende wie im Beispiel zuerst die binomische Formel an und löse dann die Klammer auf:
Beispiel
$-(2x + 3)^2 = -(4x^2 + 12x + 9) = -4x^2 - 12x - 9$
a $-(5x + 1)^2$
b $-(2p - q)^2$
c $-(6y - z)(6y + z)$
d $-(0{,}1p - 7)^2$
e $-(2{,}5a + 100)^2$
f $-(1{,}5w + 8)(1{,}5w - 8)$

21 Stelle den Term in der Klammer um und wende dann die binomische Formel an.
Beispiel $(-5 + y)^2 = (y - 5)^2 = y^2 - 10y + 25$
a $(-3 + a)^2$
b $(-b + 8)^2$
c $(-1{,}5x + 2y)^2$
d $(-100v + 1{,}2w)^2$
e $(-7 + 3x)(7 + 3x)$
f $(-4 + y)(-4 + y)$
g $(-1{,}2s + 10t)(10t + 1{,}2s)$
h $(-3{,}6m + 0{,}1n)^2$

22 Der Würfel mit der Kantenlänge $(a + b)$ wird entlang der roten Linien zersägt. Dabei entstehen Körper, deren Kanten genau a oder b lang sind.

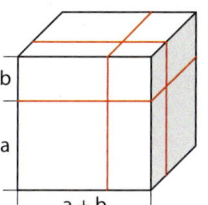

a Wie viele Teile erhält man?
b Berechne das Volumen des gesamten Würfels.
c Berechne die Volumen der Teilkörper.
d Vergleiche rechnerisch die Summe der Volumen der Teilkörper mit dem Gesamtvolumen des Würfels.

Umformen langer Terme

① Kennzeichne bei jedem Schritt zuerst die Glieder, die du nach der KlaPS-Regel berechnen darfst.
② Fasse nach dem Auflösen der Klammern zusammen.

$(30 + x)^2 - 3(4 + x)(4 - x) - 5(x - 3)$
$= (900 + 60x + x^2) - 3(16 - x^2) - 5x + 15$
$= 900 + 60x + x^2 - 48 + 3x^2 - 5x + 15$
$= 4x^2 + 55x + 867$

---

23 Fasse so weit wie möglich zusammen.
a $(x + 5)^2 + (x - 6)^2$
b $(2x - 12)^2 - (20 - 10x)^2$
c $(7x + 2y)(7x - 2y) - (7x - 2y)^2$
d $(15a - 15b)^2 + (15 - a)^2$
e $(6 - 4s)^2 - (3 - 4s)(3 + 4s) + (3 + 4s)^2$
f $(7d - e)^2 + (d + 7e)^2 - (7d + 7e)(7d - 7e)$
g $(-3p + 2q)^2 + (-p + q)(p + q) - (-2p + q)^2$

24 Es gibt immer mehrere Möglichkeiten, die Lücken auszufüllen. Gib jeweils drei an.
a $(2x + \square)^2 = \square x^2 + \square x + \square$
b $(\square - \square)^2 = \square a^2 - \square a + 16$
c $(\square b + 4c)(\square b - 4c) = \square b^2 - \square c^2$
d $(\square x - \square y)^2 = \square x^2 - 36xy + \square y^2$
e $(\square a + \square b)^2 = \square + 24ab + \square$
f $(\square v + \square w)(\square v - \square w) = \square v^2 - 81w^2$

1.5 Faktorisieren mithilfe von binomischen Formeln

1 Leider wurde in der Pause ein Teil des Tafelanschriebs verwischt. Kannst du die nicht mehr lesbaren Terme bestimmen? Wie gehst du dabei vor?

Werden Summen oder Differenzen in ein Produkt umgewandelt, indem man aus allen Gliedern einen gemeinsamen Faktor herauszieht, nennt man diesen Vorgang auch **Faktorisieren**.

Bei vielen Rechenaufgaben ist es sinnvoll, geeignete Terme nach dem Muster der binomischen Formeln zu faktorisieren. Schau dir das Beispiel rechts an!

Beispiel	allgemein
$x^2 + 6x + 9$	
$= x^2 + 2 \cdot x \cdot 3 + 3^2$	$a^2 + 2ab + b^2$
$= (x + 3)^2$	$= (a + b)^2$

 Summen oder Differenzen, die der Form einer binomischen Formel entsprechen, können durch **Faktorisieren** in Produkte umgeformt werden.

Beispiele

a 1. binomische Formel
$y^2 + 14y + 49$
$= y^2 + 2 \cdot y \cdot 7 + 7^2$
$= (y + 7)^2$

b 2. binomische Formel
$9x^2 - 12x + 4$
$= (3x)^2 - 2 \cdot 3x \cdot 2 + 2^2$
$= (3x - 2)^2$

c 3. binomische Formel
$25b^2 - 64$
$= (5b)^2 - 8^2$
$= (5b + 8) \cdot (5b - 8)$

Übungsaufgaben

1 Timo hat sich Terme, die er faktorisieren soll, mithilfe von Zeichnungen veranschaulicht. Welche Angaben müssen an den Quadratseiten stehen?
Gib Timos Terme auch als Produkt an.

a $x^2 + 4x + 4$

x^2	$x \cdot 2$	?
$x \cdot 2$	2^2	?
?	?	

b $y^2 + 8y + 16$

y^2	$y \cdot 4$	?
$y \cdot 4$	4^2	?
?	?	

2 Stelle den Term $a^2 + 6a + 9$ so wie Timo zeichnerisch dar und ergänze im Heft

$(\square + \square) \cdot (\square + \square) = (\square + \square)^2$

die Umformung in ein Produkt.

3 Übertrage ins Heft und ergänze die Lücken mithilfe der 1. oder 2. binomischen Formel.
a $x^2 + 2x + 1 = (x + \square)^2$
b $m^2 + 8m + 16 = (m + \square)^2$
c $a^2 - 4a + 4 = (\square - 2)^2$
d $9c^2 + 12c + 4 = (3c + \square)^2$
e $4s^2 - 20s + 25 = (\square - 5)^2$

1.5 Faktorisieren mithilfe von binomischen Formeln

Terme erkennen, die man mithilfe der 1. oder 2. binomischen Formel faktorisieren kann

① Notiere den Term, den du umformen möchtest, und überprüfe, ob er zur Struktur einer binomischen Formel passt.

② Vergleiche hierzu den Term mit der entsprechenden allgemeinen Form aus der binomischen Formel und ordne dem Term die Quadrate a^2 und b^2 zu.

③ Bestimme dann a und b.

④ Überprüfe nun, ob das mittlere Termglied (im Beispiel: 8x) dem doppelten Produkt (2ab) aus der binomischen Formel entspricht.

⑤ Trifft dies zu, dann kannst du das Produkt bilden.

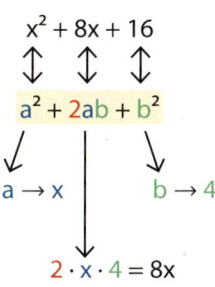

$x^2 + 8x + 16$
$\updownarrow \quad \updownarrow \quad \updownarrow$
$a^2 + 2ab + b^2$

$a \to x \qquad b \to 4$

$2 \cdot x \cdot 4 = 8x$

$x^2 + 8x + 16 = (x + 4)^2$

4 Wandle jeden Term mithilfe der 1. oder 2. binomischen Formel in ein Produkt um.
a $w^2 + 10w + 25$
b $v^2 - 12v + 36$
c $x^2 - 16x + 64$
d $4x^2 + 16x + 16$
e $16s^2 - 8s + 1$
f $49 - 28t + 4t^2$

T Eine Differenz von zwei Quadraten kann mithilfe der 3. binomischen Formel in ein Produkt umgewandelt werden.

Beispiel $a^2 - 49 = (a + 7)(a - 7)$

5 Fülle im Heft die Lücken aus.
a $x^2 - 4 = (x + \square)(\square - 2)$
b $y^2 - 16 = (y + \square)(\square - \square)$
c $4b^2 - 25 = (\square + 5)(\square - \square)$
d $100 - 16x^2 = (\square + \square)(10 - \square)$

6 Ergänze im Heft die Lücken mithilfe der drei binomischen Formeln.
a $w^2 - \square + 9 = (w - \square)^2$
b $4d^2 + \square + 9 = (\square + 3)^2$
c $m^2 - 6m + \square = (m - \square)^2$
d $\square - 36y^2 = (\square + 6y)(9 - \square)$
e $\square - 121 = (8r + \square)(\square - \square)$

7 Ergänze so, dass du mit einer binomischen Formel in ein Produkt umwandeln kannst.
a $u^2 + \square + 81$
b $25 - \square + v^2$
c $4s^2 + \square + 64$
d $9t^2 - \square + 16$
e $36 + \square + 36m^2$
f $49r^2 - \square + 100$

8 Überprüfe, ob man den Term mithilfe einer binomischen Formel in ein Produkt umformen kann. Führe dies dann durch.
a $v^2 - 20v + 100$
b $h^2 + 5h + 25$
c $36 + x^2$
d $4d^2 + 12d + 9$
e $64 - 36u + 4u^2$
f $j^2 - 144$

9 Faktorisiere, wenn möglich, mithilfe einer binomischen Formel.
a $4 + 24x + 36x^2$
b $y^2 - 26y + 169$
c $4g^2 - 30g + 225$
d $196 + 28w + w^2$
e $9k^2 + 72k + 144$
f $16n^2 - 256$

10 Kontrolliere Linas Umformungen und korrigiere die Fehler, wo das möglich ist.

a) $25s^2 + 30s + 9 = (5s + 3)^2$
b) $4f^2 - 36f + 81 = (2f + 9)^2$
c) $w^2 - 200 = (w + 20)(w - 20)$
d) $36w^2 - 6w + 1 = (6w - 1)^2$

11 Welche Terme kann man nicht umwandeln? Begründe deine Antwort.

① $x^2 + 6x + 4$
② $a^2 - 8a + 16$
③ $16 - v^2$
④ $b^2 - 6b - 9$
⑤ $k - 100$
⑥ $e^2 + 4e + 2$
⑦ $4s^2 - 10s + 25$
⑧ $9 + 18e - 9e^2$

Termumformungen und Binome

1.5 Faktorisieren mithilfe von binomischen Formeln

12 Bilde Produkte und kontrolliere dich anhand der Lösungen.
a $x^2 + 1{,}4x + 0{,}49$
b $25x^2 - 0{,}01$
c $4x^2 - 2{,}4x + 0{,}36$
d $x^2 + x + \frac{1}{4}$
e $16x^2 - \frac{1}{9}$
f $16x^2 - 2x + \frac{1}{16}$

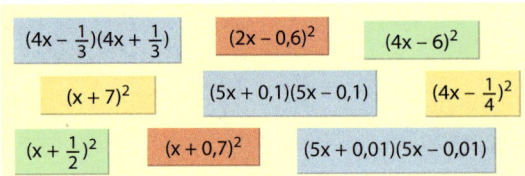

13 Gib mehrere Möglichkeiten an, wie man den Term zu einer binomischen Formel ergänzen kann. Stelle jeden Term auch als Produkt dar.

Beispiel $\square + 12x + \square$
Möglichkeit 1: $x^2 + 12x + 36 = (x+6)^2$
Möglichkeit 2: $4x^2 + 12x + 9 = (2x+3)^2$

a $\square + 16x + \square$
b $\square - 24y + \square$
c $\square - 36z + \square$
d $\square + 40x + \square$

T Bei manchen Termen muss zuerst ein gemeinsamer Faktor ausgeklammert werden, damit der Klammerterm dann faktorisiert werden kann.

Beispiel $2x^2 + 20x + 50$
$= 2(x^2 + 10x + 25)$
$= 2(x+5)^2$

14 Klammere den angegebenen Faktor aus und faktorisiere dann mithilfe einer binomischen Formel.
a 2: $2x^2 + 8x + 8$
b 3: $3y^2 - 24y + 48$
c 5: $5x^2 - 20$
d −1: $-g^2 + 12g - 36$

15 Klammere zuerst einen gemeinsamen Faktor aus und fasse dann mithilfe der binomischen Formeln zusammen.
a $3x^2 + 18x + 27$
b $5a^2 - 20a + 20$
c $2s^2 - 50$
d $6 - 24j + 24j^2$
e $20b^2 + 60b + 45$
f $27x^2 - 75$

16 Welche Kärtchen gehören zusammen?

① $2x^2 + 8x + 8$ ② $\frac{1}{2}(x+4)^2$ ③ $2(x+2)^2$
④ $(-1)(-4x+2)(4x+2)$ ⑤ $2(2x+1)^2$
⑥ $8x^2 + 8x + 2$ ⑦ $-16x^2 + 4$ ⑧ $16x^2 - 4$
⑨ $\frac{1}{2}x^2 + 4x + 8$ ⑩ $(-1)(4x-2)(4x+2)$

17 Überprüfe Sörens Hausaufgaben. Worauf sollte er zukünftig besser achten?

a) $54 - 18v + 6v^2$
$= 6(9 - 3v + v^2)$
$= 6(3 - v)^2$

b) $3x^2 + 12x + 12$
$= 12(\frac{1}{4}x^2 + x + 1)$
$= 12(\frac{1}{2}x + 1)^2$

18 Stelle für den Flächeninhalt einen Term auf und bilde daraus binomische Formeln.

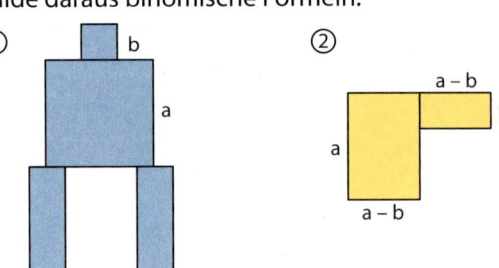

19 Faktorisiere den Term.
a $3x^2 + 3x + 0{,}75$
b $2y^2 - 0{,}8y + 0{,}08$
c $0{,}27 + 3{,}6w + 12w^2$
d $4z^2 - \frac{8}{3}z + \frac{4}{9}$
e $8n^2 + 2n + \frac{1}{8}$
f $45h^2 - 6h + \frac{1}{5}$

20 Ergänze die Lücke jeweils so, dass der Term nach dem Ausklammern mithilfe einer binomischen Formel in ein Produkt umgewandelt werden kann.
a $3x^2 + \square + 12$
b $8y^2 + \square + 2$
c $4g^2 - \square + 100$
d $40 - \square + 160x^2$
e $\frac{1}{2}m^2 + \square + 8$
f $-18d^2 - \square - 50$

32 Termumformungen und Binome

1.6 Grundlagentraining

Termumformungen

1 Stelle einen Term für die Länge des Streifens auf und vereinfache ihn.

a
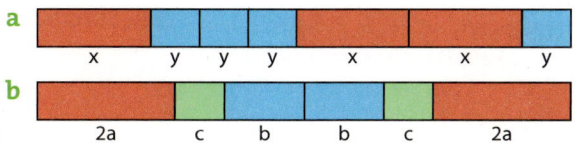

b
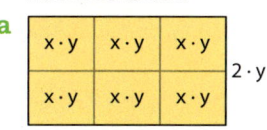

2 Vereinfache die Terme.
a 6b + 2b
b 16v − 7v
c 18d + d + 3d
d 24m − 12m − 3m
e 4j + 3k + 7j
f 35s − 22t + 5s
g 15e + 12 − 13e
h 28x − 12y − x

3 Stelle einen Term für den Flächeninhalt des Rechtecks auf.

a
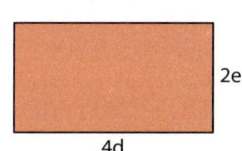

b (Rechteck mit Seiten 4d und 2e)

4 Vereinfache die Terme.
a $3c \cdot 4$
b $2a \cdot 8b$
c $27s : 3$
d $-36p : 9$
e $6x \cdot 3y$
f $12c \cdot c$
g $9 \cdot q \cdot (-5)$
h $x \cdot x \cdot x \cdot 2$

5 Löse die Plus- und Minusklammern auf und vereinfache dann.
a 6m + (5m + 3m)
b 10s + (12s − 9s)
c 15a − (3a + 2a)
d 8d − (6d − 14d)
e 12x + (26y + 18x)
f 13v − (24 + v)
g −2t − (13t − 6r)
h −(−6q + 12r) − 8q

6 Welche beiden Terme gehören zusammen?

① 12x + 4y − 6x − 2y
② 8x − 2y
③ 18x : 3 + 4y
④ y · 2 + 10x − 2x
⑤ 6x + 4y
⑥ 8x + 2y
⑦ 4x + (4y + 4x)
⑧ 6x − (2y − 2x)
⑨ 6x + 2y
⑩ 8x + 4y

7 Die Terme auf benachbarten Steinen werden multipliziert. Fasse gleiche Variablen als Potenz zusammen.

a
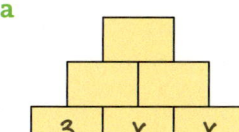

b
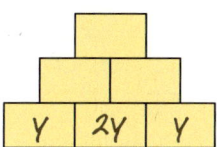

8 Vereinfache die Terme soweit wie möglich.
a 18g − 3h + g − 2h
b 5c · 4b − 12c
c −2c + (6d − c) − 2
d 18k − (24l − 7k) + 5k
e 54m : (−9) + 6n
f 3s + 14t − (6 + 5s)
g 7 · 10r + (12s² − 65r)
h 4 · 3w · 2 + 16 − 15w

9 Ergänze die Leerstellen in deinem Heft.
a 5b − 3b + □ = 18b
b 24x − □ − 13x = 5x
c 5s · □ = 35s
d 48h : □ = 8h
e □ · 12 = 36f
f 2ab + □ − 3 = 9ab − 3
g 4x · □ + x = 4x² + x
h 7a − (b + □) = 2a − b

10 Korrigiere und beschreibe die Fehler, die Antonia beim Umformen der Terme gemacht hat.

a) 4a + 5b = 9ab
b) 42j² : 7 = 6j²
c) 5x · 8y · 2 = 80xy
d) 12a − 12 = a
e) 9s − 3 · 3s = 0
f) x · x = 2x
g) −2a · 3b = 6ab
h) 48z : 12 − z = 3z

11 Vereinfache die Terme so weit wie möglich.
a 0,5s − 1,5t + 3,5s
b 8 · 0,25x − 6x
c 15a : 2,5 − 2b + 0,2a
d 12,5m − (2,5n + 9m)
e $\frac{1}{2}x + 2y - \frac{1}{4}x - y$
f $5s \cdot \frac{1}{2} + 3q - \frac{1}{2}s$
g $-2w + \left(\frac{1}{3}v - \frac{3}{2}w\right)$
h $60d : 5 - \left(2 - \frac{1}{10}d\right)$

12 Stelle einen Term für die Gesamtlänge der Kanten auf und vereinfache ihn.

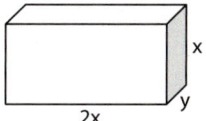

1.6 Grundlagentraining

Ausmultiplizieren und Ausklammern

13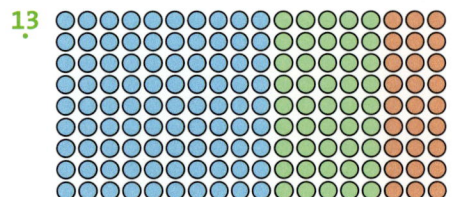

a Berechne der Reihe nach die Anzahl der blauen, grünen und roten Kreise. Notiere deine Ergebnisse und bestimme dann die Summe.
b Wie kannst du die Gesamtzahl der Kreise auf andere Weise berechnen?

14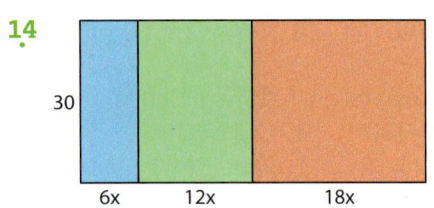

a Stelle einen Term auf und berechne damit den Flächeninhalt des Rechtecks.
b Welchen Term und welches Ergebnis hat dein Sitznachbar?
Falls ihr den gleichen Term aufgestellt habt, dann überlegt, mit welchem anderen Term ihr das gleiche Ergebnis erzielen könnt.

15 Mit welchen Termen kannst du den Flächeninhalt des Rechtecks berechnen?

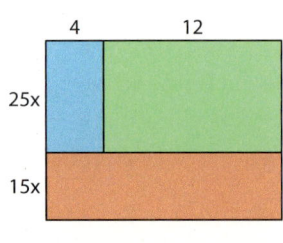

$25x(4 + 12) + 15x(4 + 12)$

$(25x + 15x) \cdot 16$

$4 \cdot 25x + 12 \cdot 25x + 12 \cdot 15x$

$25x \cdot 4 + 25x \cdot 12 + 15x(4 + 12)$

16 Löse die Klammer auf.
a $2(4a + 3b)$
b $(2c - 4d) \cdot 5$
c $7(3y + 5z)$
d $a(8 + b)$
e $(17p + 3t) \cdot 2$
f $9(x + y - 2z)$
g $12(a - 3b + 6c)$
h $10x(2x + 5y - 7z)$

17 Löse die Klammer auf, indem du jeden Summanden durch den Divisor dividierst.
a $(18a + 12b) : 6$
b $(42g - 35h) : 7$
c $(ab + 2ac) : a$
d $(33 + 55x) : 11$
e $(28p + 16q) : 4$
f $(78x - 52z) : 13$
g $(8a - 2ab) : 2a$
h $(12x + 36xy) : 6x$

18 Welche Terme sind gleich?

① $8(x + 2y - 3z)$
② $6(x + 3y - 4z)$
③ $4(2x + 3y - 8z)$
④ $8x - 24z + 16y$
⑤ $3(6y + 2x - 8z)$
⑥ $-32z + 12y + 8x$
⑦ $6x + 18y - 24z$
⑧ $6(x + 4y - 3z)$
⑨ $4(4y - 6z + 2x)$
⑩ $2(3x + 9y - 12z)$
⑪ $2(8y - 12z + 4x)$
⑫ $2(3x - 9z + 12y)$

19 Klammere den angegebenen Faktor aus.
a 2: $6x + 10y$
b 6: $-12a - 18b$
c 5: $15s + 45t$
d a: $2a + ab + ac$
e 8: $24a - 32b + 88c$
f $3a$: $21a + 15ab$
g $-5x$: $-75xy - 80x$
h -1: $-3x - 15xy + 1$

20 Fülle die Lücken so aus, dass die Gleichung stimmt.
a $\square \cdot (2a + 9b) = 16a + 72b$
b $\square \cdot (-1 + 2a) = -4b + \square$
c $5(\square - 11a) = 15 - \square$
d $7a \cdot (b + \square) = \square + 63a$
e $2a(\square + 2a + 6b) = 10a + \square + \square$
f $\square \cdot (3a - 12b + c) = \square + \square - c$

1.7 Mach dich fit!

Umgang mit Termen

1 Vereinfache die Terme.
a $7x + 3x - 4x$
b $4y - 5y + 9y$
c $5a + 3b - a + 2b$
d $5t + 8s - 3t - 12s$
e $7k - 9k^2 + 6k - k - k^2$
f $a^2 + ab + 3b^2 - 2ab + a^2$

2 Fasse zusammen:
a $3 \cdot 4x$
b $8y \cdot 3y$
c $(-6a) \cdot 7a$
d $3b \cdot b \cdot 4bc$
e $(-1) \cdot 7d \cdot 3de \cdot 9e$
f $(12z \cdot 5yz : 2y) : z$
g $36a^3 : 4$
h $27x : 9 \cdot 3x$

3 Achte auf die Klammern.
a $7q + (3q + 8p)$
b $9v - (9w + 4v)$
c $3k - (6m + 3k) - 6m$
d $(5r - 4{,}5s) - (-5{,}5s + 3{,}5r) - 8{,}5r$

4 Fasse zusammen. Bei welcher Aufgabe kommt als Ergebnis null heraus?
a $\frac{1}{4}x + \frac{3}{4}y + \frac{3}{2}x + 2y + \frac{1}{4}x$
b $\frac{4}{5}s \cdot \frac{3}{5}t + \frac{1}{2}st \cdot \frac{3}{5}$
c $-\frac{3}{4}a + \frac{1}{8}b - \left(-\frac{7}{8}b\right) - 2 \cdot \frac{1}{8}a + a - b$
d $0{,}6r + 1{,}8s + 1{,}6s - 5{,}6r$
e $3st \cdot 0{,}6s \cdot 3t : 2$
f $25ab : 5 + 2 \cdot (-3b \cdot 2a)$

5 Ist die Fläche größer oder kleiner als 65 m²?

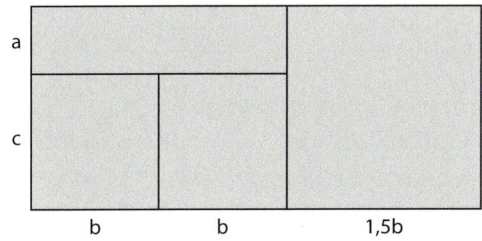

a Stelle einen Term für die Summe der Teilflächen auf.
b Setze für $a = 2\,m$, $b = 3\,m$ und $c = 4\,m$ ein und berechne den Flächeninhalt.

6 Löse erst die innere Klammer auf und dann die äußere. Dann fasse zusammen.
a $5a + [2a - (1a + 4b)] + 8b$
b $7{,}1g - [(5{,}2g + h) - (-2{,}5g + 1{,}9h)]$
c $(9x - 5{,}5y) - [4{,}4y + 3x - (6x - 4{,}4y)] + 4{,}4y$
d $-[3a + (2b - a) + b] - [-(8a - 3b) + (a - b)]$

7 Stelle den Umfang der Figuren als Summenterm dar und fasse zusammen.

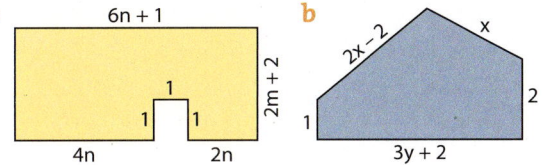

Ausmultiplizieren und Ausklammern

8 Achte auf die Klammern.
a $2(a + 3b)$
b $7(3d - 5e)$
c $(4g + 3{,}5h) \cdot 6$
d $7(3a - 5b + 13c)$
e $s(s - 3st + 9)$
f $6f(-7ef + 3e - 8)$

9 Klammere den angegebenen Faktor aus.
a 3: $3a + 9b - 12c$
b 5: $15x - 55y$
c 2: $16g + 28h - 34i$
d -7: $42k + 63m - 7n$
e $4f$: $8ef + 4f + 16fg$
f $-x$: $3x - xy$

10 Erstelle einen Term und berechne damit den Gesamtumfang der drei Flächen.

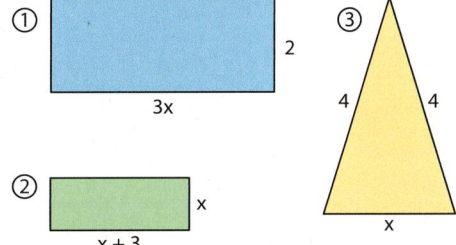

1.7 Mach dich fit!

11 Löse die Klammern auf und fasse zusammen.
  a) $x(3 + 4x)$
  b) $(7{,}3x - 3xy) \cdot 2x$
  c) $\frac{3}{4}(2p - 8q)$
  d) $\left(-\frac{5}{8}b + \frac{3}{10}c - 3d\right) \cdot \frac{4}{3}$
  e) $(24x - 72y) : 8$
  f) $(5{,}2t + 6{,}5t - 2{,}6) : 1{,}3$

12 Klammere den angegebenen bzw. den größtmöglichen ganzen Faktor aus.
  a) $9m$: $27mn + 45m^2$
  b) $-4a$: $20a^2 - 12ab$
  c) $\frac{1}{2}p$: $2pq + \frac{1}{4}p$
  d) $6x^2y + 4x^2y^2$
  e) $-24st^2x - 36stz$
  f) $21a^4b^3c - 98a^4b^2c^2$

13 Berechne den Flächeninhalt der Figuren.
  a) Quadrat mit Seite $x + 1$
  b) Dreieck mit Höhe x und Basis $x + 7$
  c) Parallelogramm mit Höhe x und Basis $x + 3$
  d) Trapez mit Höhe x, Seiten $x - 4$ und $x + 4$

14 Löse die Klammern auf.
  a) $(10x + 5y) : \frac{1}{5}$
  b) $(6a + 9b - 3c) : \frac{1}{6}$
  c) $(9p - 15q + 3r) : \frac{3}{5}$
  d) $\left(\frac{3}{2}x - \frac{3}{8}y + \frac{1}{8}z\right) : \left(-\frac{3}{8}\right)$

15 Welche Terme gehören zusammen?
  ① $x^2(x \cdot x + x + 1)$
  ② $8x^2y^2 - 12x^2y^3$
  ③ $11y$
  ④ $2x^2y^2(4 - 6y)$
  ⑤ $-4xy^2(2x - 3y)$
  ⑥ $(100y + 21y) : 11$
  ⑦ $-8x^2y^2 + 12xy^3$
  ⑧ $x^2 + x^3 + x^4$

16 Berechne die Oberfläche und das Volumen der Körper.

a)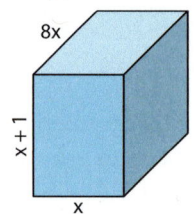
Quader mit Kanten $8x$, $x+1$, x

b)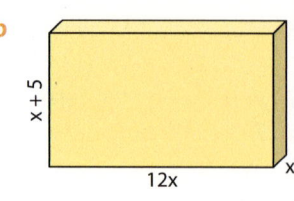
Quader mit Kanten $x+5$, $12x$, x

Multiplikation von Summen

17 Löse die Klammern auf.
  a) $(3 + x)(4 + y)$
  b) $(2 + p)(3 - q)$
  c) $(3e + 5f)(a - 3b)$
  d) $(6v + 5w)(-2w + v)$

18 Erstelle zu den angegebenen Aufgaben jeweils eine Vierfeldertafel.
  a) $(10 + 4)(20 + 4)$
  b) $(30 + 3)(40 - 2)$
  c) $(60 - 2)(10 + 1)$
  d) $(30 - 5)(30 - 5)$

19 Multipliziere aus.
  a) $(3 - a)(4 + b + c)$
  b) $(e + f)(3 - g + h)$
  c) $(x + y)(2x - 3y + 4)$
  d) $(1{,}2s + 4{,}7t)(3 + 1{,}5s - 4t)$

20 Vervollständige die Vierfeldertafeln und schreibe als Klammerterme.

a)
·	10	2	
40	…	…	…
…	30	6	…
	…	…	…

b)
·	…	−3	
80	1600	…	…
…	−80	12	…
	…	…	…

21 Ergänze die „…" in deinem Heft.
  a) $(3x + …)(2x - …) = 6x^2 - … + 10bx - 15ab^2$
  b) $(y - …)(… + 4z) = 2xyz … - 12z$
  c) $(… + rs)(-5s - …) = -2{,}5s^2 … - 7r^2s^2$

22 Multipliziere. Mit Pfeilen rechnest du sicherer.
  a) $(4 + 2x)(3x - 3y + z)$
  b) $(1{,}5a - 4b)(4{,}2 - 0{,}5a + 7b)$
  c) $(-5x + 3y)(a - b - c + 2d)$

Mach dich fit! 1.7

Binomische Formeln

23 Forme mithilfe der 1. oder 2. binomischen Formel um.
- a $(s+t)^2$
- b $(2y+z)^2$
- c $(x+5)^2$
- d $(3a-3b)^2$
- e $(3a+7)^2$
- f $(5p-3)^2$
- g $(2,5b+4)^2$
- h $(1,1a-4)^2$
- i $(6g-1,5)^2$
- j $(14+3x)^2$
- k $(13y-2m)^2$
- l $(1,5x+9y)^2$

24 Forme mithilfe der 3. binomischen Formel um.
- a $(a+2b)(a-2b)$
- b $(3c+3d)(3c-3d)$
- c $(4x+5)(4x-5)$
- d $(3,5a-7)(3,5a+7)$
- e $(5v-9w)(5v+9w)$
- f $\left(8f+\tfrac{1}{2}e\right)\left(8f-\tfrac{1}{2}e\right)$

25 Stelle fest, welche binomische Formel dir helfen kann, löse dann die Aufgabe.
- a $(11a-4b)^2$
- b $(14c-9d)(14c+9d)$
- c $(16e+4f)^2$
- d $(17g+1)(17g-1)$
- e $(18a+10)^2$
- f $(19-c)^2$
- g $\left(3b+\tfrac{1}{3}a\right)\left(3b-\tfrac{1}{3}a\right)$
- h $(15e+12)^2$

26 Fülle im Heft die Lücken aus.
- a $x^2 + \Box + 36 = (x+\Box)^2$
- b $9b^2 - \Box + 16 = (\Box - 4)^2$
- c $4j^2 - 20j + \Box = (\Box - 5)^2$
- d $\Box - 49z^2 = (\Box + 7z)(11 - \Box)$
- e $\Box + 48x + \Box = (\Box + 2x)^2$
- f $169 - \Box = (\Box + 15z)(\Box - \Box)$

27 Forme den Term, wenn das geht, mithilfe einer binomischen Formel in ein Produkt um.
- a $x^2 + 8x + 16$
- b $y^2 - 12y + 36$
- c $64 - e^2$
- d $a^2 + 3a + 9$
- e $81 - 18b + b^2$
- f $4f^2 + 4$
- g $25s^2 + 20s + 4$
- h $1 - 14z + 49z^2$

28 Forme mithilfe der binomischen Formeln um.
- a $(1,5a + 2,5b)^2$
- b $\left(1,5a - \tfrac{1}{2}b\right)^2$
- c $(10e - 0,1f)^2$
- d $(2,1c - z)(2,1c + z)$
- e $(0,6c + 0,2)^2$
- f $(0,3d + 1,6)(0,3d - 1,6)$

29 Brüche in Binomen
- a $\left(4x + \tfrac{1}{2}\right)^2$
- b $\left(\tfrac{1}{4} - 2y\right)^2$
- c $\left(\tfrac{1}{5} - 5z\right)^2$
- d $\left(\tfrac{5}{8} - \tfrac{1}{2}b\right)\left(\tfrac{5}{8} + \tfrac{1}{2}b\right)$
- e $\left(\tfrac{2}{7}w + \tfrac{3}{6}\right)^2$
- f $\left(\tfrac{3}{10} + \tfrac{4}{12}m\right)\left(\tfrac{3}{10} - \tfrac{4}{12}m\right)$

30 Welche Kärtchen gehören zusammen? Fülle im Heft die Lücken aus.

① $(3x+y)(3x-y)$
② $(3x+y)^2$
③ $(x+3y)^2$
④ $(3x+3y)^2$
⑤ $3(\Box + y)^2$
⑥ $\Box + 6xy + 3y^2$
⑦ $x^2 + \Box + 9y^2$
⑧ $9x^2 + 6xy + \Box$
⑨ $9x^2 - y^2$
⑩ $9x^2 + \Box + 9y^2$

31 Klammere zuerst einen gemeinsamen Faktor aus und faktorisiere dann mithilfe der binomischen Formeln.
- a $2x^2 + 8x + 8$
- b $4m^2 + 24m + 36$
- c $3p^2 - 75$
- d $32 - 16w + 2w^2$
- e $27m^2 - 12$
- f $16q^2 + 80q + 100$
- g $-36 - 12j - j^2$
- h $20x^2 - 40x + 20$

32 Fasse so weit wie möglich zusammen.
- a $(x+2)^2 + (x-8)^2$
- b $(3x-7)^2 + (10-5x)^2$
- c $(11x+4y)(11x-4y) - (11x-4y)^2$
- d $(9v-16w)^2 + (16-2v)^2$
- e $(9-8v)^2 - (9-4v)(9+4v) + (9+4v)^2$
- f $(5d-e)^2 + (d+5e)^2 - (5d+5e)(5d-5e)$

33 Wende zuerst die binomische Formel an und löse dann die Klammer auf.
- a $-(6a+2)^2$
- b $-(4a-3b)^2$
- c $-(19a-b)(19a+b)$
- d $-(0,4a-5)^2$
- e $-(4,5b+10)^2$
- f $-(2,5a+6)(2,5a-6)$

34 Stelle den Term in der Klammer um und wende dann die binomische Formel an.
- a $(-12+3a)^2$
- b $(-2b+7)^2$
- c $(-0,5c+2d)^2$
- d $(-13+4e)(13+4e)$
- e $(-8+6f)(-8+6f)$
- f $(-1,9g+10h)(10h+1,9g)$

35 Faktorisiere den Term.
- a $3x^2 + 1,2x + 0,12$
- b $5i^2 - i + 0,05$
- c $0,5 + 2z + 2z^2$
- d $3z^2 - 3z + \tfrac{3}{4}$
- e $5b^2 - \tfrac{5}{9}$
- f $\tfrac{1}{8}s^2 - 4s + 32$

Termumformungen und Binome

1.8 Grundwissen

Rechnen mit Termen

Durch **Termumformungen** können Terme vereinfacht werden.

Addieren und subtrahieren
Gleichartige Terme können addiert bzw. subtrahiert und dadurch zusammengefasst werden.

$$2x + 5y + 4x - 2y$$
$$= 2x + 4x + 5y - 2y$$
$$= 6x + 3y$$

Multiplizieren und dividieren
Terme kann man multiplizieren oder dividieren, indem man …

… mit Zahlen multipliziert:
$$4 \cdot z \cdot 5 = 4 \cdot 5 \cdot z = 20z$$

… durch die Zahl dividiert:
$$36x : 9 = 4x$$

… gleiche Variablen zu Potenzen zusammenfasst:
$$4y \cdot y \cdot y = 4y^3$$

Plus- und Minusklammern

Plus- und Minusklammern kann man auflösen, um Rechenvorteile nutzen zu können.

Beim Auflösen von **Plusklammern** bleiben alle Vorzeichen erhalten.
$$a + (+b + c) = a + b + c$$

Das Auflösen von **Minusklammern** dreht alle Vorzeichen im Klammerterm um.
$$a - (+b - c) = a - b + c$$

Ausmultiplizieren/ Ausklammern

Klammern kann man auch mit dem **Verteilungsgesetz** (Distributivgesetz) auflösen.

Ausmultiplizieren
Steht vor einer Klammer ein Faktor, kann man den Faktor mit jedem Summanden in der Klammer multiplizieren.
$$a \cdot (b + c) = a \cdot b + a \cdot c$$
Das Verteilungsgesetz gilt auch bei der Division: $(a + b) : c = a : c + b : c$

$$3x \cdot (2x + 7)$$
$$= 3x \cdot 2x + 3x \cdot 7$$
$$= 6x^2 + 21x$$

$$(12z + 9y) : 3$$
$$= 12z : 3 + 9y : 3$$
$$= 4z + 3y$$

Ausklammern
Gemeinsame Faktoren in Summen (oder Differenzen) kann man ausklammern.
$$a \cdot b + a \cdot c = a \cdot (b + c)$$

$$6x + 9xy$$
$$= 3x \cdot (2 + 3y)$$

$$10yz - 5z$$
$$= 5z \cdot (2y - 1)$$

Termumformungen und Binome 1.8

Multiplikation von Summen

Werden zwei Summen miteinander multipliziert, so wird jeder Summand der ersten Klammer mit jedem Summanden der zweiten Klammer multipliziert.

$$(a + b) \cdot (c + d) = a \cdot c + a \cdot d + b \cdot c + b \cdot d$$

$(4 + 3x) \cdot (2y + 3z)$
$= 4 \cdot 2y + 4 \cdot 3z + 3x \cdot 2y + 3x \cdot 3z$
$= 8y + 12z + 6xy + 9xz$

Binomische Formeln

Die Produkte $(a + b)^2$, $(a - b)^2$ und $(a + b) \cdot (a - b)$ kann man mit den binomischen Formeln berechnen:

1. binomische Formel:
$(a + b)^2 = a^2 + 2ab + b^2$

2. binomische Formel:
$(a - b)^2 = a^2 - 2ab + b^2$

3. binomische Formel:
$(a + b) \cdot (a - b) = a^2 - b^2$

$(2x + 3)^2$ $(a + b)^2$
$= (2x)^2 + 2 \cdot 2x \cdot 3 + 3^2$ $a^2 + 2ab + b^2$
$= 4x^2 + 12x + 9$

$(5y - 1)^2$ $(a - b)^2$
$= (5y)^2 - 2 \cdot 5y \cdot 1 + 1^2$ $a^2 - 2ab + b^2$
$= 25y^2 - 10y + 1$

$(3z + 7) \cdot (3z - 7)$ $(a + b) \cdot (a - b)$
$= (3z)^2 - 7^2$ $a^2 - b^2$
$= 9z^2 - 49$

Faktorisieren

Summen oder Differenzen, die der Form einer binomischen Formel entsprechen, können durch **Faktorisieren** in Produkte umgeformt werden.

$9x^2 + 12x + 4$
$= (3x)^2 + 2 \cdot 3x \cdot 2 + 2^2$ $a^2 + 2ab + b^2$
$= (3x + 2)^2$ $(a + b)^2$

$4y^2 - 16y + 16$
$= (2y)^2 - 2 \cdot 2y \cdot 4 + 4^2$ $a^2 - 2ab + b^2$
$= (2y - 4)^2$ $(a - b)^2$

$25z^2 - 36$
$= (5z)^2 - 6^2$ $a^2 - b^2$
$= (5z + 6) \cdot (5z - 6)$ $(a + b) \cdot (a - b)$

1.9 Mehr zum Thema: Kopfrechentricks

Besondere Produkte lassen sich mit der 3. binomischen Formeln sehr einfach berechnen:

$29 \cdot 31$
$= (30 - 1) \cdot (30 + 1)$
$= 30^2 - 1^2$
$= 900 - 1$
$= 899$

$23 \cdot 27$
$= (25 - 2) \cdot (25 + 2)$
$= 25^2 - 2^2$
$= 625 - 4$
$= 621$

Auch das Quadrieren zweistelliger Zahlen gelingt mit der 1. und 2. binomischen Formel ganz einfach im Kopf.

32^2
$= (30 + 2)^2$
$= 30^2 + 2 \cdot 30 \cdot 2 + 2^2$
$= 900 + 120 + 4$
$= 1024$

29^2
$= (30 - 1)^2$
$= 30^2 - 2 \cdot 30 \cdot 1 + 1^2$
$= 900 - 60 + 1$
$= 841$

Probiere es selbst: $99 \cdot 101$; $98 \cdot 102$; $55 \cdot 65$; 71^2; 72^2; 99^2; 98^2; 55^2
Teste es mit eigenen Zahlen. Tausche dich mit deinem Sitznachbarn aus!

2

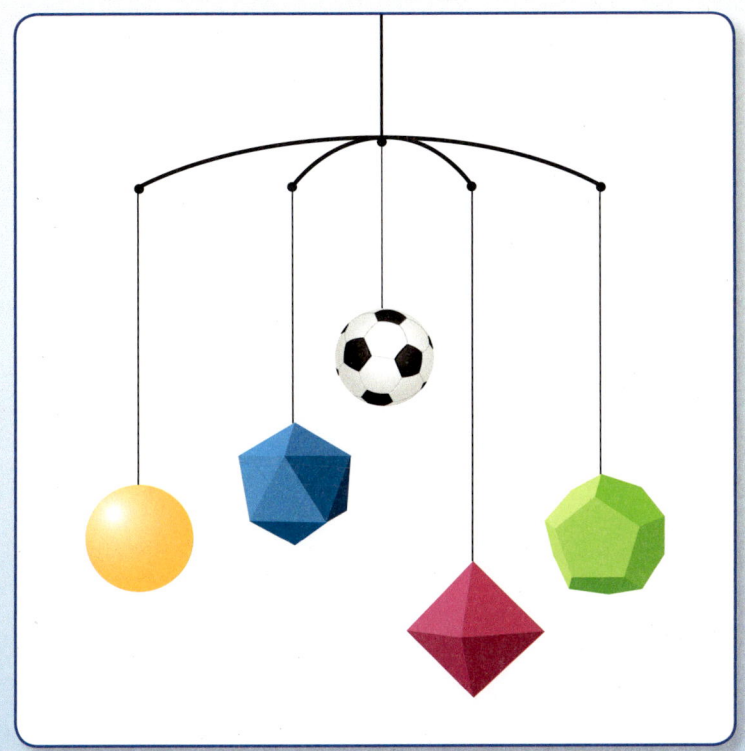

Gleichungen

2.1 Äquivalenzumformungen in Gleichungen

1 Beim Tauziehen am Sportfest sind beide Seiten gleich stark. Es herrscht ein *Gleichgewicht*. Dieses Gleichgewicht kann man mit einer Gleichung ausdrücken.

$$6m + 2j \quad = \quad 3j + 4m$$

Bestimme das Kräfteverhältnis zwischen Mädchen und Jungen, indem du schrittweise auf beiden Seiten die gleiche Zahl an Mädchen und Jungen wegnimmst.

2 Ordne den Gleichungen jeweils eine passende Aussage zu.

① $2m = 2j$ Ⓐ Ein Junge ist dreimal so stark wie ein Mädchen.

② $4m + j = 3j$ Ⓑ Ein Junge ist doppelt so stark wie ein Mädchen.

③ $2j = 2m + j$ Ⓒ Ein Mädchen ist halb so stark wie ein Junge.

④ $2j = 3m + j$ Ⓓ Ein Mädchen ist genauso stark wie ein Junge.

M Bei **Äquivalenzumformungen** wird immer auf *beiden* Seiten einer Gleichung *dieselbe Zahl* oder *der gleiche Term* addiert, subtrahiert, multipliziert oder dividiert.
Mithilfe von Äquivalenzumformungen lassen sich Gleichungen Schritt für Schritt vereinfachen, bis man den Wert der Variablen erhält.
Siehe das Beispiel rechts für die Variable x.

Beispiel
Äquivalenzumformung einer Gleichung

$31 - 3x + 4 = 27 - x$ | zusammenfassen
$35 - 3x = 27 - x$ | $+ 3x$
$35 = 27 + 2x$ | $- 27$
$8 = 2x$ | $: 2$
$4 = x$
$x = 4 \quad \Rightarrow \quad L = \{4\}$

Äquivalenzumformungen in Gleichungen — 2.1

Übungsaufgaben

1 Löse die Gleichung im Kopf.
a) $2x + 10 = 20$
b) $5x - 7 = 23$
c) $4x + 12 = 7x$
d) $55 - 3x = 19$
e) $12x + 6 + 2x = 34$
f) $-8x - 5 = -12x + 7$

2 Ergänze im Heft die Beschreibung der Umformungsschritte.

a)
$26x + 24 - 17x - 69 = 0$ | …
$-45 + 9x = 0$ | …
$9x = 45$ | …
$x = 5$

b)
$70x - 6 - 5x = 50x + 7x$ | …
$65x - 6 = 57x$ | …
$8x = 6$ | …
$x = \frac{3}{4}$

3 Gib die Lösungsmenge an. Ein Ergebnis bleibt übrig!
a) $0{,}3x = -0{,}4x - 2{,}1$
b) $10x + 40 - 8x = -2 + 7x + 11 - 4x - 10$
c) $12x + 5 + 4x = 7x - 10 + 4x + 3x + 20$
d) $10x - 3 = -(-24 - 8x + 7)$
e) $12x = 4 \cdot (2x - 5)$

| {41} | {2,5} | {−0,3} | {−5} | {−3} | {10} |

4 Löse mithilfe von Äquivalenzumformungen. Kürze, wenn möglich.
a) $12x - 5 + 9x - 4 = -18x + 7 - 6x - 1$
b) $192x + 120 = 8x + 20 + 4x + 10$
c) $3{,}7 + 1{,}6x = 7{,}2x - 4{,}7$
d) $18 + \frac{1}{4}x - 12\frac{1}{4} = 6{,}5 + 10{,}25x - 2{,}75$

Wie lautet das Lösungswort? ☐ ☐ ☐ ☐ H

−0,5	$\frac{3}{2}$	$\frac{1}{3}$	$\frac{1}{5}$
R	U	B	C

5 Gib die Lösungsmenge an.
a) $15{,}5x + 17 = 5{,}5x + 18$
b) $14 + 5x + 56 = x + 73$
c) $0{,}5x - 22 + 3x - 45 = 8 - 2{,}5x - 12$
d) $-22x + 36 + 18x - 6 = 16x + 55 + 12x - 33$

6 Wie heißt die Zahl?

Das 7-Fache einer Zahl mit 10 addiert ergibt dasselbe, wie wenn man 20 von dem 9-Fachen einer Zahl subtrahiert und 10 addiert.

a) Die Summe zweier aufeinander folgender Zahlen beträgt 79.
b) Die Summe dreier aufeinander folgender Zahlen beträgt 138.

7 Löse wie im Beispiel. Multiplizierst du jeden Term mit dem gemeinsamen Nenner, lösen sich die Brüche auf.

$\frac{3}{4}x + \frac{1}{2} = \frac{5}{8}$ | $\cdot 8$
$6x + 4 = 5$ | -4
$6x = 1$ | $:6$
$x = \frac{1}{6}$ ⇒ $L = \{\frac{1}{6}\}$

a) $x - \frac{1}{4} = \frac{1}{3}$
b) $\frac{1}{2} + \frac{1}{4}x = \frac{7}{10}$
c) $\frac{2}{5} + \frac{3}{10}x = \frac{7}{15}$
d) $\frac{x}{3} - \frac{5}{12} = \frac{1}{6}$

8 Stelle jeweils eine Gleichung auf und berechne die gesuchte Winkelgröße.

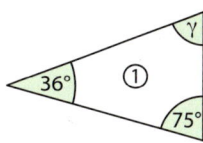
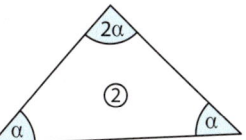
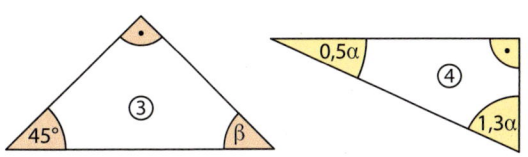

2.2 Sonderfälle beim Lösen von Gleichungen

1

Wenn ich zum Doppelten meiner gedachten Zahl 8 addiere, dann erhalte ich das Gleiche, wie wenn ich die Summe aus meiner Zahl und 4 mit 2 multipliziere. Wie lautet meine Zahl?

$2x + 8 = (x + 4) \cdot 2$!

GRUNDMENGE $\mathbb{Q}$

2 Beschreibe die Besonderheiten, die du beim Lösen dieser Gleichungen findest.
a $6x + 5 = 8x - 2x + 5$
b $3x + 1 = 3x + 4$

Nicht alle Gleichungen haben eine eindeutige Lösung, wie man an den beiden Beispielen erkennt:

$5x - 4 = 5x + 3 \quad | -5x$
$ -4 = 3 \quad \Rightarrow \quad L = \{\,\}$
Man kann für x keine Zahl einsetzen; **die Gleichung stimmt nie**.

$4x + 9 = 9x - 5x + 9$
$4x + 9 = 4x + 9 \quad \Rightarrow \quad L = \mathbb{Q}$
Man kann für x jede beliebige Zahl aus der Grundmenge einsetzen; **die Gleichung stimmt immer**.

M   **Gleichungen haben nicht immer eine Zahl als Lösung!**

Man unterscheidet drei Arten von Lösungen:

① eindeutige Lösung
$3x - 2 = 2x + 3$
$ x = 5 \quad \Rightarrow \quad L = \{5\}$

Es gibt eine eindeutige Lösung. Das Ergebnis schreibt man in die Lösungsmenge.

② keine Lösung
$2x = 2x + 8$
$x = x + 4 \quad \Rightarrow \quad L = \{\,\}$

Es gibt keine Zahlen, die man für x einsetzten kann. Die Gleichung ist **unlösbar**. Die Lösungsmenge ist leer.

③ unendlich viele Lösungen
$x + 6 = x + 13 - 7$
$x = x \quad \Rightarrow \quad L = \mathbb{Q}$

Man kann für x jede beliebige Zahl einsetzen. Die Lösungsmenge enthält alle rationalen Zahlen.

Übungsaufgaben

1 Gib die Lösungsmenge an.
a $4x + 5 = 14 - 9 + 3x + x$
b $x + 6x - 5 = 7x + 3$
c $6 + 2y + 2 = 8y + 2$
d $3 + 3x + 2 = 2x + 4 + 5x + 1$

2 Erstelle eine Gleichung zur Lösungsmenge.
a $L = \{1\}$ b $L = \{\,\}$ c $L = \mathbb{Q}$

3 Welchen Fehler hat Jannis gemacht? Zeige ihm, wie man hier richtig rechnet!

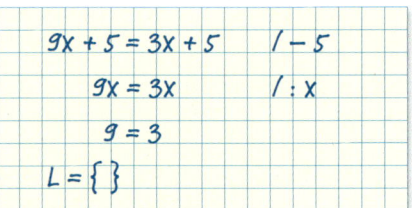

2.3 Gleichungen mit Klammern

1. Die Klasse 8b hat in Partnerarbeit gleich große Terme zu gleich aussehenden *Termpäckchen* geschnürt und Yvonne muss jetzt die Paare finden, die eine Gleichung ergeben.
Notiere alle gleichwertigen Terme in Form einer Gleichung.
Mit welchem mathematischem Gesetz kann Yvonne nachprüfen, ob zwei Terme wirklich gleich sind?

① $2x + (25 + 2x)$
④ $25 \cdot (2x + 2)$
⑤ $-15x - 125$
⑨ $50x + 50$
⑧ $-(5) \cdot (3x + 25)$
③ $3,5 + 5x$
⑩ $5,5 - (2 - 5x)$
⑥ $4x + 25$
⑦ $(55 + 22x) : 11$
② $5 + 2x$

2.

Hey Ida, die Hausaufgaben waren voll schwer. Wo ich mich mit den Brüchen doch sowieso immer schwer tue …

Brüche? Da gab es doch gar keine!

```
3(x + 2) − 1 = 10 + 4x      | + 1
   3(x + 2) = 11 + 4x       | : 3
    x + 2 = 11/3 + 4/3 x    | − 2
        x = 11/3 + 4/3 x − 2
        x = 5/3 + 4/3 x     | · 3
       3x = 5 + 4x          | − 3x
        0 = 5 + x           | − 5
       −5 = x
L = {−5}
```

```
3(x + 2) − 1 = 10 + 4x
  3x + 6 − 1 = 10 + 4x
     3x + 5 = 10 + 4x    | − 3x
          5 = 10 + x     | − 10
         −5 = x
L = {−5}
```

An welcher Stelle hat sich Priya das Lösen der Gleichung schwer gemacht?
Wie ist Ida an dieser Stelle vorgegangen?

3. Für welchen Lösungsweg würdest du dich hier entscheiden? Begründe deine Entscheidung!
Worin liegt der Unterschied zu Priyas Aufgabenlösung?

```
4(x − 3) + 6 = 30
4x − 12 + 6 = 30
    4x − 6 = 30
        4x = 36
         x = 9
L = {9}
```

```
4(x − 3) + 6 = 30
   4(x − 3) = 24
      x − 3 = 6
          x = 9
L = {9}
```

 **Strategie**

Gleichungen mit Klammern lösen

Diese Strategie hilft dir, Schritt für Schritt eine Gleichung mit Klammern zu lösen.

$$3 \cdot (2x - 2)(2 + 5x) - 30x^2 = 2x - (6x - 2)$$

① **Klammern auflösen.**
$3(4x + 10x^2 - 4 - 10x) - 30x^2 = 2x - 6x + 2$
$12x + 30x^2 - 12 - 30x - 30x^2 = 2x - 6x + 2$

← Ausmultiplizieren und alle Klammern auflösen.

② **Zusammenfassen.**
$-18x + \cancel{30x^2} - 12 - \cancel{30x^2} = -4x + 2$
$-18x - 12 = -4x + 2$

So addieren oder subtrahieren, dass die Variable auf einer Seite wegfällt. →

③ **Variable auf eine Seite bringen.**
$-18x - 12 = -4x + 2 \quad | +4x$
$-14x - 12 = 2$

④ **Zahlen auf die andere Seite bringen.**
$-14x - 12 = 2 \quad | +12$
$-14x = 14$

⑤ **Den Faktor vor der Variablen auf den Wert 1 bringen.**
$-14x = 14 \quad | : (-14)$
$x = -1$

Lösungsmenge angeben: $L = \{-1\}$

Gleichungen mit Klammern 2.3

Übungsaufgaben

1 Gib die Lösungsmenge an.
a) $4x + 20 = 4x + (-10 - 2x)$
b) $-6x - (6x + 10) = 30x + 11$
c) $12 - (2x + 3) = 10 - (x - 1)$

2 Multipliziere aus und löse.
a) $6 \cdot (10x + 5) = 80 + 10x$
b) $3(6x - 7) = (13x - 6)$
c) $4(y + 1) - 3(8 - 2y) = 180$
d) $-7(y + 2) + 12y = 6(y - 3) + 1$
e) $(5y - 2)(8y - 2) = 40y^2 - 2y + 52$

Lösungen: 1 | 20 | 3 | −2 | 3

3 Jedes Kästchen steht für ein Vorzeichen, ein Rechenzeichen oder eine Zahl. Ergänze im Heft und löse die Gleichung.
Beschreibe, wie du vorgehst.

a) $7x + 4 = -2(2x - 13)$
$7x + 4 = \square\square x \square\square$

b) $4x - (26 - 9x) = 2(6x + 7)$
$\square x - 26 \square\square x = 14 + \square x$

c) $-3 - 2(-9x - 5) = 1$
$\square\square + 18x \square\square = 1$

4 Löse die Gleichung.
a) $-(-16x + 53) + 4x = -5 + (-5x + 2)$
b) $(3x + 5)(3x - 5{,}5) = 9x^2 - 0{,}5$
c) $(4a^2 + 16) - 20a^2 = -(16a^2 - 16a + 16)$
d) $112 - (5x + 3)(2x - 3) = 10(-x^2 - 11{,}2x)$
e) $(\tfrac{1}{2}x + 4) = (\tfrac{1}{4}x + 2)(4 + \tfrac{1}{4}x)$

5 Die Klasse 8a mit 25 Schülern ist unterwegs! Jeder Schüler muss 3,90 € für die Fahrkarte und 4,10 € für den Eintritt bezahlen. Die Klassenlehrerin sammelt 300,00 € ein.
Wie viel Geld pro Schüler hat sie für die Verpflegung zur Verfügung?
Stelle eine Gleichung mit Klammern auf.

6 Welche Fehler haben Tim und Anna jeweils gemacht? Worauf sollten sie achten?
Löse die Gleichungen richtig.

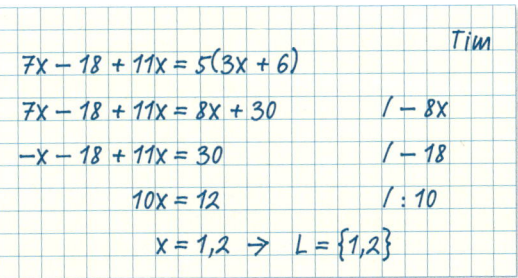

Tim:
$7x - 18 + 11x = 5(3x + 6)$
$7x - 18 + 11x = 8x + 30 \quad | -8x$
$-x - 18 + 11x = 30 \quad | -18$
$10x = 12 \quad | :10$
$x = 1{,}2 \rightarrow L = \{1{,}2\}$

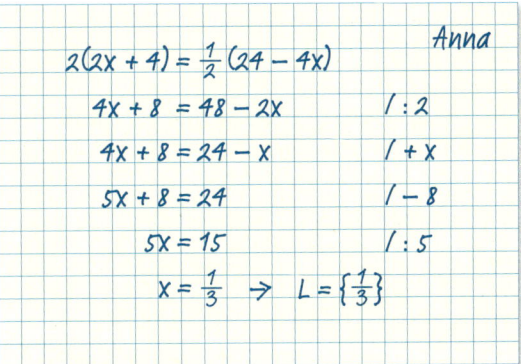

Anna:
$2(2x + 4) = \tfrac{1}{2}(24 - 4x)$
$4x + 8 = 48 - 2x \quad | :2$
$4x + 8 = 24 - x \quad | +x$
$5x + 8 = 24 \quad | -8$
$5x = 15 \quad | :5$
$x = \tfrac{1}{3} \rightarrow L = \{\tfrac{1}{3}\}$

7 Lukas kauft neue Rollen für sein Skateboard. Im Angebot gibt es einen Satz um 7 € reduziert. Deshalb kauft er gleich vier Sätze und bezahlt 32 €. Zu Hause berechnet er den ursprünglichen Preis für einen Rollensatz.

8 Stelle für die Berechnung des Volumens eine Gleichung auf und berechne a.

$V = 336\ m^3$

2.4 Gleichungen mit Binomen

2.4 Gleichungen mit Binomen

Sandra hat sich für Tim ein Zahlenrätsel ausgedacht:
„Zwei Zahlen unterscheiden sich um 10. Wenn ich vom Quadrat der größeren Zahl das Quadrat der kleineren Zahl abziehe, erhalte ich 400."

Tim geht strategisch vor:
Die kleinere Zahl heißt: x
Die größere Zahl heißt: $x + 10$
Das Quadrat der kleineren Zahl: x^2
Der Quadrat der größeren Zahl: $(x + 10)^2$

Daraus ergibt sich die Gleichung:

$(x + 10)^2 - x^2 = 400$ | 1. binomische Formel anwenden
$x^2 + 20x + 100 - x^2 = 400$ | zusammenfassen
$20x + 100 = 400$ | $- 100$
$20x = 300$ | $: 20$
$x = 15$

Die erste Zahl heißt 15, die zweite 25! Um sicherzugehen, macht Tim die Probe:
Setze für x die gefundene Zahl 15 in die Gleichung ein: $(15 + 10)^2 - 15^2 = 400$
$625 - 225 = 400$ ✓

Die Gleichung stimmt und damit auch die Lösung $x = 15$!

Übungsaufgaben

1 Schreibe zur Wiederholung die binomischen Formeln in dein Heft.

2 Forme um und löse die Gleichung.
a $(x - 7)^2 = x^2 + 7$
b $(x + 2)^2 = x^2 + 10x + 25$
c $(x - 4)^2 = x^2 - 4x - 12$
d $(x + 11)(x - 11) = x^2 - 7x - 30$
e $(x + 9)^2 = x(x - 3) - 3$
f $(x - 8)(x + 8) = (x - 2)^2 - 4(x - 1)$

3 Die Variable muss nicht immer x sein!
a $(s + 4)(s - 4) + (s - 4)^2 = 2(s - 4)^2$
b $(4 - 2t)^2 = (t + 2)^2 + 3(t + 1)(t - 1)$
c $(a + 7)^2 - (a - 5)^2 = (a - 6)^2 - (a + 8)^2$
d $(5y - 3)(5y + 3) + 29 - (4y - 2)^2 = (3y + 2)^2$
e $(b + 5)^2 - (b + 4)^2 = (b - 7)^2 - (b - 3)^2 - 11$

Lösungen
2   −1   3/4   −3   4

4 Löse im Kopf. Es gibt zwei Lösungen!

Beispiel $(x + 1)^2 = 36$
$6^2 = 36$ $(-6)^2 = 36$
$(5 + 1)^2 = (-7 + 1)^2 = 36$ ⇒ $L = \{-7; 5\}$

a $(x + 3)^2 = 100$
b $(x + 1)^2 = 49$
c $(x + 9)^2 = 64$
d $(x - 2)^2 = 81$
e $(x - 5)^2 = 16$
f $(7 - x)^2 = 4$

5 Führe die Reihen um drei Schritte fort und bestimme jeweils beide Lösungen.

$(x + 7)^2 = 25$ $(x - 6)^2 = 49$
$(x + 5)^2 = 25$ $(x - 4)^2 = 49$
$(x + 3)^2 = 25$ $(x - 2)^2 = 49$
...   ...

Gleichungen mit Binomen — 2.4

6 Kannst du die nächsten drei Lösungen bereits voraussagen?
Was stellst du fest, wenn du die Probe machst?

a
$(x + 3)^2 = (x - 6)^2$
$(x + 3)^2 = (x - 5)^2$
$(x + 3)^2 = (x - 4)^2$
...

b
$(x + 1)^2 = (x - 1)(x + 1)$
$(x + 2)^2 = (x - 2)(x + 2)$
$(x + 3)^2 = (x - 3)(x + 3)$
...

7 Erstelle selbst eine Gleichung, in der binomische Formeln enthalten sind. Diese sollen folgende Lösung haben:
a −10
b 10
c Findest du zu beiden Lösungen jeweils zwei weitere Gleichungen?

T Steht ein Faktor vor oder nach einem binomischen Ausdruck, gehst du so vor: Wende zuerst die binomische Formel an und multipliziere dann.
Beispiel $4(x - 3)^2$
$= 4(x^2 - 6x + 9)$
$= 4x^2 - 24x + 36$

8 Löse die Gleichung.
a $5(x - 2)^2 = 2(2{,}5x^2 - 40)$
b $-4(x + 5)^2 + 2x^2 = -2(x^2 + 10)$
c $2(2 + 4x)(2x - 3) = (4x - 2)(4x + 2)$
d $(x - 6)^2 - 4(x - 9)^2 = -3(x + 5)^2 + 3$

9 Ganz normal: Gleichungen mit Dezimalzahlen!
a $(x - 3{,}5)^2 = (x + 6{,}5)^2$
b $(x + 2{,}5)^2 = -0{,}5(7{,}5 - 2x^2)$
c $x(x + 1{,}5) = (x + 1{,}5)^2$
d $3(x + 0{,}1)^2 - 19{,}41 = 2(x - 0{,}9)^2 + x^2$

10 Brüchige Zahlen – glatte Lösungen
a $\left(x + \tfrac{1}{2}\right)^2 = x^2 + \tfrac{1}{2}\left(x - \tfrac{1}{2}\right)$
b $\left(\tfrac{1}{2}x + \tfrac{1}{2}\right)\left(\tfrac{1}{2}x - \tfrac{1}{2}\right) = \tfrac{1}{4}(x - 1)^2$
c $\left(\tfrac{1}{4}x + 4\right)^2 = \left(\tfrac{1}{4}x + 2\right)\left(\tfrac{1}{4}x - 2\right)$
d $\left(\tfrac{1}{2}x + \tfrac{1}{2}\right)^2 = \tfrac{1}{4}(x - 21)^2$

11 Faktorisiere zuerst den Term auf der linken Seite und ermittle dann die Lösungsmenge.
Es kann auch zwei Lösungen geben!
Beispiel $x^2 + 12x + 36 = 0$
$(x + 6)^2 = 0$
$x = -6$, weil $-6 + 6 = 0$!

a $x^2 - 4x + 4 = 0$
b $x^2 + 10x + 25 = 0$
c $9x^2 - 18x + 9 = 0$
d $25a^2 + 20a + 4 = 0$
e $x^2 - 49 = 0$
f $4z^2 + 12z + 9 = 0$

M Ein Produkt ist null, wenn ein Faktor null ist.
$(x + 2)(x - 2) = 0$
$\Rightarrow$ entweder $(x + 2) = 0$ oder $(x - 2) = 0$
$\Rightarrow x_1 = 2$ oder $x_2 = -2$

12 Subtrahiere vom Quadrat einer Zahl das Quadrat der Vorgängerzahl und du erhältst 97.

13 Beide blaue Flächen haben den gleichen Flächeninhalt. Erstelle eine Gleichung und berechne die gesuchte Größe und den Flächeninhalt.

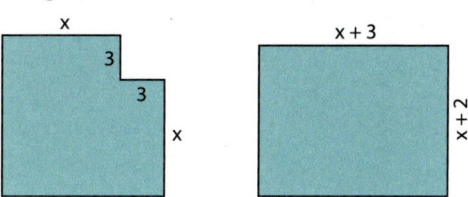

14 Welche Fehler hat Ole hier gemacht? Worauf sollte er in Zukunft achten?
Gib den korrekten Lösungsweg an:

$(x + 7)^2 - (x - 8)^2 = 45$
$x^2 + 14x + 49 - x^2 - 16x + 64 = 45$
$-2x + 113 = 45$
$-2x = 68$
$x = -34$

15 Jede Kante eines Würfels wird um 3 cm verlängert. Dadurch vergrößert sich die Oberfläche um 414 cm².
Mach dir eine Skizze, stelle eine Gleichung auf und berechne die ursprüngliche Kantenlänge!

2.5 Textaufgaben mithilfe von Gleichungen lösen

2.5 Textaufgaben mithilfe von Gleichungen lösen

1 Auf der Geburtstagsparty ihrer älteren Schwester wollte Sibylle mit ihrem Alter nicht so recht herausrücken. Sie sagte nur: „Wenn du zu meinem Alter 28 Jahre addierst und das Ergebnis mit vier multiplizierst, dann erhältst du mein zwölffaches Alter."

2 Addiere 40 zum Quadrat einer um drei verminderten Zahl. Dann erhältst du das Quadrat der um eins vergrößerten Zahl.

Textgleichungen systematisch lösen

① Markiere die Textstellen mit unterschiedlichen Farben.

> Subtrahiere vom Sechsfachen einer Zahl die um 4 vergrößerte Zahl und du erhältst das Siebenfache der um 2 verkleinerten Zahl. Wie heißt die Zahl?

② Werde Dolmetscher und übersetze den Text in mathematische Sprache:

Subtrahiere	−
vom Sechsfachen einer Zahl	$6x$
die um 4 vergrößerte Zahl	$x + 4$
und du erhältst	=
das Siebenfache der um …	$7 \cdot (\ )$
… 2 verkleinerten Zahl	$x - 2$

③ Stelle die Gleichung auf.

$$6x - (x + 4) = 7(x - 2)$$

④ Löse die Gleichung.

$x = 5$

⑤ Vergleiche das Ergebnis mit dem Text.

⑥ Beantworte die Frage in einem Satz.

50 Gleichungen

Textaufgaben mithilfe von Gleichungen lösen 2.5

Übungsaufgaben

1 Übersetze im Heft in die Mathematik:

Addiere	+
Dividiere	…
Die Summe der Zahl und 5	…
Das Produkt der Zahl und 7	…
Der dritte Teil der Zahl	…
Das Zehnfache der Zahl	…
Der Quotient aus der Zahl und 4	…
Das Quadrat der Summe aus Zahl und 2	…

2 Welche dieser Gleichungen passt zum Text darunter?
① $49 + 7x \cdot 2 = 19 - 9x \cdot 3$
② $2 \cdot 49 + 7x = 3(19 - 9x)$
③ $2(49 + 7x) = 3(19 - 9x)$
④ $(49 + 7x) \cdot 2 = 3(9x - 19)$

> Verdopple die Summe aus 49 und dem Siebenfachen einer Zahl. Du erhältst das Gleiche, wenn du von 19 das Neunfache der Zahl abziehst und das Ergebnis verdreifachst.

Zahlenrätsel

3 Das Achtfache einer Zahl, vermindert um das Dreifache der um 5 vergrößerten Zahl, ergibt 20.

4 Wie heißen die drei aufeinander folgenden Zahlen, deren Summe 669 ist?

5 Fünf aufeinander folgende gerade Zahlen haben eine Summe von 180.
Wie heißen die fünf Zahlen?

6 Subtrahiert man vom 17-Fachen einer Zahl das um 15 verminderte Dreifache der Zahl, erhält man 183.

7 Addiert man zum Vierfachen einer Zahl das Doppelte der um 6 vergrößerten Zahl, so erhält man das Dreifache der um 8 vergrößerten Zahl.

8 Erfinde ein Zahlenrätsel, dessen Lösung …
a … die Zahl 25 ist.   c die Zahl 12 ist.
b … die Zahl 5 ist.   d die Zahl −8 ist.

9 Indische Mathematiker versteckten zu früherer Zeit gerne die trockene Mathematik in Poesie und Metaphern. Hier ein Rätsel des Gelehrten Bhaskara um 1150 n. Chr.

> *Eine Kette zersprang im Verlauf verliebten Getümmels.*
> *Eine Reihe Perlen löste sich darauf.*
> *Ein Sechstel von ihnen fiel auf den Boden.*
> *Ein Fünftel blieb auf dem Lager.*
> *Ein Drittel ward von der jungen Frau gerettet.*
> *Ein Zehntel behielt der Geliebte zurück.*
> *Und sechs Perlen blieben an der Schnur befestigt.*
> *Nun sag mir, wie viele Perlen an der Kette der Liebenden hingen.*

T Die **Quersumme** einer Zahl ergibt sich, indem man alle Ziffern der Zahl addiert.

		Beispiel
Zahl:	$10y + x$	38
Einerziffer:	x	8
Zehnerziffer:	y	3
Quersumme:	$x + y$	11

10 Die Quersumme einer Zahl ist 13. Vertauscht man ihre beiden Ziffern, so ist die neue Zahl um 45 größer als die ursprüngliche.
alte Zahl: $10x + (13 - x)$
neue Zahl: $10(13 - x) + x$

11 In einer zweistelligen Zahl ist die erste Ziffer um drei größer als die zweite. Stellt man die Ziffern um und bildet die Summe der beiden Zahlen, so erhält man 77.

2.5 Textaufgaben mithilfe von Gleichungen lösen

Altersrätsel

12 Nina und ihr Vater sind zusammen 60 Jahre alt. Der Vater ist dreimal so alt wie Nina. Wie alt sind die beiden?

13
Judith Boll ist 4 Jahre älter als ihr Bruder Kevin. Ihre Mutter ist viermal so alt wie Kevin, der Vater dreimal so alt wie Judith. Zusammen ist Familie Boll so alt wie der 97-jährige Uropa.

14 Frau Hahn ist sechsmal so alt wie ihr Sohn Nico. Die beiden Zwillinge Mira und Jasmin sind 4 Jahre älter als der kleine Bruder und 28 Jahre jünger als Herr Hahn. Alle zusammen sind 100 Jahre alt.

15 Viktor ist 26 Jahre jünger als seine Mutter. Wäre er ein Jahr älter, dann wäre sein Vater genau dreimal so alt wie er. Die Familie ist zusammen 99 Jahre alt.

> Bei Veränderungen gegebener Größen ist es oft hilfreich, wenn man zur Vorbereitung der Gleichung eine Tabelle zu Hilfe nimmt.
>
> Verkürzt man die 9 cm lange Seite eines Rechtecks um 3 cm und verlängert gleichzeitig die andere Seite um 4 cm, so verdoppelt sich der Flächeninhalt.
>
>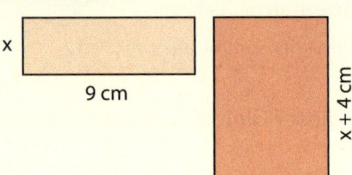
>
> | | vorher | nachher |
> |---|---|---|
> | 1. Seite | 9 cm | 9 cm − 3 cm = 6 cm |
> | 2. Seite | x cm | x + 4 cm |
> | Flächeninhalt | 9 · x cm² | 6 · (x + 4) cm² bzw. 2 · (9 · x) cm² |
>
> Gleichung: $6 \cdot (x + 4) = 2 \cdot (9 \cdot x)$
> $2 = x$
>
> Die ursprünglichen Seitenlängen des Rechtecks betrugen 9 cm und 2 cm. Die neuen sind 6 cm und 6 cm lang.

Aus der Geometrie

16 In einem gleichschenkligen Dreieck betragen die beiden Basiswinkel 23,5°.

17 Welche Seitenlängen haben die abgebildeten Figuren, deren Umfang je 59,4 cm beträgt?

a 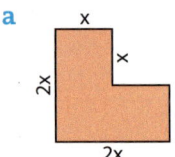   b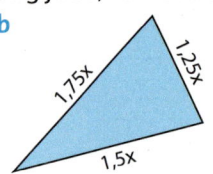

18 In einem Dreieck ist der zweite Winkel 50 % größer als der erste Winkel. Die Größe des dritten Winkels beträgt das Doppelte des ersten Winkels.

19 Ein Rechteck ist um 12 cm länger als breit. Verkürzt man die längere Seite um 4 cm und verlängert die kürzere Seite um 3 cm, so hat das neue Rechteck den gleichen Flächeninhalt wie das alte. Welche Längen haben die Seiten?

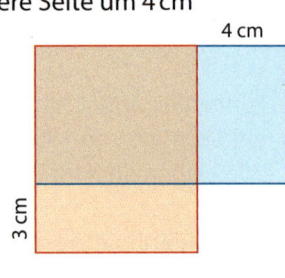

20 Die Parallelogrammseite a ist 8 cm länger als die Höhe h_a. Verlängert man die Höhe um 5 cm und verkürzt die Seite a um 4 cm, so vergrößert sich der Flächeninhalt um 26 cm².

2.6 Bruchgleichungen

1 Frau Kohler bietet für Schüler der 8. Klasse der Heinrich-Heine-Schule einen Wintersporttag an. Sie geht davon aus, dass nicht mehr als 50 Schülerinnen und Schüler daran teilnehmen, und reserviert einen Reisebus für 480 €.
a Was kostet der Bus je Teilnehmer, wenn 24 Personen mitfahren?
b Wie ändert sich der Preis bei 48 Teilnehmern?
c Stelle einen Term auf, mit dem man für x Mitfahrer den Preis pro Person bestimmen kann.

Leyla soll an der Tafel Begriffe und mathematische Darstellungen einander zuordnen:

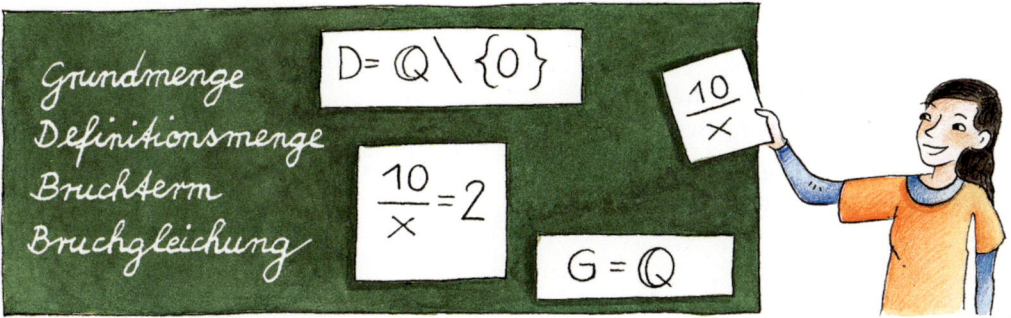

M Terme, bei denen Variablen im Nenner eines Bruches stehen, nennt man **Bruchterme**.
Gleichungen, bei denen Variablen im Nenner eines Bruches stehen, nennt man **Bruchgleichungen**.

Beim Lösen von Bruchgleichungen muss man eine **Definitionsmenge** D festlegen. Sie gibt an, welche Zahlen aus der **Grundmenge** G in einen Term eingesetzt werden dürfen.

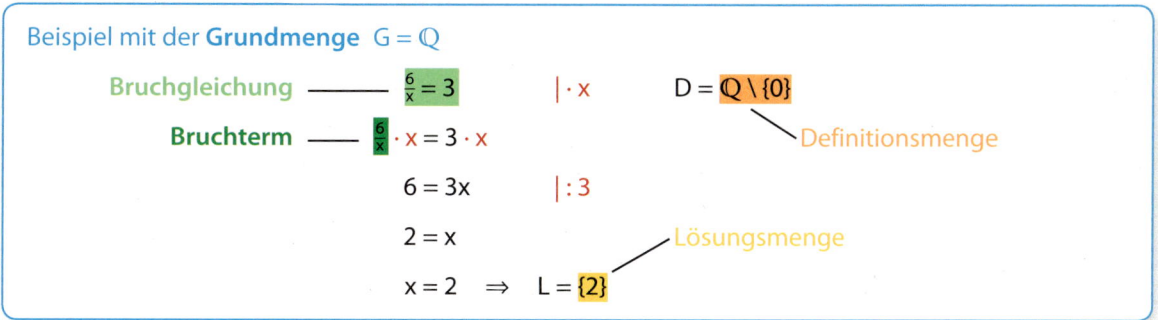

2.6 Bruchgleichungen

Übungsaufgaben

1 Welchen Wert darf x nicht haben?
$G = \mathbb{Q}$; gib die Definitionsmenge an.
Denk daran, dass der Nenner nicht null sein darf, weil du durch null nicht teilen kannst!

a) $\frac{11}{x}$ d) $\frac{9x}{x-5}$ g) $\frac{2+x}{2x-2}$

b) $\frac{9x+2}{x+1}$ e) $\frac{3x+1}{10+x}$ h) $\frac{3x-5}{2x-1}$

c) $\frac{4-x}{3x}$ f) $\frac{x^2}{2-x}$ i) $\frac{9}{(x-2)(x-3)}$

2 Erstelle zu D einen passenden Bruchterm.

a) $D = \mathbb{Q} \setminus \{0\}$ d) $D = \mathbb{Q} \setminus \{-5\}$
b) $D = \mathbb{Q} \setminus \{6\}$ e) $D = \mathbb{Q} \setminus \{\frac{1}{2}\}$
c) $D = \mathbb{Q} \setminus \{-1,5\}$ f) $D = \mathbb{Q} \setminus \{-3; 3\}$

3 Übertrage die Tabelle in dein Heft. Berechne den Wert des Bruchterms und bestimme die Definitionsmenge. Trage *nd* für „nicht definiert" ein, wenn der Wert nicht in der Definitionsmenge enthalten ist.

x =	−2	−1	0	1	2
a) $\frac{2x}{x-1}$	...	...	...	...	...
b) $\frac{1+x}{2+x}$	...	...	...	...	...
c) $\frac{4}{2x-4}$	...	...	...	...	...

4 Löse die Gleichungen und gib jeweils die Definitionsmenge an. $G = \mathbb{Q}$

a) $\frac{40}{x} = 4$ d) $\frac{66}{x} = 2$ g) $\frac{32}{x} = -16$

b) $\frac{21}{x} = 3$ e) $\frac{48}{x} = 36$ h) $\frac{32}{x} = 6$

c) $\frac{12}{x} = 6$ f) $\frac{20}{x} = 20$ i) $\frac{-9}{x} = 6$

5 Die Ergebnisse sind Brüche. Gib sie in gekürzter Schreibweise an.

a) $\frac{2}{x} = 10$ d) $\frac{7}{x} = 28$ g) $\frac{12}{2x} = -27$

b) $\frac{5}{x} = 15$ e) $\frac{-13}{x} = 18$ h) $-\frac{9}{3x} = 10$

c) $\frac{6}{x} = 20$ f) $\frac{25}{x} = 20$ i) $-\frac{65}{2x} = -39$

6 Finde das Lösungswort!

a) $\frac{18}{x} = -9$ d) $\frac{-4}{x} = -16$ g) $\frac{-63}{3x} = 7$

b) $\frac{35}{x} = 14$ e) $\frac{25}{x} = 2$ h) $-\left(\frac{187}{x}\right) = 17$

c) $\frac{-33}{x} = -11$ f) $\frac{-28}{x} = 32$ i) $\frac{18}{4x} = -9$

−3	E	−2	B	−$\frac{1}{2}$	M
12 $\frac{1}{2}$	H	−$\frac{7}{8}$	T	−11	R
2 $\frac{1}{2}$	R	$\frac{1}{4}$	C	3	U

7 Löse wie im Beispiel, wenn der Nenner des Bruchterms Summen oder Differenzen enthält:

$\frac{12}{x+2} = 2$ $\quad |\cdot (x+2) \quad D = \mathbb{Q} \setminus \{-2\}$
$12 = 2(x+2)$
$12 = 2x + 4 \quad |-4$
$8 = 2x \quad |:2$
$x = 4 \quad \Rightarrow \quad L = \{4\}$

a) $\frac{62}{x+6} = 2$ d) $\frac{33}{2x+5} = -3$

b) $\frac{96}{x-3} = 8$ e) $\frac{-24}{3(x+1)} = -4$

c) $\frac{45}{x-8} = -9$ f) $\frac{85}{3-2x} = -5$

8 Erstelle zuerst eine Bruchgleichung und löse sie dann.

a) Eine Lotto-Spielgemeinschaft gewinnt 30 000 €. Jedes Mitglied der Gruppe erhält 6 000 €. Wie viel hätte jedes Mitglied erhalten, wenn eine Person mehr in der Gruppe gewesen wäre?

b) Die Gesamtkosten einer Klassenfahrt betragen 7 200 €. Jeder Schüler bezahlt 288 €. Wie erhöht sich der Beitrag pro Person, wenn ein Schüler nicht mitfahren kann?

Bruchgleichungen 2.6

Formeln umstellen

9 Kevins Vater hat ein Segelboot. Das Segel hat eine Fläche von 9,6 m² und ist 4 m hoch.
a Mit welcher Formel kannst du den Flächeninhalt eines rechtwinkligen Dreiecks berechnen?
b Stelle die Formel zur Flächenberechnung so um, dass du die waagrechte Seite des Segels berechnen kannst.

T Formeln nach Variablen auflösen

Um eine bestimmte Variable in einer Formel leicht berechnen zu können, stellt man die Formel so um, dass die gesuchte Variable allein auf einer Seite steht.

Beispiel
Die Formel für den Flächeninhalt eines rechtwinkligen Dreiecks umstellen:

$$A = \tfrac{1}{2} a \cdot b \qquad |:b$$
$$\tfrac{A}{b} = \tfrac{1}{2} a \qquad |\cdot 2$$
$$a = 2 \cdot \tfrac{A}{b}$$

10 Von zwei Dreiecken sind jeweils der Flächeninhalt und die Grundseite bekannt.
a Stelle die Formel zur Flächenberechnung eines allgemeinen Dreiecks so um, dass du die Höhe berechnen kannst.
b Berechne die Höhen der beiden Dreiecke.

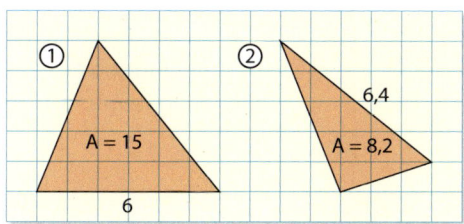

11 Stelle die folgenden Formeln zur Flächenberechnung jeweils so um, dass du die gesuchten Größen berechnen kannst:

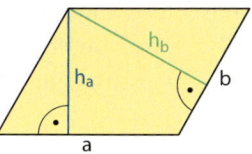 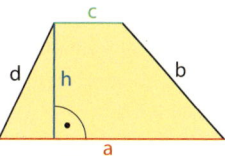

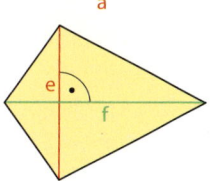

$A_{Parallelogramm} = a \cdot h_a$

$A_{Drache} = \dfrac{e \cdot f}{2}$

$A_{Trapez} = \dfrac{1}{2} \cdot (a + c) \cdot h$

a $A_P = 15{,}75 \text{ cm}^2$; $h_a = 3{,}5 \text{ cm}$; $a = ?$
b $A_D = 7{,}98 \text{ cm}^2$; $e = 4{,}2 \text{ cm}$; $f = ?$
c $A_T = 9 \text{ cm}^2$; $a = 4 \text{ cm}$; $c = 3{,}2 \text{ cm}$; $h = ?$
d $A_T = 31{,}2 \text{ cm}^2$; $a = 5{,}5 \text{ cm}$; $h = 4{,}8 \text{ cm}$; $c = ?$

12 Ein Quader ist 5,5 cm breit, 7 cm lang und er hat ein Volumen von 238,7 cm³.
a Stelle die Formel zur Volumenberechnung eines Quaders so um, dass du die fehlende Kantenlänge berechnen kannst.
b Berechne mit dieser Formel die fehlende Seite eines Quaders mit V = 336,6 cm³, a = 3,3 cm und b = 8,5 cm.

13 Löse die Formel zur Berechnung des Prozentwertes nach G und nach p% auf und berechne die Werte, die in der Tabelle fehlen.

p%	5%	2,5%	40%	...
G	330 €	...	...	480 kg
P	...	17 cm	450 m²	72 kg

14 Der Hockenheimring hat eine Länge von 4,6 km. Ein sehr schneller Läufer benötigt für diese Strecke 15 min.
a Berechne mithilfe der Formel $v = \tfrac{s}{t}$ seine Durchschnittsgeschwindigkeit.
b Ein Formel-1-Rennwagen fährt die Strecke mit einer Durchschnittsgeschwindigkeit von 276 km/h. Löse die Geschwindigkeitsformel nach t auf und berechne, wie lang der Rennwagen für eine Runde benötigt.

Gleichungen 55

2.7 Verhältnisgleichungen

1. Pauls Computerbildschirm hat das Format 16 : 9. Damit wird das Verhältnis von Breite zu Höhe des Bildschirms angegeben.
   a. Pauls Bildschirm ist 48 cm breit. Welche Höhe hat er?
   b. Linas Bildschirm hat das gleiche Format. Ihr Bildschirm ist 30 cm hoch. Wie breit ist ihr Bildschirm?

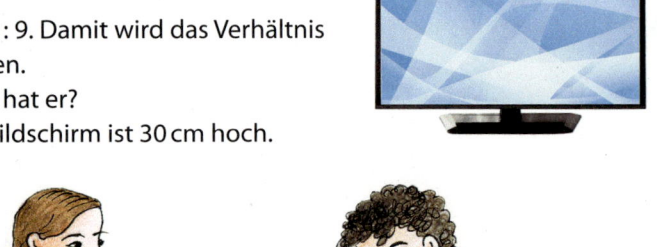

2. Luise und Erna mischen sich ein Fruchtsaftmixgetränk. Laut Rezept sollen Apfelsaft und Kirschsaft im Verhältnis 5 : 2 gemischt werden. Wie viel Apfelsaft müssen die beiden zu 200 ml Kirschsaft hinzufügen, wenn sie nach Rezept vorgehen?

Zum Vergleich zweier Zahlen oder Größen kann man sie zueinander ins Verhältnis setzen, indem man einen Quotienten bildet. Das Beispiel zeigt, wie man die Menge an Apfelsaft bestimmen kann, die Luise und Erna zu 100 ml Kirschsaft hinzufügen müssen.

Menge Apfelsaft zu Menge Kirschsaft verhält sich wie 5 zu 2 (5 : 2).

kurz: $\frac{\text{Apfelsaft}}{\text{Kirschsaft}} = \frac{a}{k} = \frac{5}{2}$

Um die für 100 ml Kirschsaft benötigte Menge an Apfelsaft zu berechnen, setzt man für k die Zahl 100 ein und erhält folgende Verhältnisgleichung:

$\frac{a}{100} = \frac{5}{2}$ $\quad | \cdot 100$

$a = \frac{5}{2} \cdot 100 \; \widehat{=} \; 250 \, \text{ml}$

Bei einem Verhältnis von 5 : 2 muss man also 250 ml Apfelsaft zu den 100 ml Kirschsaft mischen.

M Man vergleicht zwei Größen a und b mithilfe ihres Quotienten $\frac{a}{b}$.

Diesen Quotienten bezeichnet man als **Verhältnis** a : b.

$\frac{a}{b} = a : b \qquad$ lies: „a zu b"

Setzt man zwei Verhältnisse gleich, so erhält man eine Gleichung der Form: $\quad \frac{a}{b} = \frac{c}{d} \quad$ oder $\quad a : b = c : d$

Solche Gleichungen heißen **Verhältnisgleichungen**.

Beispiele

Monitorbreite zu -höhe:

$16 : 9 = \frac{16}{9}$

Verhältnis Jungen zu Mädchen in der 8c:

$3 : 2 = \frac{3}{2}$

Verhältnisgleichungen 2.7

Übungsaufgaben

1 Stelle jeweils eine Verhältnisgleichung auf.
a) Für ein *Skiwasser* mischt man einen Teil Sirup mit neun Teilen Wasser.
b) Für den Cocktail *Schnelle Melle* mischt man 80 ml Melonensaft mit 120 ml Orangensaft.
c) In der Klasse 8b gibt es nur halb so viele Jungen wie Mädchen.
d) Auf eine süße Crêpe kommt eine Mischung, die aus viermal so viel Zucker wie Zimt besteht.

2 Gib zu jedem Verhältnis ein praktisches Beispiel an:
a) 4 : 3 b) 1 : 1 c) 1 : 20 000 d) 2 : 1

3 Überprüfe die Verhältnisgleichungen. Welche davon sind nicht richtig aufgestellt?
a) 25 m : 100 m = 1 : 4
b) 32 cm : 24 cm = 4 : 3
c) 84 t : 70 t = 5 : 6
d) $\frac{110\,m^2}{33\,m^2} = \frac{11}{3}$
e) $\frac{150\,€}{350\,€} = \frac{3}{7}$
f) $\frac{500\,ml}{25\,ml} = \frac{20}{1}$

4 Löse die Verhältnisgleichungen.
a) $\frac{x}{10} = \frac{2}{5}$
b) $\frac{5}{8} = \frac{x}{40}$
c) $\frac{x}{30} = \frac{200}{600}$
d) $\frac{8}{9} = \frac{y}{99}$
e) $\frac{y}{50} = \frac{3}{5}$
f) $\frac{7}{11} = \frac{y}{165}$
g) $\frac{z}{60} = \frac{2}{3}$
h) $\frac{3}{150} = \frac{z}{100}$
i) $\frac{3}{4} = \frac{30}{z}$

5 Berechne die Variable.
a) $\frac{1}{4} = \frac{x}{100}$
b) $\frac{2}{4} = \frac{x}{100}$
c) $\frac{3}{4} = \frac{x}{100}$
d) $\frac{5}{6} = \frac{y}{60}$
e) $\frac{5}{6} = \frac{y}{120}$
f) $\frac{5}{6} = \frac{y}{660}$
g) $\frac{z}{500} = \frac{1}{5}$
h) $\frac{z}{500} = \frac{1}{10}$
i) $\frac{z}{500} = \frac{1}{50}$

6 Herr Moll möchte einige Wände im Zimmer seines Sohnes neu streichen. Dazu mischt er orangene Farbe in die weiße Farbe im Verhältnis 1 : 20.
Welche Menge orangene Farbe benötigt er bei folgenden Mengen weißer Farbe? Löse mit einer Verhältnisgleichung:
a) 1 l b) 5 l c) 4 l d) 2,5 l

7 Jana behauptet, dass beide Verhältnisgleichungen das Gleiche über die Farbmischung aussagen. Hat sie Recht?

$\frac{rot}{weiß} = \frac{2}{15}$ $\frac{weiß}{rot} = \frac{15}{2}$

> **M Kehrbruch verwenden**
>
> Befindet sich in einer Verhältnisgleichung die Variable im Nenner, dann ist es meistens das Einfachste, wenn man die Verhältnisgleichung umkehrt.
>
> Beispiel $\quad \frac{1}{5} = \frac{8}{x}$
>
> Wir drehen beide Brüche um: $\frac{5}{1} = \frac{x}{8}$

8 Löse die Verhältnisgleichungen mit der Variablen im Nenner.
a) 1 : x = 7 : 35
b) $\frac{50}{y} = \frac{450}{9}$
c) 2 : 3 = 10 : x
d) $\frac{12}{y} = \frac{3}{8}$

9 Maßstabsberechnungen
a) Der Triebkopf des ICE 3 hat in der Modellbahngröße H0 eine Länge von 270 mm. Der Maßstab von H0-Modellbahnen ist 1 : 87.
b) Kai und Jochen organisieren den Jahresausflug ihrer Klasse zum Uracher Wasserfall. Ihre Klassenkameraden möchten wissen, wie weit der Weg bis zu ihrem Ausflugsziel ist. Auf einer Wanderkarte mit dem Maßstab 1 : 25 000 ist die Strecke 10,5 cm lang.

2.8 Grundlagentraining

Gleichungen

1 Löse die Gleichung. Forme im Kopf um.
a $4x + 10 = 30$
b $6x - 7 = 59$
c $2x + 15 = 7x$
d $3x + 8 = 98$
e $25 - x = 25$
f $8x + 6 + 2x = 46$
g $-10x - 35 = 85$
h $-7x - 5 = 2x + 40$

2 Gib die Lösungsmenge an:
a $4x + 5 = 7x - 38 + 2x + 18$
b $12 - 2x + 21 = 5x - 3 - 3x$
c $12{,}5 + 14x - 9 = 6 + 8x - 2{,}5$
d $12x + 8 - 3x - 9 = 5x - 4 + 14x + 13$

3 Kürze, wenn möglich.
a $4x - 8 = 1 + 7x - 3$
b $5x + 4 = 6\frac{3}{4} - 6x$
c $12x - 1{,}5 = 7x + 1{,}5$
d $-9x + 3{,}7 = -0{,}7 - 5x$
e $25x - 27 + 20x = -2 + 8x - \frac{1}{3}$
f $16 - 6x + 13 = -7 + 4x - 12$

Lösungen: $\frac{2}{3}$; $4{,}8$; $1{,}1$; $\frac{1}{4}$; -2; $0{,}6$

4 Die Lösungen sind natürliche Zahlen.
a $3(x - 1) = 5x - 9$
b $2(4 + x) - 3x = 5(x - 3) + 11$
c $-2{,}5(x - 6) + 12 = \frac{1}{2}(4 - x) + 25$
d $20 - (3x + 3) = 10 + (x - 5)$

5 Multipliziere aus und löse.
a $2 \cdot (10x + 2) = 84$
b $5(x - 4) = 10(x - 7)$
c $15(12 - 2x) = 8(3x - 18)$
d $6(4y - 7) = 2(8y - 6) - 30$
e $11(y + 2) - 5(8 - 2y) = 24$
f $17(y + 2) - 12y = 6(y + 4) + 2$

Lösungen: 10; 0; 8; 2; 4; 6

6 Erfinde eine Gleichung mit Klammern, deren Lösung die Zahl 10 ist.

7 Ähnliche Gleichungen – verschiedene Ergebnisse
a $4(x + 8) = 8x + 4$
b $4x + 8 = 8(x + 4)$
c $4x + 8 = 8x + 4$
d $4(x - 8) = 8x + 4$
e $4(x - 8) = 8(x + 4)$
f $4(x + 8) = 8(x - 4)$

8 Welchen Vorteil bringt es, in der ersten Zeile mit 4 zu multiplizieren? Worauf muss man dabei achten?

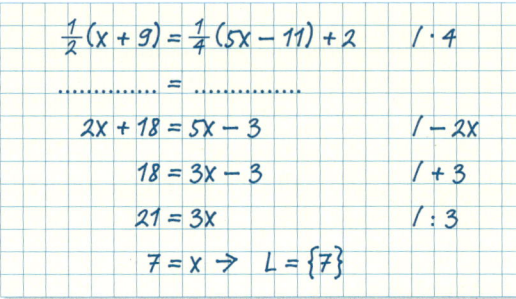

Notiere im Heft diesen ersten Umformungsschritt ausführlich in der 2. Zeile und überprüfe anschließend den weiteren Rechenweg.

9 Welche Fehler haben Finn und Emilia gemacht? Worauf sollten sie achten?
Zeige ihnen, wie man hier richtig vorgeht!

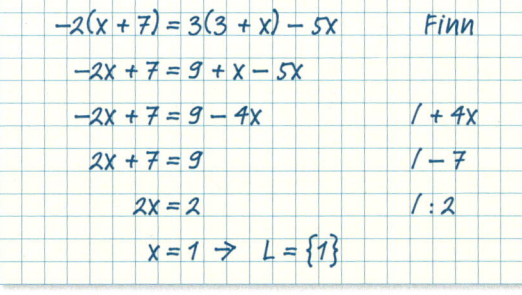

Textaufgaben

10 Übersetze im Heft in die Mathematik:

Subtrahiere	−
Multipliziere	…
Die Differenz der Zahl und 5	…
Das Produkt der Zahl und 7	…
Der vierte Teil der Zahl	…
Das Doppelte der Zahl	…
Der Quotient aus der Zahl und 6	…
Das Quadrat der Differenz aus der Zahl und 3	…

11 Welche Gleichung passt zu diesem Text?

> Dividiere die Differenz einer Zahl und 8 durch 10. Du erhältst genau so viel, wenn du die Zahl verdoppelst und 54 subtrahierst.

① $x - 8 : 10 = 2x - 54$
② $(x - 8) : 10 = 2x - 54$
③ $(x + 8) : 10 = 2x - 54$
④ $(x - 8) : 10 = 2(x - 54)$

12 Die Differenz aus dem Fünffachen einer Zahl und 10 ergibt das Gleiche wie die Summe aus dem Dreifachen der Zahl und 2.

13 Welche Zahlen haben sich Charlotte und Johannes ausgedacht?

Subtrahiere vom Fünffachen meiner Zahl 24 und du erhältst das Doppelte meiner Zahl.

Halbiere meine Zahl und addiere 4. Multipliziere diese Summe mit 3 und addiere 6. Dann erhältst du das Dreifache meiner Zahl.

14 Wie heißen die drei aufeinander folgenden Zahlen, deren Summe 528 ist?

15 Vier Zahlen, die mit dem Abstand 2 aufeinander folgen, ergeben die Summe 408. Welche vier Zahlen sind das?

16 Zusammen sind die drei Geschwister 31 Jahre alt.

Max — Maike — Mia

Ich bin dreimal so alt wie Mia.
Ich bin 6 Jahre jünger als Maike.

17 Marius und seine Mutter sind zusammen 55 Jahre alt. Die Mutter ist viermal so alt wie Marius. Wie alt sind die beiden?

18 Mischa ist doppelt so alt wie seine Schwester Nina. Diese wiederum ist doppelt so alt wie die jüngste Schwester Jana. Der Vater der drei Geschwister ist 36 Jahre alt und damit 15 Jahre älter als die drei zusammen.

19 In einem gleichschenkligen Dreieck betragen die beiden Basiswinkel 48°.

20 Welche Seitenlängen haben die abgebildeten Figuren, deren Umfang je 60 cm beträgt?

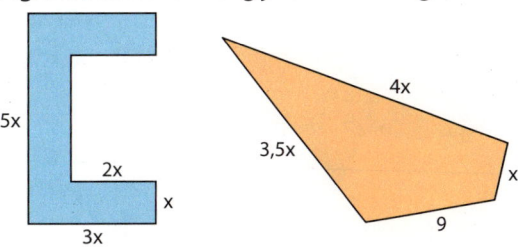

Gleichungen

2.8 Grundlagentraining

Verhältnisgleichungen

21 Stelle jeweils eine Verhältnisgleichung auf.
a) Eine Apfelsaftschorle mischt man zu gleichen Teilen aus Sprudelwasser und Apfelsaft.
b) Für den Cocktail *Himbeertraum* mischt man zu 10 ml Himbeersirup 150 ml Orangensaft.
c) Der FC Bollenbach hat in der Hinrunde 28 Tore geschossen und 20 Gegentore bekommen.
d) Das Grundstück ist 20 m lang und 15 m breit.
e) Beim Karlsruher *Baden-Marathon* haben viermal so viele Männer wie Frauen teilgenommen.

22 Miss jedes Rechteck aus und zeichne dazu ein Rechteck in dein Heft, dessen Seitenlängen im gleichen Verhältnis stehen. Eine Seite deiner Rechtecke muss immer eine Seitenlänge von 10 cm haben.

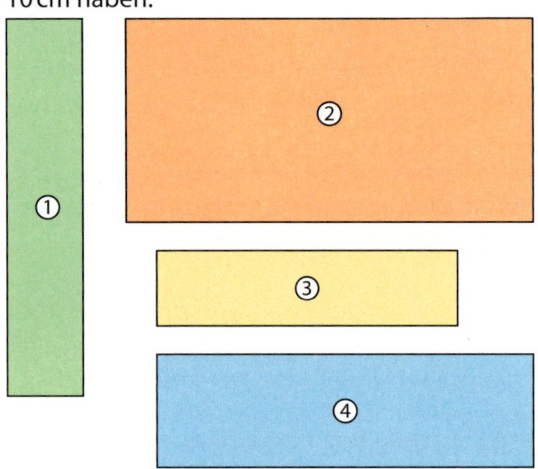

23 Als *Legierung* bezeichnet man eine Mischung aus zwei oder mehreren Metallen. So besteht eine Bronze-Legierung aus Zinn und mindestens 60 % Kupfer. Der *Reiter von Artemision* besteht zu 60 Teilen aus Kupfer und zu 40 Teilen aus Zinn. Die Figur enthält 280 g Zinn.

24 Überprüfe die Verhältnisgleichungen. Welche davon sind nicht richtig aufgestellt?
a) $100\,m : 75\,m = 3 : 4$
b) $48\,cm : 32\,cm = 3 : 2$
c) $95\,t : 38\,t = 5 : 2$
d) $\frac{222\,m^2}{55\,m^2} = \frac{22}{5}$
e) $\frac{450\,€}{250\,€} = \frac{9}{5}$
f) $\frac{750\,ml}{125\,ml} = \frac{6}{1}$

25 Berechne die Variable.
a) $\frac{1}{5} = \frac{x}{100}$
b) $\frac{2}{5} = \frac{x}{100}$
c) $\frac{3}{5} = \frac{x}{100}$
d) $\frac{7}{8} = \frac{y}{240}$
e) $\frac{7}{8} = \frac{y}{120}$
f) $\frac{7}{8} = \frac{y}{360}$
g) $\frac{z}{25} = \frac{4}{5}$
h) $\frac{z}{25} = \frac{4}{50}$
i) $\frac{z}{25} = \frac{40}{250}$

26 Löse die Verhältnisgleichungen.
a) $\frac{x}{12} = \frac{4}{6}$
b) $\frac{5}{18} = \frac{x}{720}$
c) $\frac{x}{13} = \frac{200}{650}$
d) $\frac{11}{12} = \frac{y}{144}$
e) $\frac{y}{150} = \frac{2}{3}$
f) $\frac{7}{17} = \frac{y}{850}$
g) $\frac{z}{210} = \frac{2}{7}$
h) $\frac{80}{150} = \frac{z}{30}$
i) $\frac{3}{8} = \frac{x}{64}$

27 Die Baden-Württemberg-Karte hat einen Maßstab von 1 : 4 000 000. Überprüfe, ob die angegebenen Entfernungen (Luftlinie) stimmen.

Beispiel Mannheim – Ravensburg
$$\frac{1}{4\,000\,000} = \frac{5\,cm}{200\,km} = \frac{0{,}05\,m}{200\,000\,m} \checkmark$$

a) Karlsruhe – Freiburg: 120 km
b) Tübingen – Ulm: 40 km
c) Stuttgart – Rottweil: 80 km

2.9 Mach dich fit!

Einfache Gleichungen

1 Welche Gleichungen haben dieselbe Lösung?

① $6x - 3 = 5 + 2x$
② $3y + 1 = 13$
③ $23b + 12 = -b$
④ $22 - 3x = 19$
⑤ $4a - 6 = 2a$
⑥ $14x - 2 = 2x + 10$
⑦ $2x - 3 = 1 + x$
⑧ $4x + 14 = 11x$
⑨ $12 + 3a = 21$

2 Löse die Gleichung.
a $6x + 13 = 31$
b $13x - 122 = 34$
c $19x - 122x = -18x$
d $5x + 8 = 1 + 47x$
e $119 + x = -x + 3$
f $16x + 5 - 8x = 3 - 2x$

3 Gib die Lösungsmenge an.
a $16x + 5 - 8x = 35 - 4x + 6$
b $-5x + 32 - 3x = -20 - 7x + 30$
c $0,5x + 12 = 18 - 0,25x$
d $8 - 4x + (16 + 2x) = 4x - 6$
e $-(-18b - 7) - 12b = -2(-3,5b + 3,5)$
f $3 \cdot (2x - 5) - 7 = 4x + (13 - 3x)$
g $(3x + 6) \cdot (-2) = (-3x - 6) \cdot 2$

4 Viele Klammern – einfache Lösungen
a $(s + 5)(s - 5) + 3 = s^2 + s - 22$
b $(8 + t)^2 - (8 - t)^2 = 8(t + 3)$
c $(u + 7)^2 - (u + 3)^2 = 4(u + 6)$
d $(2v - 8)^2 + 4(2v - 10) = (2v + 2)(2v - 2) - 20$
e $(3w - 11)^2 - 5(7 - 3w) = 9(w + 5)^2 + 2$

Lösungen: −4, −1, 0, 1, 2

5 Brüche und Dezimalzahlen!
a $(x - 3,5)^2 = (x + 6,5)^2$
b $(x + 2,5)^2 = -0,5(7,5 - 2x^2)$
c $\left(\frac{1}{2}x + \frac{1}{2}\right)\left(\frac{1}{2}x - \frac{1}{2}\right) = \frac{1}{4}(x - 1)^2$
d $\left(\frac{1}{4}x + 4\right)^2 = \left(\frac{1}{4}x + 2\right)\left(\frac{1}{4}x - 2\right)$

6 Löse die Gleichungen. Die Ergebnisse findest du in der Lösungsspirale.
a $24 + 6x = 126$
b $24 + 6x = 87 - 15x$
c $24 + 6x = 60 - 12x$
d $24 + 6x = -6 + 12x$
e $24 + 6x = 3x + 63$
f $24 + 6x = 5x + 43$
g $24 + 6x = \ldots$
h $24 + 6x = \ldots$

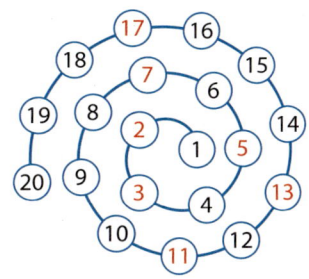

Welche Zahl wurde beim Färben übersehen?

7 Die Summe aller Lösungen ist 6.
a $6(x - 4) = 3(2x + 1) - 3x - 25$
b $\frac{3}{4}(3x + 2) - 11 = \frac{1}{2}\left(\frac{3}{4}x - 5\right) + x$
c $1,2(4 - 2x) + 1 = -0,8(4x - 8) - 3$
d $-\frac{3}{5}(5x + 10) + 2,5 = \frac{1}{2}(4x + 5) + x$
e $\frac{2}{3}\left(x - \frac{1}{3}\right) - 8x - 4 = -6(3x + 1) + 12x$

8 Anjas Bruder Jo erhält ein Angebot für einen Handyvertrag mit 24 Monaten Laufzeit. Im ersten Jahr bezahlt er 25 € pro Monat. Im Laufe der zwei Jahre muss er 660 Euro bezahlen.
Stelle eine Gleichung auf und berechne, welchen Betrag Jo im 2. Jahr monatlich bezahlen muss.

9 Der Flächeninhalt des Rechtecks ist um 32 Flächeneinheiten größer als der der roten Figur. Erstelle eine Gleichung und berechne die Seitenlängen und die beiden Flächeninhalte.

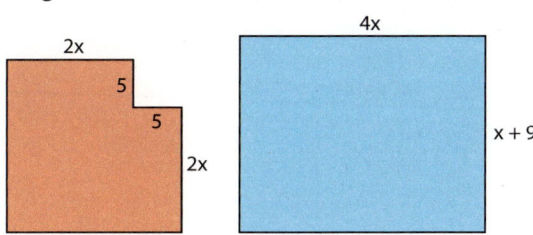

Gleichungen

2.9 Mach dich fit!

Textgleichungen

10 Die Summe des Fünffachen einer Zahl und 3 ergibt das gleiche wie das Siebenfache der Zahl vermindert um 15.

11 Charlotte und ihre Mutter sind zusammen 65 Jahre alt. Die Mutter ist viermal so alt wie Charlotte.
Wie alt sind die beiden?

12 In einem Viereck sind drei Seiten gleich lang. Die vierte Seite ist 4 cm länger als die anderen Seiten.

Das Viereck hat einen Umfang von 34 cm.

13 Verdoppelt man die Differenz aus der gesuchten Zahl und 3, so erhält man das Fünffache der um 6 verminderten Zahl.

14 Familie Klos ist zusammen 111 Jahre alt. Bastian ist 3 Jahre älter als seine Schwester Tabita. Frau Klos ist dreimal so alt wie ihr Sohn, Herr Klos ist viermal so alt wie seine Tochter.

15 In einer zweistelligen Zahl ist die zweite Ziffer dreimal so groß wie die erste. Stellt man die Ziffern um und subtrahiert 30, so erhält man die Summe aus der ursprünglichen Zahl und 6.

16 Von zwei Aquarien fasst das größere 56 Liter Wasser mehr als das kleinere.
Welche Höhe haben die beiden Aquarien?

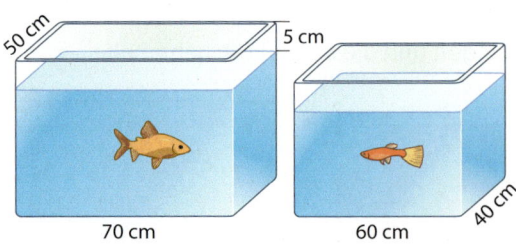

17

Bruchgleichungen

18 Löse die Gleichungen und gib jeweils die Definitionsmenge an. $G = \mathbb{Q}$

a $\frac{50}{x} = 5$ d $\frac{102}{x} = 3$ g $\frac{96}{2x} = 16$

b $\frac{39}{x} = 3$ e $\frac{72}{x} = 4$ h $\frac{75}{3x} = 5$

c $\frac{84}{x} = 7$ f $\frac{36}{x} = 8$ i $\frac{-44}{2x} = 11$

19 Die Ergebnisse sind Brüche. Gib sie in gekürzter Schreibweise an.

a $\frac{5}{x} = 30$ d $\frac{20}{x} = 24$ g $\frac{12}{x} = -33$

b $\frac{21}{x} = 28$ e $\frac{-26}{x} = 39$ h $-\frac{30}{2x} = 33$

c $\frac{9}{x} = 30$ f $\frac{25}{x} = 15$ i $-\frac{85}{x} = -68$

20 Finde das Lösungswort!

a $\frac{12}{x} = -15$ d $\frac{-4}{3x} = -32$ g $\frac{-63}{3x} = 7$

b $\frac{63}{x} = 14$ e $\frac{125}{x} = 75$ h $-\left(\frac{19}{10x}\right) = -95$

c $\frac{-55}{x} = -22$ f $\frac{-28}{x} = 32$ i $\frac{180}{4x} = -900$

$-\frac{7}{8}$	H	$\frac{1}{50}$	I	$-\frac{4}{5}$	P
$\frac{5}{3}$	Z	$-\frac{1}{20}$	M	-3	E
$4\frac{1}{2}$	F	$\frac{1}{24}$	R	$2\frac{1}{2}$	O

Mach dich fit! 2.9

21 Erstelle zuerst eine Bruchgleichung und löse sie dann.

a Das Tom-Tatze-Tierheim hat wieder drei ausgesetzte Hunde aufgenommen. Für den dafür notwendigen Umbau des Käfigs fehlt noch ein Restbetrag von 240 €. Wie viele Schüler müssten sich an der SMV-Spendenaktion beteiligen, damit 5 € pro Spender reichen?

b Wie viele Schüler müssen spenden, damit 2 € Spende pro Person ausreichen?

Verhältnisgleichungen

22 Stelle jeweils eine Verhältnisgleichung auf.
a Das Grundstück ist doppelt so lang wie breit.
b Für einen Himbeer-Smoothie mixt man drei Teile Himbeeren mit einem Teil Naturjoghurt.
c Für Zweitakt-Fahrzeuge werden an der Tankstelle Gemische aus 50 Teilen Benzin und einem Teil Zweitakt-Motoröl angeboten.

d Milo ist ein sehr guter Elfmeter-Schütze. Bei zehn Schüssen trifft er neunmal ins Tor.

23 In welchem Verhältnis ist das Rechteck eingefärbt?

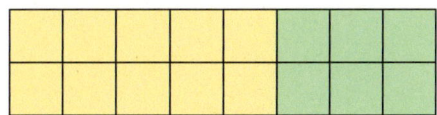

24 Die Konditorei Piroschky verkauft Pralinenmischungen. In einer dieser Mischungen sind zwei von fünf Pralinen mit Marzipan gefüllt. Wie viele Marzipanpralinen sind in den einzelnen Packungen enthalten? Löse mit einer Verhältnisgleichung!
a 15 Pralinen **b** 25 Pralinen

25 Überprüfe die Verhältnisgleichungen. Welche davon sind nicht richtig aufgestellt?

a 75 ha : 175 ha = 1 : 2 **d** $\frac{22\,cm^2}{77\,cm^2} = \frac{2}{7}$

b 64 cm : 48 cm = 4 : 3 **e** $\frac{390\,€}{260\,€} = \frac{3}{2}$

c 250 g : 150 g = 3 : 5 **f** $\frac{600\,ml}{48\,ml} = \frac{50}{4}$

26 Berechne die Variable.

a $\frac{4}{5} = \frac{x}{1000}$ **d** $\frac{5}{6} = \frac{y}{36}$ **g** $\frac{z}{100} = \frac{4}{5}$

b $\frac{3}{50} = \frac{x}{1000}$ **e** $\frac{1}{60} = \frac{y}{360}$ **h** $\frac{z}{100} = \frac{19}{20}$

c $\frac{33}{500} = \frac{x}{1000}$ **f** $\frac{5}{60} = \frac{y}{3600}$ **i** $\frac{z}{100} = \frac{24}{25}$

27 Löse die Verhältnisgleichungen.

a $\frac{x}{50} = \frac{2}{25}$ **d** $\frac{6}{9} = \frac{y}{33}$ **g** $\frac{z}{69} = \frac{12}{23}$

b $\frac{5}{16} = \frac{x}{48}$ **e** $\frac{y}{500} = \frac{7}{25}$ **h** $\frac{30}{750} = \frac{z}{100}$

c $\frac{x}{35} = \frac{400}{700}$ **f** $\frac{7}{11} = \frac{y}{121}$ **i** $\frac{7}{8} = \frac{63}{x}$

28 Der Kartenausschnitt hat einen Maßstab von 1 : 1 200 000. Wie weit ist Stuttgart in Luftlinie von Karlsruhe und Pforzheim entfernt?

29 Arianes großer Bruder Malte nimmt an einer Sportwette teil. Er setzt 40 € darauf, dass die Rhein-Neckar-Löwen deutscher Handballmeister werden. Die Gewinnquote beträgt 3,5 : 1.

Gleichungen

2.10 Grundwissen

Gleichungen umformen

Gleichungen kann man durch mehrfache **Äquivalenzumformungen** lösen, indem man nacheinander
- auf beiden Seiten die gleiche Zahl bzw. den gleichen Term addiert oder subtrahiert;
- auf beiden Seiten mit der gleichen Zahl bzw. mit dem gleichen Faktor multipliziert oder durch den gleichen Faktor (außer null) dividiert.

$$
\begin{aligned}
3x &= 22 - 8x & &| +8x \\
3x + 8x &= 22 - 8x + 8x & & \\
11x &= 22 & &| :11 \\
11x : 11 &= 22 : 11 & & \\
x &= 2 & &
\end{aligned}
$$

Gleichungen lösen
Gehe schrittweise so vor:
- Klammern auflösen.
- Terme links und rechts zusammenfassen.
- Variable auf eine Seite bringen.
- Zahlen auf die andere Seite bringen.
- Durch den Faktor vor der Variablen dividieren.

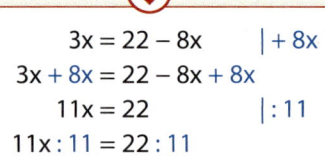

$$
\begin{aligned}
3(x+1) &= x + 11 & & \\
3x + 3 &= x + 11 & &| -x \\
2x + 3 &= 11 & &| -3 \\
2x &= 8 & &| :2 \\
x &= 4 &\Rightarrow\ L &= \{4\}
\end{aligned}
$$

Sonderfälle bei Lösungen von Gleichungen

Gleichungen haben nicht immer eine Zahl als Lösung!

Gleichungen können drei Arten von Lösungen haben:
① eindeutige Lösung
② keine Lösung
③ unendlich viele Lösungen

① eindeutige Lösung
$$3x - 2 = 2x + 3$$
$$x = 5$$
$$\Rightarrow\ L = \{5\}$$
Es gibt eine eindeutige Lösung.

② keine Lösung
$$2x = 2x + 8$$
$$x = x + 4$$
$$\Rightarrow\ L = \{\ \}$$
Es gibt keine Zahl, die eine wahre Aussage ergibt, wenn man sie für x einsetzt.

③ unendlich viele Lösungen
$$x + 6 = x + 13 - 7$$
$$x = x$$
$$\Rightarrow\ L = \mathbb{Q}$$
Man kann für x jede beliebige Zahl einsetzen.

Gleichungen 2.10

Bruchgleichungen

Bruchterm
Term, bei dem Variablen im Nenner eines Bruchs stehen.

Grundmenge G
Sie gibt an, welche Zahlen oder Zahlenmengen für die Variable überhaupt eingesetzt werden dürfen.

Definitionsmenge D
Sie gibt an, welche Zahlen aus der Grundmenge G eingesetzt werden können, ohne dass der Nenner null wird.

Lösungsmenge L
Die Zahlen aus der Definitionsmenge, für die eine Gleichung lösbar ist.

$\frac{5}{x} = 10; \; D = G \setminus \{0\}$

Lies: In der Definitionsmenge sind alle Zahlen aus der Grundmenge enthalten, außer der Null.
Durch null kann man nicht teilen, deswegen darf sie nicht im Nenner stehen.

Formeln umstellen
Mithilfe von Äquivalenzumformungen kann man Formeln so umstellen, dass jede darin enthaltene Variable berechnet werden kann. Man „löst nach einer Variablen auf".

Berechnung der unbekannten Seite a aus der Formel für den Flächeninhalt des Rechtecks:

$A = a \cdot b \quad |:b$

$\frac{A}{b} = a \;\; \Rightarrow \;\; a = \frac{A}{b}$

Verhältnisgleichungen

Verhältnis
Man vergleicht zwei Größen a und b mithilfe ihres Quotienten a : b.

$\frac{a}{b} = a : b \qquad$ lies: „a zu b"

$\frac{\text{Anzahl Lkw}}{\text{Anzahl Pkw}} = \text{Anzahl Lkw : Anzahl Pkw}$

Verhältnisgleichungen
Setzt man zwei Verhältnisse gleich, so erhält man eine Gleichung der Form:

$\frac{a}{b} = \frac{c}{d} \quad$ oder $\quad a : b = c : d$

$\frac{\text{Zucker}}{\text{Zimt}} = \frac{4}{1}$

Verhältnisgleichungen auflösen
Befindet sich in einer Verhältnisgleichung die Variable im Nenner, dann kann man die Verhältnisgleichung umkehren, indem man jeweils den Kehrbruch verwendet.

$\frac{1}{4} = \frac{20}{x}$

Kehrbruch auf beiden Seiten: $\frac{4}{1} = \frac{x}{20}$

$x = 80$

2.11 Mehr zum Thema: Das Königsberger Brückenproblem

Leonhard Euler wurde 1707 als Sohn eines Pastors geboren. Sein Vater wollte, dass der Sohn ebenfalls eine theologische Laufbahn einschlägt. Im Studium lernte Euler dann die Mathematikerfamilie Bernoulli kennen. Johann Bernoulli erkannte, dass man auf dem besten Wege war, aus einem begnadeten Mathematiker einen mittelmäßigen Theologen zu machen, und trat an Leonhards Vater heran. Dieser freundete sich schließlich widerstrebend damit an, dass sein Sohn zum Rechnen und nicht zum Predigen geboren war.

Euler lieferte enorm viele wichtige Beiträge zur Mathematik und ließ sich davon auch nicht abhalten, als er 1735 wegen Überarbeitung auf dem rechten Auge erblindete.

Er erwarb sich den Ruf, jedes ihm gestellte Problem lösen zu können. Eines dieser Probleme betraf Königsberg, heute Kaliningrad. Der Pregel teilt die Stadt in vier Stadtteile, die durch insgesamt sieben Brücken miteinander verbunden sind. Königsberger Bürger fragten sich, ob es möglich wäre, einen Spaziergang über die sieben Brücken der Stadt so durchzuführen, dass keine der Brücken zweimal überquert werden muss.

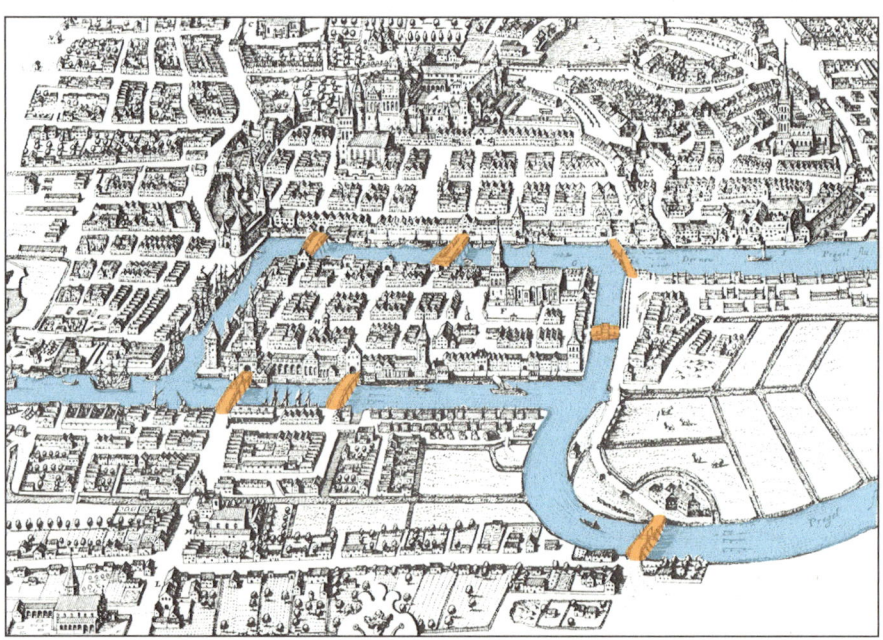

Die Einwohner von Königsberg versuchten es mit verschiedenen Routen, veränderten die Startposition, hatten jedoch keinen Erfolg. Euler entwickelte aus diesem Problem eine allgemeine mathematische Theorie für beliebig viele Stadtteile und Brücken, die aufzeigt, wann ein solcher Spaziergang möglich ist.

Zu welchem Schluss gelangte Euler für Königsberg?

3

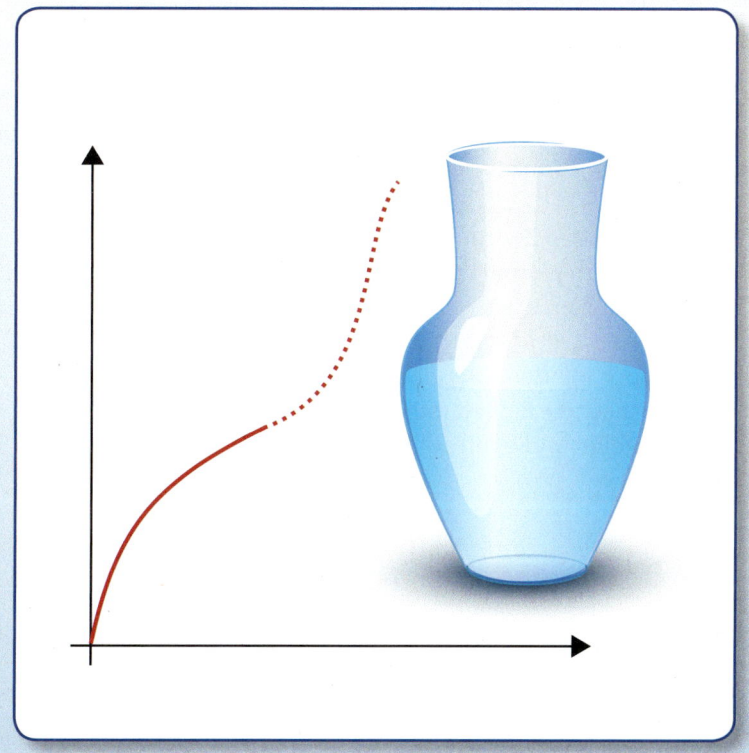

Funktionale Zusammenhänge

3.1 Proportionale Zusammenhänge

3.1 Proportionale Zusammenhänge

1 Ina ist mit ihrer Freundin Maren auf dem Wochenmarkt. Beim Gemüsehändler kauft sie $\frac{1}{2}$ kg frischen Spargel für 3,20 €.
a Maren muss für ihre Mutter 2 kg Spargel besorgen. Wie viel muss Maren bezahlen?
b Wie viel kosten 1 kg, 1,5 kg und 2,5 kg an diesem Stand? Notiere die Ergebnisse in einer Tabelle.
c Stelle den Zusammenhang zwischen Spargelmenge und Preis in einem Koordinatensystem dar.

Beim Schulerbauern in Oberrombach kosten 2 kg Kartoffeln 1,50 €. Wenn die halbe Menge den halben Preis oder die fünffache Menge den fünffachen Preis kostet, nennt man die Zuordnung Menge → Preis eine **proportionale Zuordnung**.

Deshalb kann man bei proportionalen Zuordnungen einzelne Wertepaare aus anderen Wertepaaren bestimmen und in einer Tabelle übersichtlich darstellen.

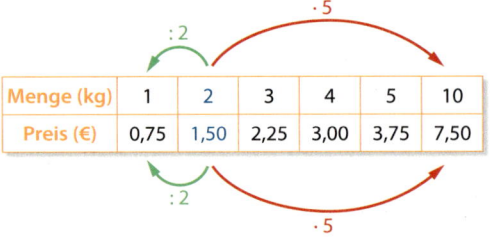

Fehlende Größen kann man auch mit dem *Dreisatz* berechnen. Man schließt zuerst auf die Einheit (oder auf eine geeignete Zwischengröße) und dann auf das gesuchte Vielfache.

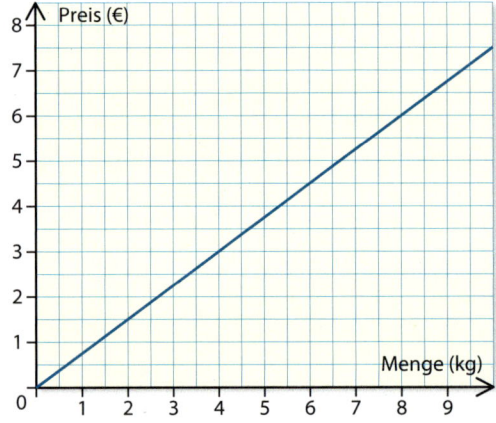

In der grafischen Darstellung können weitere Wertepaare abgelesen und der Verlauf der Halbgeraden, die im Koordinatenursprung beginnt, betrachtet werden.

> **M** Bei einer **proportionalen Zuordnung** reicht ein Wertepaar aus, um weitere Wertepaare bestimmen zu können: Dem doppelten (dreifachen, vierfachen, …, halben, …) Wert der ersten Größe entspricht das Doppelte (Dreifache, Vierfache, …, Halbe, …) der zweiten Größe.

Proportionale Zusammenhänge 3.1

Übungsaufgaben

1 Welche Zuordnungen sind proportional?
a Anzahl der Getränkeflaschen → Preis
b Körpergröße → Körpergewicht
c Anzahl der Arbeitsstunden → Kosten
d Höhe des Kirschbaums → Ernteertrag

2 Ergänze die Tabellen im Heft und stelle jede Zuordnung zeichnerisch dar.

a Einkauf an der Wursttheke

Menge (g)	100	200	250	300	400	500
Preis (€)	…	…	…	4,50	…	…

b Produktion von Werkstücken

Zeit (h)	1	2	3	4	5	6
Stückzahl	…	…	…	52	…	…

3 Überprüfe zuerst, ob die Zusammenhänge proportional sind oder nicht. Berechne dann die lösbaren Aufgaben.
a Drei Brezeln kosten 1,95 €. Wie viel musst du für sieben Brezeln bezahlen?
b Im Feinkostladen kosten 100 g Oliven 2,40 €. Mara kauft 250 g, Tom 125 g und Antonio 50 g.
c Cataldo kann nach sechs Monaten Training acht Kilometer ohne Pause joggen. Wie lange kann er in neun Monaten am Stück laufen?
d Ein Flugzeug legt bei gleich bleibender Geschwindigkeit 1760 km in zwei Stunden zurück. Welche Strecke hat das Flugzeug nach fünf und nach sechs Stunden zurückgelegt?

4 Jule plant für den Nachtisch bei ihrem Geburtstagsfest Früchtequark für zehn Personen. Welche Mengen benötigt sie?

Heidelbeerquark
(vier Personen)
500 g Magerquark
250 g Heidelbeeren
2 EL Honig
1 EL Zucker, $\frac{1}{2}$ TL Zimt

5 Leas Schwester war im Juni dreimal mit ihrem Motorrad an der Tankstelle. Sie schrieb ihre Ausgaben auf.

2. 6.: 8,4 l → 11,34 €
13. 6.: 11,2 l → 15,12 €
29. 6.: 6,5 l → 8,58 €

a Überprüfe, ob der Benzinpreis sich geändert hat. Bilde hierzu jeweils den Quotienten $\frac{Preis}{Menge}$ und berechne den Preis für 1 l.
b Ist diese Zuordnung Menge → Preis proportional? Begründe deine Antwort.
c Wie teuer wäre es am 29. 6. geworden, wenn sie mit dem letzten Tropfen zur Zapfsäule gerollt wäre? Der Tank fasst zwölf Liter.

> **M** Bei einer proportionalen Zuordnung sind die Quotienten der Wertepaare gleich. Damit kann man überprüfen, ob eine Zuordnung proportional ist.
> Den Quotienten nennt man **Proportionalitätsfaktor**. Mit ihm kann man gesuchte Werte auch berechnen.

6 Sara trägt in ihrer Freizeit Zeitschriften aus. Sie notiert jeden Monat die Anzahl der ausgetragenen Zeitschriften und ihren Lohn.

Januar: 135 Zeitschriften / 20,25 €
Februar: 129 Zeitschriften / 19,35 €
März: 112 Zeitschriften / 16,80 €
April: 124 Zeitschriften / 18,60 €

a Gab es in den letzten vier Monaten eine Erhöhung des Trägerlohns?
b Wie viel werden im Mai 115 Stück einbringen?

7 Preisvergleich! Welche Packung würdest du auswählen?

2860 g — 16,39 €
1300 g — 9,58 €
4225 g — 22,99 €

Funktionale Zusammenhänge

3.2 Antiproportionale Zusammenhänge

1. Eine Tippgemeinschaft von acht Kollegen im Konstruktionsbüro hat im Lotto fünf Richtige getippt. Jeder erhält 472,20 €.
a. Ein seltener Zufall: In der Tippgemeinschaft der Buchhalterinnen wird der gleiche Gewinn unter vier Personen aufgeteilt! Wie viel bekommt jede ausbezahlt?
b. Wie hoch war die Gewinnsumme für fünf Richtige?

In der Klasse 8c sollen gleich große Gruppen gebildet werden. Bei vier Gruppen sind jeweils sechs Schüler in einer Gruppe.

Wird die halbe Anzahl an Gruppen gebildet, sind doppelt so viele Schüler in einer Gruppe. Wird die doppelte Anzahl an Gruppen gebildet, ist die Gruppenstärke halb so groß.
Diese Zuordnung *Anzahl der Gruppen → Schüler pro Gruppe* nennt man eine **antiproportionale Zuordnung**.

Anzahl der Gruppen	2	4	8
Schüler pro Gruppe	12	6	3

Auch bei antiproportionalen Zuordnungen kann man fehlende Größen mit dem *Dreisatz* berechnen.
Wie bei proportionalen Zuordnungen schließt man zuerst auf die Einheit und dann auf das gesuchte Vielfache.

Bei vier Gruppen sind sechs Schüler in einer Gruppe:
Bei einer Gruppe sind 24 Schüler in der Gruppe:
Bei sechs Gruppen sind vier Schüler in einer Gruppe:

Anzahl der Gruppen	Schüler pro Gruppe
4	6
1	24
6	4

Wenn man einen Wert der ersten Größe durch eine Zahl dividiert, muss der Wert der zweiten Größe mit derselben Zahl multipliziert werden und umgekehrt.

> **M** Wird bei einer Zuordnung dem doppelten (dreifachen, vierfachen, …, halben, …) Wert der ersten Größe die Hälfte (ein Drittel, ein Viertel, …, das Doppelte, …) der zweiten Größe zugewiesen, nennt man sie eine **antiproportionale Zuordnung**.

Antiproportionale Zusammenhänge 3.2

Übungsaufgaben

1 Bei einem Kartenspiel werden zu Beginn alle Karten aufgeteilt. Jeder der vier Spieler erhält acht Karten. Vervollständige die Sätze.
a Bei doppelt so vielen Spielern erhält jeder …
b Bei halb so vielen Spielern erhält jeder …

2 Ergänze die Tabellen im Heft. Es liegen antiproportionale Zuordnungen vor.
a Ziegelsteine werden mit Lkw ausgeliefert.

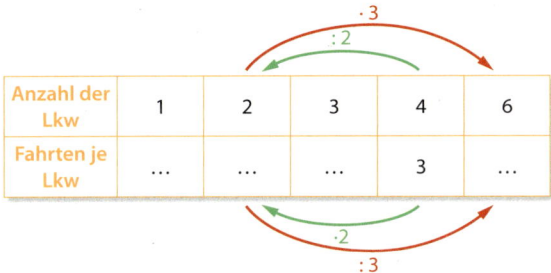

Anzahl der Lkw	1	2	3	4	6
Fahrten je Lkw	…	…	…	3	…

b Eine Klasse gewinnt bei einem Wettbewerb einen Geldbetrag.

Anzahl der Schüler	6	8	12	18	24
Gewinn (€) pro Schüler	…	…	30	…	…

c Ein Sportverein mietet für die Fahrt zum Wettkampf einen Bus.

Anzahl der Personen	10	20	25	40	50
Kosten (€) pro Person	…	…	…	…	8,40

3 Wende den Dreisatz im Heft an.

a

Anzahl der Arbeiter	Dauer (h)
6	6
1	…
4	…

c

Anzahl der Teams	Sportler pro Team
4	7
…	…
7	…

b

Anzahl der Pumpen	Fülldauer (h)
5	7,5
…	…
3	…

d

Stückzahl	Länge (cm) je Stück
10	…
…	…
24	5

4 Gib zuerst an, welche Zusammenhänge antiproportional sind, und löse dann alle Aufgaben.
a Zwölf Erntehelfer brauchen drei Tage für die Apfelernte. Wie schnell sind vier Helfer?
b Entnimmt man vier Pralinen aus einer Packung, dann sind noch zwölf enthalten. Wie viele Pralinen sind noch in der Packung, wenn acht entnommen werden?
c Zwei Maler streichen eine Fassade in neun Stunden an. Die Arbeit soll bereits nach drei Stunden fertig sein.
d Ein Bauunternehmer schafft mit sechs Lkw Bauschutt fort. Jeder Lkw fährt 12-mal. Wie oft müssen drei Lkw fahren?
e Adrians Mutter bezahlt für zwei Stunden Nachhilfeunterricht ihres Sohnes 24 €. Wie viel kosten acht Stunden?

5 Löse die Aufgaben mithilfe von drei Sätzen oder einer Tabelle.
a Drei Maurer brauchen für ihre Arbeit fünf Stunden. Es können vier Maurer eingesetzt werden.
b Für 15 Safari-Teilnehmer reicht der Lebensmittelvorrat etwa acht Tage. Drei Personen reisen kurz vor Aufbruch ab.
c Drei Jungs möchten sich zusammen einen neuen Fußball kaufen. Jeder muss 12 € bezahlen. Ein weiterer Freund beteiligt sich am Kauf.
d Bei 24 Teilnehmern müsste jeder 6 € für die Busfahrt bezahlen. Pro Person werden letztendlich 4,80 € kassiert.

6

Im Giraffenhaus des Zoos reicht der Futtervorrat für sechs Giraffen etwa 18 Tage lang. Wie lange reicht der Vorrat für 2, 3, 9 oder 12 Giraffen? Welche Annahmen musst du hier machen?

Funktionale Zusammenhänge

3.2 Antiproportionale Zusammenhänge

7 Clara hat für ihre Geburtstagsparty einen Cocktail aus Fruchtsäften gemischt. Wenn sie 0,5-l-Gläser verwendet, reicht er für 24 Gäste.

a Wie viele 0,25-l-Gläser kann sie füllen?
b Kann sie die gesamte Cocktailmenge in 0,75-l-Flaschen abfüllen?
c Wie viel kommt in jedes Glas, wenn sie die Gesamtmenge auf 40 oder 60 Gläser verteilen möchte?

8 Leonie bestimmt mögliche Längen und Breiten eines Rechtecks, das den Flächeninhalt 24 cm² hat. Schnell erkennt sie, dass die Zuordnung Länge (cm) → Breite (cm) antiproportional ist.

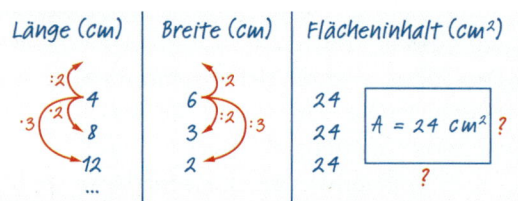

Übertrage die Tabelle in dein Heft und bestimme weitere Wertepaare.

M Bei einer antiproportionalen Zuordnung haben alle Wertepaare den gleichen Produktwert. Daran kann man solche Zuordnungen leicht erkennen.
Bildet man das Produkt eines Wertepaares, kann man aus dem Produktwert zu jedem Wert einer ersten Größe den zugeordneten Wert der zweiten Größe berechnen und umgekehrt.

9 Überprüfe, ob die Zuordnungen antiproportional sind. Berechne von allen Wertepaaren die Produktwerte und vergleiche sie.
a Blumenbeete im Park werden neu angelegt.

Anzahl der Gärtner	2	3	4	5
Arbeitsstunden pro Gärtner	15	10	7,5	6

b Ein Guthaben wird verteilt.

Anzahl der Personen	5	6	8	12
Anteile (€) pro Person	126	105	78	52

10 Die sieben Mitglieder einer Tippgemeinschaft teilen ihren Lottogewinn zu gleichen Teilen auf. Jedes Mitglied erhält 525 €.
a In einer anderen Spielgemeinschaft erhält jedes der zwölf Mitglieder von derselben Gewinnsumme 306,25 €.
Hat der Spielleiter richtig gerechnet?
b Wie viele Euro erhält jedes Mitglied in einem Team von 15 Lottospielern?

11 Ein Reiseveranstalter bietet die Möglichkeit zur Teilnahme an einer Stadtführung an. Wenn alle 40 Reiseteilnehmer sich anmelden, kostet die Führung pro Person 3,50 €.
a Was kostet die Stadtführung pro Person, wenn 25, 30 oder 35 Personen daran teilnehmen?
b Jeder Teilnehmer musste letztendlich 5 € bezahlen. Wie groß war die Gruppe?

T Manchmal kannst du leichter rechnen, wenn du nicht auf die Einheit (zum Beispiel 1 Person, 1 cm) schließt, sondern eine andere geeignete **Zwischengröße** wählst.

12 Für die 120 Rinder eines Zuchtbetriebs reicht der Futtervorrat etwa 60 Tage.
a Wie lange reicht dieser Vorrat für 100, 160 oder 180 Tiere?
b Wenn es auf dem Hof nur fünf Tiere gäbe, müsste der Bauer fast vier Jahre lang kein Futter mehr kaufen. Was sagst du zu dieser Aussage?

Antiproportionale Zusammenhänge 3.2

13 In einer Küche sollen neue Bodenfliesen verlegt werden. 150 Fliesen werden benötigt. Eine Fliese ist 40 cm lang und 20 cm breit.
a Wie breit ist die Küche, wenn sie 4 m lang ist?
b Wie viele Fliesen werden benötigt, wenn eine Fliese 40 cm lang und 30 cm breit ist?
c Der Fliesenleger verlegt 120 Fliesen. Wie groß ist eine Fliese? Überlege dir sinnvolle Längen und Breiten der Fliesen.

14 Sechs Bauarbeiter sollen den Arbeitsauftrag in zwölf Tagen erledigt haben. Nach acht Tagen kommen zwei zusätzliche Arbeiter dazu. Wie viele Tage früher wird die Arbeit nun fertig?

Grafische Darstellung

15 Ein Rechteck hat den Flächeninhalt 36 cm².
a Bestimme mögliche Längen und Breiten der Rechteckfläche und notiere sie in einer Tabelle.
b Trage die Punkte der Wertepaare der Zuordnung *Länge (cm) → Breite (cm)* in ein Koordinatensystem ein. Verbinde sie mit freier Hand.
c Überlege dir, warum die entstandene Kurve weder die x- noch die y-Achse berühren wird.

M Bei einer antiproportionalen Zuordnung liegen die Punkte der Wertepaare auf einer Kurve, die man **Hyperbel** nennt.
Die Hyperbel berührt keine der beiden Achsen.

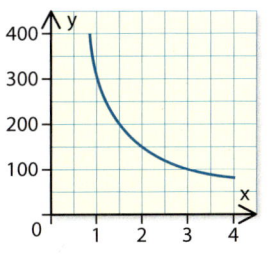

16 Jans ältere Schwester fährt einen 125er-Roller. Sie hat Fahrtzeiten in km/h für unterschiedliche Durchschnittsgeschwindigkeiten berechnet.

Geschwindigkeit	15	20	30	40	60
Fahrtzeit (h)	4	3	2	1,5	1

Stelle den Sachverhalt grafisch dar.

17 Landwirt Pflüger möchte auf 90 m² seines Grundstücks Gemüse anpflanzen. Notiere sinnvolle Längen und Breiten für die Anbaufläche in einer Tabelle und stelle den Sachverhalt grafisch dar.

18 Ein Maler benötigt 15 Arbeitsstunden, um ein Treppenhaus zu streichen.
Max hat die Wertepaare der Zuordnung *Anzahl der Maler → Stunden pro Maler* in ein Koordinatensystem eingetragen.

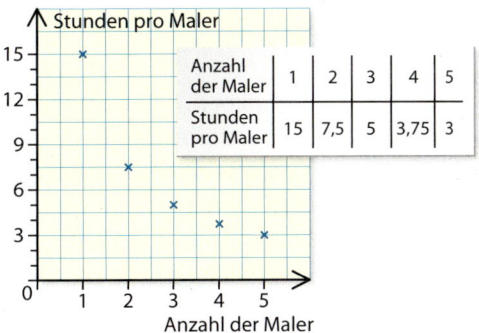

Anzahl der Maler	1	2	3	4	5
Stunden pro Maler	15	7,5	5	3,75	3

a Warum hat Max die Punkte nicht verbunden?
b Nenne weitere Beispiele, bei denen es nicht sinnvoll ist, die Punkte zu verbinden.

19 Maltes Vater ist Hobbybastler. Er möchte einen 1,20 m langen Holzstab so in gleich große Stücke zersägen, dass kein Rest übrig bleibt.
a Überlege dir Möglichkeiten, wie er den Holzstab zersägen kann.
b Stelle die Zuordnung *Anzahl der Stücke → Länge (cm) je Stück* grafisch dar.
c Lies im Koordinatensystem ab, wie lang die Holzstücke sind, wenn Maltes Vater acht, zehn oder 15 Stücke aus dem Holzstab sägt.

20 Für eine Theateraufführung müssen in der Gemeindehalle noch Stühle aufgestellt werden. Der Hausmeister schlägt vor, die Stühle auf 30 Reihen mit je 18 Stühlen zu verteilen.
Überlege dir weitere Möglichkeiten, die Stühle anzuordnen, und stelle die Zuordnung *Anzahl der Reihen → Stühle pro Reihe* grafisch dar.

Funktionale Zusammenhänge

3.3 Funktionen

1. Der Wasserstand des Neckars in Heidelberg wurde grafisch veranschaulicht.
   a. Beschreibe das Diagramm.
   b. Zu welchem Zeitpunkt wurde der höchste Wasserstand gemessen? Wann war der Wert am niedrigsten?
   c. Wie hoch war der Wasserstand am Dienstag um 20.00 Uhr, am Freitag um 12.00 Uhr und am Sonntag um 4.00 Uhr?
   d. Wann betrug der Wasserstand 210 cm?

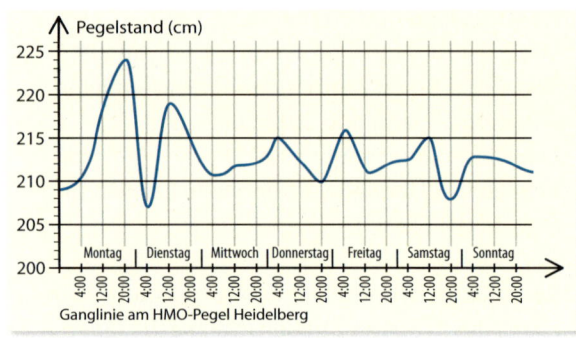

Ganglinie am HMO-Pegel Heidelberg

Malaria ist eine Tropenkrankheit, deren Erreger von Stechmücken übertragen werden. Ihre Symptome sind Fieberschübe, Schüttelfrost und Schweißausbrüche.
Die Veränderung der Körpertemperatur eines Patienten nach Ausbruch der Krankheit kann auf verschiedene Weise dargestellt werden:

- Einzelne Wertepaare der Zuordnung *Zeitpunkt der Messung → Körpertemperatur* können in einer **Wertetabelle** dargestellt werden.

Messzeitpunkt (h)	0	6	12	18	24	30	36	42	48	54	60
Körpertemperatur (°C)	36,8	40,3	39,1	38,0	39,1	40,9	38,8	37,5	36,9	39,9	39,5

- Oder man veranschaulicht alle Wertepaare zeichnerisch im Koordinatensystem, indem man den **Graphen** zeichnet.

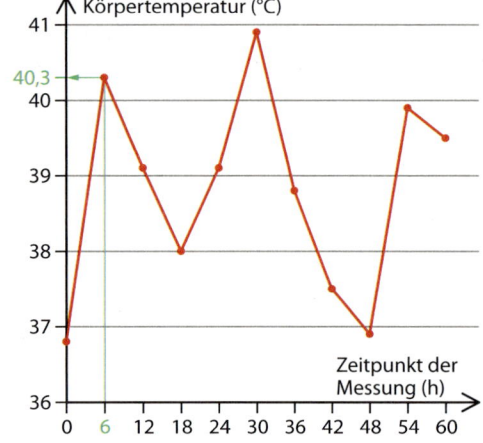

In beiden Darstellungen sieht man, dass für jeden Zeitpunkt der Messung *genau ein* Temperaturwert angegeben wird.
Beispiel: Nach 6 Stunden betrug die Körpertemperatur 40,3 °C.
Es ist nicht möglich, dass ein Patient bei einer Fiebermessung gleichzeitig unterschiedliche Temperaturwerte aufweist.
Die Zuordnung *Zeitpunkt der Messung → Körpertemperatur* ist **eindeutig**.
Eine **eindeutige Zuordnung** bezeichnet man als **Funktion**.

Man kann aber nicht jeder gemessenen Körpertemperatur genau einen Messzeitpunkt zuordnen.
Beispiel: Die Körpertemperatur 39,1 °C wurde nach 12 Stunden und nach 24 Stunden gemessen.
Die Zuordnung *Körpertemperatur → Zeitpunkt der Messung* ist nicht eindeutig und somit keine Funktion!

> **M** Wird bei einer Zuordnung jedem Wert der ersten Größe **genau ein** Wert der zweiten Größe zugeordnet, so ist die Zuordnung **eindeutig**. Eindeutige Zuordnungen heißen **Funktionen**.
> Die Darstellung aller Wertepaare im Koordinatensystem heißt **Graph der Funktion**.

Funktionen 3.3

Übungsaufgaben

1 Sind diese Zuordnungen Funktionen? Begründe deine Antwort.
a Anzahl der Getränkeflaschen → Preis
b Körpergröße eines Menschen → Lebensalter
c Größe eines Autos → Preis
d Zahl → Fünffaches der Zahl

2 In der Tabelle sind die an einem Sommertag in Stuttgart gemessenen Temperaturwerte notiert.

Uhrzeit	0	2	4	6	8	10
Temperatur (°C)	20,4	18,6	17,0	16,3	18,6	23,6
Uhrzeit	12	14	16	18	20	22
Temperatur (°C)	27,5	31,1	32,9	30,2	29,8	25,3

a Zeichne den Graphen der Funktion Uhrzeit → Temperatur.
b Beschreibe mithilfe der Tabelle oder der grafischen Darstellung den Temperaturverlauf.
c Zu welcher Uhrzeit wurde der höchste bzw. niedrigste Temperaturwert gemessen?

3 Der Graph zeigt die Urlaubsfahrt von Familie Neuner von Ravensburg nach Salzburg.

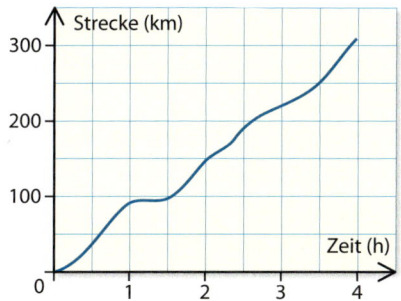

a Welche Strecke hatte Familie Neuner nach einer Stunde und nach dreieinhalb Stunden zurückgelegt?
b „Nach zwei Stunden hat Familie Neuner die Hälfte der 320 km langen Strecke zurückgelegt." Überprüfe diese Aussage.
c Berechne die Durchschnittsgeschwindigkeit der Urlaubsfahrt.
d Wie lange haben die Neuners Pause gemacht?

4

Ein Stehplatzticket für ein Rockkonzert kostet im Vorverkauf 63,90 €. Beim Online-Ticketversand wird eine Versandpauschale von 4,90 € in Rechnung gestellt.
Erstelle eine Tabelle, die den jeweiligen Gesamtpreis bei Bestellungen von 1 bis 6 Tickets zeigt.

5 Yannick nimmt Nachhilfeunterricht in Mathematik bei einem Schüler aus der 10. Klasse, der 12 € pro Stunde verlangt. Jonas bezahlt für vier Stunden Unterricht im Nachhilfeinstitut 74 €. Dennis' Mutter überweist dem Nachhilfelehrer für sechs Stunden 87 €.
Stelle den Sachverhalt in einem Koordinatensystem dar. Wessen Nachhilfeunterricht ist am günstigsten?

6 Erstelle zu jeder Funktion zuerst eine Tabelle mit einzelnen Wertepaaren und zeichne dann den Graphen.
Gib an, ob der Zusammenhang proportional oder antiproportional ist.
a Menge (kg) → Preis (€)
(1 kg Trauben kostet 2,50 €.)
b Anzahl der Erben → Erbe (€) pro Person
(Die Erbschaft beträgt 48 000 €.)
c Zeit (h) → zurückgelegte Strecke (km)
(Das Auto fährt mit einer Durchschnittsgeschwindigkeit von 65 km/h.)

> **M** Proportionale und antiproportionale Zuordnungen sind immer eindeutig und somit Funktionen.

Funktionale Zusammenhänge

3.3 Funktionen

7 Liegt der Graph einer Funktion vor? Begründe deine Antwort.

a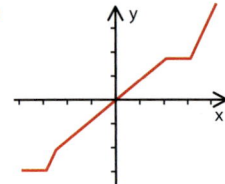
b
c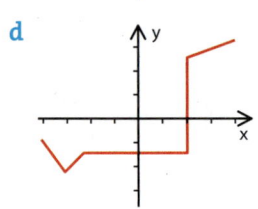
d

8 In der Tabelle ist das Abbrennen einer zylinderförmigen Kerze dargestellt.

Brenndauer (h)	1	2	3	4	5	6
Kerzenlänge (cm)	13,8	12,6	11,4	10,2	9	7,8

a Beschreibe den Zusammenhang.
b Wie lang war die Kerze ursprünglich?
c Nach wie vielen Stunden wird sie vollständig abgebrannt sein?

9 Durch Ebbe und Flut ändert sich der Pegelstand ständig.

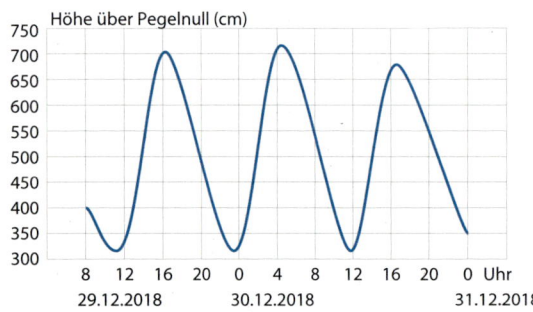

Beschreibe die Veränderung des Wasserstandes im Messzeitraum.
Wann wurden die höchsten bzw. niedrigsten Pegelstände erreicht?

10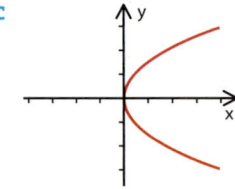

2-Zi.-Whg., ca. 50 m², ebenerdig, Terrasse, Gartenanteil, Waldrand, S-Sü Nähe SSB, KM 720.- €   Tel. 07

Der Preis für eine Kleinanzeige im *Wochenblatt* ist abhängig von der Anzahl der Zeilen. Der Preis pro Zeile beträgt 4,60 €.

a Erstelle eine Wertetabelle zur Funktion *Anzahl der Zeilen → Anzeigenpreis*.
b Zeichne den Graphen zu der Tabelle.
c Welche Art des Zusammenhangs zwischen den Größen liegt vor?
d Die Volontärin schlägt vor, den Zeilenpreis auf 3,70 € zu senken und eine Grundgebühr von 2,70 € zu verlangen. Wie viel würde dann eine zwei-, drei- oder vierzeilige Anzeige kosten?

11

a Erstelle eine Wertetabelle zur Funktion *zurückgelegte Strecke (km) → Mietkosten (€)* für Fahrtstrecken bis 500 km.
b Zeichne den Graphen.
c Bei der Autovermietung *Schlude* muss man für einen Transporter 75 € pro Tag bezahlen, der Kilometer kostet aber nur 0,20 €.
Zeichne den Graphen dieser Funktion in dasselbe Koordinatensystem ein. Ab welcher Streckenlänge fährt man bei *Schlude* günstiger?

12 Der durchschnittliche Benzinverbrauch von Herrn Fischers Auto beträgt 6,5 l auf 100 km.
a Stelle den Benzinverbrauch (l) in Abhängigkeit von der gefahrenen Strecke (km) grafisch dar.
b Der 60-l-Tank des Autos ist beim Start voll. Nach 150 km Fahrt zeigt der Bordcomputer einen Tankinhalt von 49,5 l an, nach 425 km sind es 24 l und nach 650 km noch 10 l.
Entsprechen diese Angaben dem durchschnittlichen Verbrauch? Löse zeichnerisch.

Funktionen 3.3

Funktionen als Funktionsgleichungen angeben

Im Supermarkt kostet 1 kg Bio-Bananen 1,99 €. Da jeder Menge (in kg) genau ein Preis (in €) zugeordnet wird, liegt eine Funktion vor.

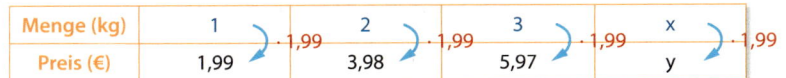

Menge (kg)	1	2	3	x
Preis (€)	1,99	3,98	5,97	y

Diese Funktion kann man durch die **Funktionsgleichung** $y = 1{,}99 \cdot x$ darstellen.
Die Variable **x** steht für die Werte der ersten Größe (Menge in kg), die Variable **y** steht für die Werte der zugeordneten Größe (Preis in €).

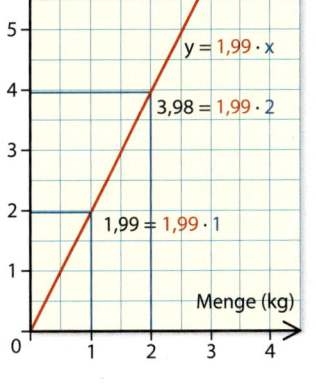

> **M** Eine Funktion lässt sich durch eine **Funktionsgleichung** angeben. Mit der Gleichung können für die x-Werte die zugeordneten y-Werte (**Funktionswerte**) berechnet werden.

---

13 Zu jeder Funktionsgleichung gehört eine andere Darstellung, entweder eine Beschreibung, eine Wertetabelle oder ein Graph. Ordne zu.
a $y = 2 \cdot x$ c $y = x - 2$
b $y = \frac{1}{4} \cdot x$ d $y = 1{,}5 \cdot x + 0{,}5$

① Einer Zahl wird ein Viertel der Zahl zugeordnet.

② Vom Gesamtbetrag werden zwei Euro abgezogen.

③
Menge (l)	Preis (€)
1	1,50
2	3,00
3	4,50
4	6,00

④
x	y
1	2
2	3,5
3	5
4	6,5

⑤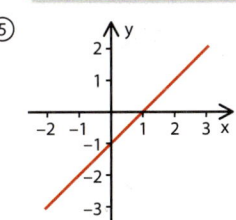

⑥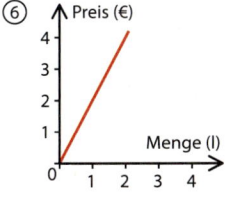

14 Finde zu jeder Funktionsgleichung ein geeignetes Beispiel aus dem Alltag. Berechne für jeweils fünf x-Werte die zugeordneten Funktionswerte.
a $y = 1{,}20 \cdot x$ c $y = x + 3$
b $y = \frac{1}{2} \cdot x$ d $y = 2 \cdot x - 1$

15 Gib die Gleichung der Funktion an.

a
Benzin (l)	Preis (€)
1	1,29
2	2,58
3	3,87
4	5,16

b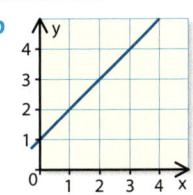

16 Berechne die Funktionswerte im Heft.

a $y = 2x + 1{,}5$

x	0	1	2	3	4	5	6
y	…	…	…	…	…	…	…

b $y = -x + 2$

x	−2	−1	0	1	2	3	4
y	…	…	…	…	…	…	…

c $y = -3x - 2$

x	−4	−3	−2	−1	0	1	2
y	…	…	…	…	…	…	…

17 Erstelle eine Wertetabelle. Verwende für die x-Werte ganze Zahlen von −3 bis 3. Zeichne dann den Graphen der Funktion.
a $y = 2x - 0{,}5$ c $y = 1{,}5x + 1$
b $y = \frac{1}{4}x + 2$ d $y = -2x + 1{,}5$

Funktionale Zusammenhänge

3.4 Proportionale Funktionen

1. Ein Lkw wird mit Kies beladen. 1 m³ Kies wiegt 1,6 t.
  a) Erstelle zur Funktion *Volumen (m³) → Masse (t)* eine Wertetabelle und zeichne den Graphen.
  b) Woran erkennt man in der Tabelle und am Graphen, dass der Zusammenhang zwischen den Größen proportional ist?
  c) Gib die Funktionsgleichung an, mit der die Masse in Abhängigkeit vom Volumen berechnet werden kann.
  d) Der Lkw transportiert 8 m³ Kies. Wie schwer ist seine Ladung?

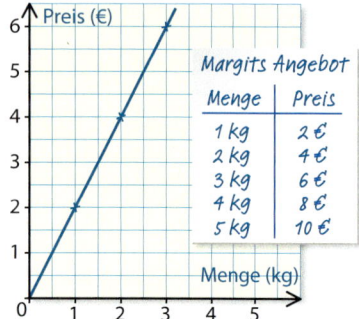

In *Margits Obstladen* gibt es Trauben im Angebot. Weil 1 kg Trauben 2 € kostet, kann man die **proportionale Funktion** *Menge (kg) → Preis (€)* mit der Funktionsgleichung $y = 2x$ angeben. Die Variable x steht für die Menge (in kg), die Variable y steht für den Preis (in €).

Erhöht man den x-Wert jeweils um 1, erhöht sich der zugeordnete y-Wert jeweils um 2. Im Koordinatensystem muss man dementsprechend jeweils **eine** Einheit nach rechts und **zwei** Einheiten nach oben gehen.

So entstehen **Steigungsdreiecke**, die Halbgerade hat hier die **Steigung** $m = 2$. Ein Steigungsdreieck reicht aus, um einen weiteren Punkt einer Geraden zu bestimmen. Durch die beiden Punkte kann die Gerade rasch gezeichnet werden.

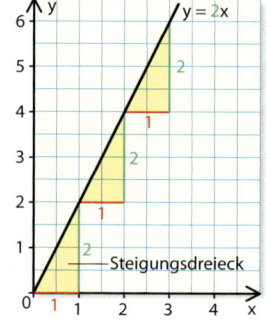

Eine Steigung kann positiv oder negativ sein:

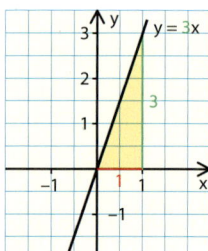

positive Steigung
Die Gerade *steigt* von links nach rechts.

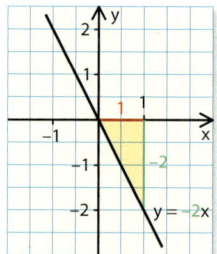

negative Steigung
Die Gerade *fällt* von links nach rechts.

 Eine Funktion mit der Funktionsgleichung $y = m \cdot x$ bezeichnet man als **proportionale Funktion**. Ihr Graph ist eine Gerade durch den Koordinatenursprung. Der Faktor **m** gibt die **Steigung** der Geraden an.

Proportionale Funktionen 3.4

Übungsaufgaben

1 Zeichne den Graphen der proportionalen Funktion bei gegebener Steigung m.
Notiere die Funktionsgleichung.
a m = 3   b m = 1   c m = −2   d m = −4

2 Zeichne den Graphen.
a y = 3x   c y = 6x   e y = 2,5x
b y = −5x   d y = −3x   f y = −1,5x

3 Zeichne alle Geraden in ein Koordinatensystem.

g_1: y = 1x	g_3: y = 3x	g_5: y = −2x
g_2: y = 2x	g_4: y = −1x	g_6: y = −3x

4 Die Tabellen gehören zu proportionalen Funktionen.

①
x	y
0	...
1	...
2	4
3	...
4	...

②
x	y
−3	...
−2	...
−1	...
0	...
1	−1

③
x	y
−1	...
−0,5	−1,5
0	...
0,5	1,5
1	...

Ergänze die Tabellen im Heft. Zeichne jeweils den Graphen und gib die Funktionsgleichung an. Hier gibt es verschiedene Möglichkeiten, wie du vorgehen kannst. Was machst du zuerst?

5 Zeichne die Gerade zu der proportionalen Funktion durch den angegebenen Punkt. Zeichne an beliebiger Stelle ein Steigungsdreieck ein und gib die Funktionsgleichung der Geraden an.

Beispiel

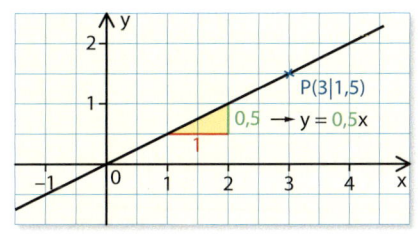

a P(1|3)   c R(3|6)   e T(2|−2)
b Q(1|−4)   d S(−2|4)   f U(−2|5)

6

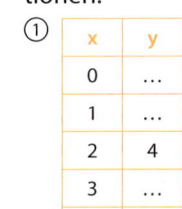

a Gib zu jeder Geraden die Gleichung an.
b Beschreibe und vergleiche den Verlauf der Geraden. Folgende Begriffe helfen dir dabei:

steigen   *fallen*   *steiler*   *flacher*

7 Jana hat beim Gemüsehändler für 1,5 kg Bohnen 5,25 € bezahlt und für 2,5 kg Kartoffeln 2,00 €. Berechne jeweils den Preis pro Kilogramm und zeichne für jede Gemüsesorte den Graphen der Funktion Menge (kg) → Preis (€).
Welche Steigung haben die beiden Geraden?

T Bei proportionalen Funktionen gibt der Quotient aus y-Wert und x-Wert (Proportionalitätsfaktor) die Steigung m der Geraden an.

8 Bei *Elektro Pfau* kann man Kabel für Deckenlampen von der Rolle kaufen. Herr Pfau hat die Kabellängen und Preise der letzten Verkäufe notiert.

Länge	Preis
2,50 m	2,75 €
5,80 m	6,96 €
4,50 m	4,95 €

a An einer Stelle hat sich Herr Pfau verrechnet.
b Wie viel kosten Kabel der Längen 3,00 m, 5,00 m, 6,50 m und 7,50 m? Löse zeichnerisch oder rechnerisch.
c Herr Fleischer bezahlt an der Kasse 4,73 €.

Funktionale Zusammenhänge

3.5 Lineare Funktionen

1. Die Kosten für eine Taxifahrt hängen von der Länge der Fahrtstrecke ab. Hinzu kommt ein fester Grundpreis.
   a) Bestimme für die beiden Wochentagstarife die Gleichungen, mit denen der Preis einer Taxifahrt berechnet werden kann.
   b) Wie viel kostet eine 12 km lange Fahrt am Montagvormittag? Was müsste man zum Nachttarif bezahlen?
   c) Zeichne die Graphen für die beiden Wochentagstarife. Warum verlaufen die Geraden nicht durch den Koordinatenursprung?

Taxitarif		Grundpreis	Preis pro km
an Wochentagen	☀	3,00 €	2,10 €
an Wochentagen	☾	3,50 €	2,40 €
Sonntag	24h	3,50 €	2,40 €

☀ von 6:00 bis 22:00
☾ von 22:00 bis 6:00

Mario möchte Holzwurzeln zur Gestaltung seiner Terrarien kaufen. Im Zoohandel kostet ein Kilogramm zwei Euro, ein Transportkarton kostet 1,50 Euro. Die Wertetabellen zeigen die Preise für verschiedene Mengen mit und ohne Transportkarton.

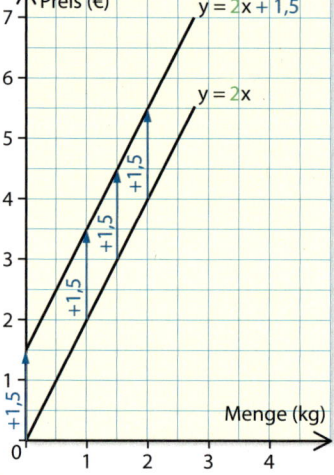

ohne Transportkarton

Menge (kg)	1	2	3	4
Preis (€)	2	4	6	8

mit Transportkarton

Menge (kg)	1	2	3	4
Preis (€)	3,50	5,50	7,50	9,50

Im Koordinatensystem sieht man, dass die Geraden zueinander parallel sind. Sie haben beide die Steigung $m = 2$.
Jeder Punkt der Ursprungsgeraden mit der Funktionsgleichung $y = 2x$ wurde um 1,5 Einheiten nach oben verschoben.
Somit lautet die Funktionsgleichung der zweiten Geraden $y = 2x + 1{,}5$.

Bei einem Einkauf von Holzwurzeln ohne Transportkarton ist die Funktion *Menge (kg)* → *Preis (€)* proportional. Wird dazu noch ein Transportkarton gekauft, dann ist der Zusammenhang zwar nicht mehr proportional, in beiden Fällen kann man aber von einer **linearen Zuordnung** sprechen:
Nimmt der x-Wert um 1 zu, dann nimmt der zugeordnete y-Wert jeweils um den Wert der Steigung (hier: 2) zu.
Auch lineare Zuordnungen sind Funktionen. Ihre allgemeine Funktionsgleichung lautet **$y = m \cdot x + c$**.

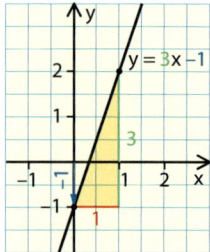

Der Graph einer linearen Funktion kann mithilfe des y-Achsenabschnitts c und der Steigung m gezeichnet werden.

Beispiel $y = 3x - 1$

Mit $c = -1$ ist festgelegt, in welchem Punkt die Gerade die y-Achse schneidet. Von diesem Punkt aus zeichnet man ein Steigungsdreieck mit der Steigung $m = 3$, wodurch man einen zweiten Punkt erhält.
Die Gerade kann durch die beiden Punkte gezeichnet werden.

> **M** Eine Funktion mit der Funktionsgleichung $y = m \cdot x + c$ bezeichnet man als **lineare Funktion**. Ihr Graph ist eine Gerade. Der Faktor **m** gibt die **Steigung** der Geraden an, **c** nennt man den **y-Achsenabschnitt**. Die Gerade schneidet die y-Achse im Punkt P(0|c).

80 Funktionale Zusammenhänge

Lineare Funktionen 3.5

Übungsaufgaben

1 Zeichne den Graphen der linearen Funktion mithilfe der Angaben. Notiere die Funktionsgleichung.
a $m = 2$; $c = 1$
b $m = 3$; $c = -2$
c $m = -2$; $c = 4$
d $m = -1$; $c = -1$

2 Zeichne den Graphen.
a $y = 3x + 1$
b $y = x - 3{,}5$
c $y = -4x + 3$
d $y = 1{,}5x$
e $y = -2x - 2$
f $y = -2{,}5x + 4{,}5$

3 Zeichne jeweils alle vier Geraden in ein Koordinatensystem und vergleiche sie.

a
| g_1: $y = 2x - 1$ | g_3: $y = 2x + 2$ |
| g_2: $y = 2x$ | g_4: $y = 2x + 3{,}5$ |

b
| g_1: $y = 2x + 1$ | g_3: $y = -x + 1$ |
| g_2: $y = 4x + 1$ | g_4: $y = -3x + 1$ |

4 Beschreibe in einem kurzen Text, worin sich eine proportionale Funktion und eine lineare Funktion unterscheiden.

5 Die Tabellen gehören zu linearen Funktionen.

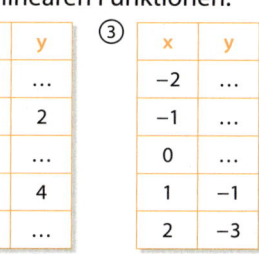

Ergänze die Tabellen im Heft. Zeichne jeweils den Graphen und gib die Funktionsgleichung an. Beschreibe deine Vorgehensweise.

6 Zeichne die Gerade durch die Punkte P und Q. Bestimme durch ein geeignetes Steigungsdreieck die Steigung m und lies den y-Achsenabschnitt c ab. Notiere die Funktionsgleichung.
a P(0|1); Q(1|2)
b P(0|-3); Q(2|-1)
c P(-1|-5); Q(1|1)
d P(-2|5); Q(2|-3)

7 Bestimme die Funktionsgleichungen.

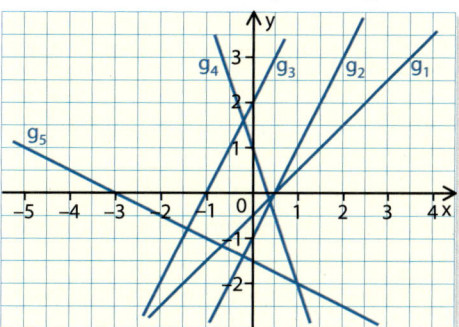

8 Coray sind beim Zeichnen der Geraden Fehler unterlaufen. Suche und beschreibe sie.

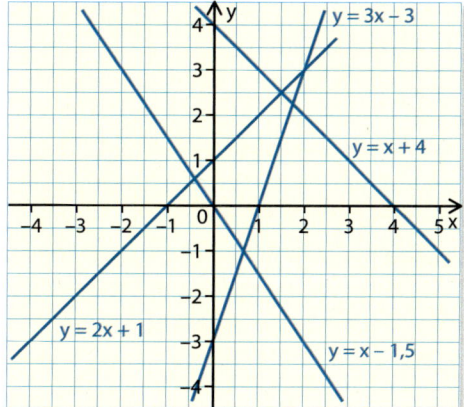

9 Vergleiche die Geraden und beschreibe ihre Lage im Koordinatensystem, ohne sie zu zeichnen.
a $y_1 = 4x + 1$; $y_2 = 5x + 1$
b $y_1 = 2x + 2$; $y_2 = x + 3$
c $y_1 = -x + 1$; $y_2 = -x$
d $y_1 = -2x - 1$; $y_2 = -3x - 2$

10 Ein Energieversorgungsunternehmen berechnet eine jährliche Grundgebühr von 78 €. Eine Kilowattstunde (kWh) kostet 25,9 ct.
a Stelle eine Funktionsgleichung auf, mit der die Jahreskosten berechnet werden können.
b Veranschauliche die Jahreskosten für 500 bis 5000 kWh grafisch.
c Ein anderer Energieversorger verlangt eine Grundgebühr von 130 € und 22,9 ct/kWh. Vergleiche die beiden Angebote.

3.6 Die Steigung in Bruchdarstellung

3.6 Die Steigung in Bruchdarstellung

1 Zeichne den Graphen der Funktion mithilfe einer Wertetabelle.

a $y = \frac{3}{4}x$

b $y = \frac{1}{2}x + 2$

c Überlege dir, wie man auch ohne Wertetabelle möglichst genau zeichnen kann.

Um den Graphen der Funktion $y = \frac{3}{4}x + 2$ zeichnen zu können, kannst du so vorgehen:
- Bestimme den Schnittpunkt mit der y-Achse: P(0|2)
- Mithilfe der Steigung $m = \frac{3}{4}$ kannst du weitere Punkte der Geraden bestimmen: Erhöht man den x-Wert jeweils um 1, erhöht sich der y-Wert dabei um $\frac{3}{4}$.
  Wird der x-Wert in einem Schritt um 4 (Nenner) erhöht, verändert sich der y-Wert um $4 \cdot \frac{3}{4} = 3$ (Zähler). So erhältst du schnell den Punkt Q(4|5).
- Zeichne dann die Gerade durch P(0|2) und Q(4|5).

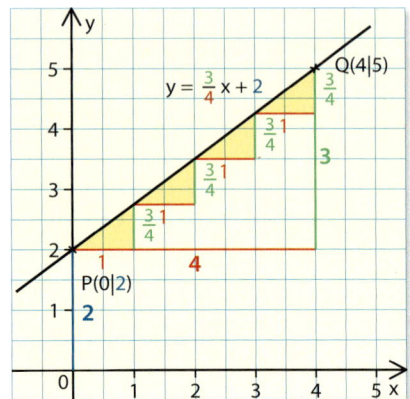

M Ist die Steigung m als Bruch dargestellt, gibt der **Nenner** an, um wie viele Einheiten man nach **rechts** gehen muss.
Der **Zähler** bestimmt, um wie viele Einheiten man bei positiver Steigung nach **oben** bzw. bei negativer Steigung nach **unten** gehen muss.

Beispiele

$y = \frac{1}{2}x - 2$

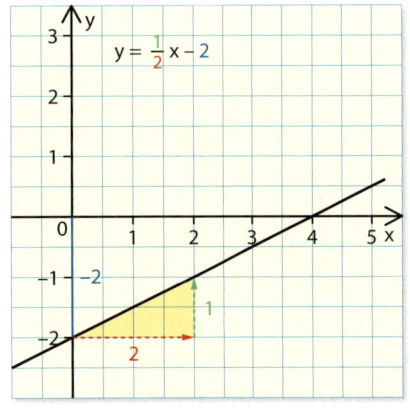

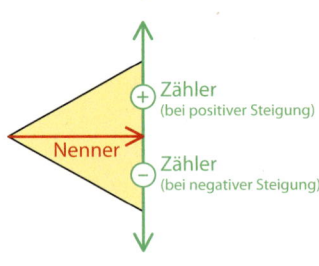

$y = -\frac{2}{3}x + 1$

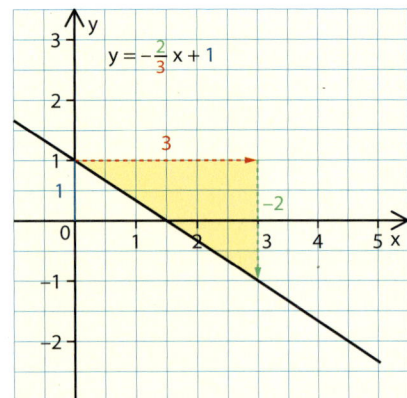

Die Steigung in Bruchdarstellung 3.6

Übungsaufgaben

1 Zeichne die Gerade zur linearen Funktion mit der Steigung m und dem y-Achsenabschnitt c.

a $m = \frac{1}{3}$; $c = -2$
b $m = -\frac{1}{2}$; $c = 3$
c $m = \frac{1}{6}$; $c = -1,5$
d $m = -\frac{1}{4}$; $c = 4$
e $m = \frac{5}{4}$; $c = 1$
f $m = -\frac{4}{6}$; $c = 2,5$

2 Zeichne den Graphen.

a $y = \frac{1}{4}x + 2$
b $y = \frac{2}{3}x - 1$
c $y = \frac{5}{6}x - 3,5$
d $y = -\frac{7}{2}x + 6$
e $y = -\frac{1}{6}x - 0,5$
f $y = \frac{4}{3}x + 1,2$

3 Schreibe eine kurze Anleitung, wie man den Graphen einer linearen Funktion zeichnet. Verwende hierfür das Beispiel $y = \frac{3}{4}x + 1$.

4 Ordne jedem Graphen die richtige Funktionsgleichung zu. Zeichne die Graphen zu den übrig gebliebenen Funktionsgleichungen.

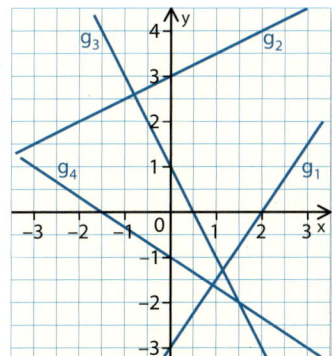

① $y = -\frac{3}{2}x - 3$
② $y = \frac{1}{2}x + 3$
③ $y = -\frac{1}{2}x + 1$
④ $y = -\frac{2}{3}x - 1$
⑤ $y = -2x + 1$
⑥ $y = \frac{4}{3}x - 3$
⑦ $y = \frac{3}{2}x - 3$

5 Eine Gerade geht durch die Punkte P und Q. Bestimme die Funktionsgleichung.

a P(0|3); Q(3|4)
b P(0|1); Q(4|0)
c P(−4|−2); Q(4|4)
d P(−2|2); Q(3|4)
e P(1|1); Q(3|2)
f P(1|2); Q(2|−1)

6

① $y = \frac{3}{4}x + 2$
② $y = \frac{1}{4}x + 2$
③ $y = -\frac{5}{6}x + 2$
④ $y = \frac{6}{8}x + 4$
⑤ $y = \frac{2}{3}x - 2$
⑥ $y = 0,75x - 3$
⑦ $y = 0,5x + 3$
⑧ $y = -\frac{3}{4}x + 2$

a Welche Geraden sind zueinander parallel? Woran erkennst du das?
b Welche Geraden schneiden die y-Achse an derselben Stelle?

7 Daniel hat beim Zeichnen der Geraden Fehler gemacht. Worauf sollte er beim nächsten Mal besser achten?

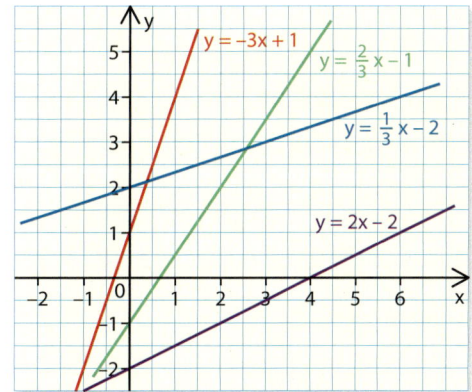

8 Beantworte zur Funktionsgleichung $y = \frac{1}{2}x - 1$ die folgenden Fragen:

a Welcher Funktionswert gehört zu $x = 2,5$?
b Welche Zahl musst du für x einsetzen, damit der Funktionswert 4 ist?
c Wie ändert sich der Funktionswert, wenn x immer um 1 (2; 3) erhöht wird?
d Wie lauten Gleichungen von Geraden, die zur gegebenen Geraden parallel sind? Gib drei Beispiele an.

Funktionale Zusammenhänge

3.6 Die Steigung in Bruchdarstellung

9 Ein Öltank soll befüllt werden. Der Endpreis berechnet sich aus einem festen Grundbetrag und der Menge an Heizöl.
  a) Welcher Graph passt zur angegeben Situation? Begründe deine Antwort.

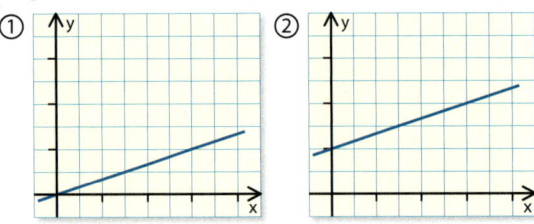

  b) Als Grundbetrag für die Anlieferung werden 30 € berechnet und pro Liter Heizöl 0,45 €. Stelle die Funktionsgleichung auf.
  c) Berechne den Endpreis für 580 l Heizöl.

10 Beim Online-Bilderdienst *Digi-Bild* kann man seine digitalen Bilder als Abzüge auf Fotopapier bestellen.

Foto-Formate	Abzüge		
	1–50	51–100	>100
9 cm × 13 cm	0,11 €	0,10 €	0,08 €
10 cm × 15 cm	0,14 €	0,13 €	0,12 €
13 cm × 18 cm	0,25 €	0,22 €	0,20 €
20 cm × 30 cm	1,15 €	1,05 €	0,90 €
+ Bearbeitungsgebühr, Porto, Verpackung (pro Bestellung)	2,80 €	3,00 €	3,60 €

  a) Alexia bestellt sieben Abzüge im Format 9 × 13 und drei Abzüge im Format 20 × 30. Berechne die Gesamtkosten.
  b) Zeichne den Graphen der Funktion *Anzahl der Bilder → Gesamtpreis (€)* für 1–50 Bilder im Format 10 × 15. Notiere die Funktionsgleichung.
  c) Alexia behauptet: „Bei diesen gestaffelten Preisen kann es vorkommen, dass ich Geld spare, wenn ich mehr Abzüge bestelle, als ich brauche."
  d) Zeichne einen weiteren Graphen: Veranschauliche den Gesamtpreis für 1–120 Bilder im Format 13 × 18. Beschreibe die Besonderheiten.

11 Jens Fuhrmann benötigt für seine Termine in Düsseldorf einen Fahrdienst. Folgende Angebote findet er:

Fast Car – 3,90 € und 1,55 €/km
Immer & Überall – pro Fahrt 3,20 €, jeder Kilometer 1,80 €
Stadttaxi – 2,30 €/km

  a) Stelle für jedes Angebot die Funktionsgleichung zur Berechnung des Fahrtpreises auf.
  b) Stelle in einer Tabelle für alle drei Unternehmen die Fahrtpreise für Strecken von 2, 4, 6, …, 20 km dar.
  c) Zu welchem Angebot würdest du Herrn Fuhrmann für eine Strecke von 5 km raten? Begründe deine Antwort.
  d) Zeichne die Graphen der Funktionen. Welche Bedeutung haben die Schnittpunkte der Geraden?
  e) Entscheide, ob folgende Aussagen wahr oder falsch sind:

  ① Das **Fast Car** sollte für Strecken über 9 km gewählt werden.
  ② Beim **Stadttaxi** zahlt man für eine 5 km lange Strecke 11,50 €.
  ③ Eine Fahrt von 7 km kostet bei **Immer & Überall** 17,10 €.
  ④ Für kurze Strecken sollte man das **Stadttaxi** bestellen.

12 Die Gerade zur Funktion $y = -\frac{1}{2}x + 3$ schließt mit den beiden Achsen des Koordinatensystems ein Dreieck ein.
  a) Zeichne die Gerade und bestimme den Flächeninhalt des Dreiecks.
  b) Verändere die Funktionsgleichung so, dass der Flächeninhalt halb so groß wird. Gib die neue Funktionsgleichung an.

3.7 Berechnungen mit linearen Funktionen

1 Zeichne den Graphen der Funktion $y = \frac{1}{4}x + 2$.
Liegen die Punkte P, Q, R und S auf der Geraden?
Bei welchen Punkten fällt dir die Entscheidung schwer?

P(2|2,5) R(3|2,9)
Q(0|2) S(0,5|2)

Ob die Punkte C(4|3) und D(−6|−3) auf der Geraden mit der Gleichung $y = \frac{1}{2}x + 1$ liegen, kann man auch rechnerisch überprüfen. Dazu setzt man eine Koordinate von C und D in die Funktionsgleichung ein und berechnet den x- bzw. y-Wert. Nur wenn der berechnete Wert mit dem Wert der zweiten Punktkoordinate übereinstimmt, gehört der Punkt zum Graphen.

C(4|3)
$y = \frac{1}{2}x + 1$
$y = \frac{1}{2} \cdot 4 + 1$
$y = 3$
$3 = 3 \Rightarrow$ C(4|3) liegt auf der Geraden.

D(−6|−3)
$y = \frac{1}{2}x + 1$
$y = \frac{1}{2} \cdot (-6) + 1$
$y = -2$
$-2 \neq -3 \Rightarrow$ D(−6|−3) liegt nicht auf der Geraden.

M Ob ein Punkt zum Graphen einer Funktion gehört, stellt man mit der **Punktprobe** fest:
- Man setzt eine Koordinate des Punktes in die Funktionsgleichung ein und berechnet das Ergebnis.
- Stimmt der berechnete Wert mit der zweiten Koordinate überein, liegt der Punkt auf der Geraden.

Ist von einem Punkt, der zum Graphen einer Funktion gehört, nur eine Koordinate bekannt, kann die andere Koordinate durch Einsetzen dieses Wertes in die Funktionsgleichung berechnet werden.

Beispiel Die Punkte E(3|■) und F(■|16) liegen auf der Geraden mit der Gleichung $y = \frac{3}{5}x + 1$.

E(3|■): $y = \frac{3}{5} \cdot 3 + 1$
$y = 2,8 \Rightarrow$ E(3|2,8)

F(■|16): $16 = \frac{3}{5}x + 1$ $\quad |-1$
$15 = \frac{3}{5}x$ $\quad |:\frac{3}{5}$
$25 = x \Rightarrow$ F(25|16)

Übungsaufgaben

1 Überprüfe, ob der Punkt auf der Geraden liegt.
a P(2|−2); $y = -2x + 3$
b P(4|6); $y = \frac{3}{4}x + 3$
c P(2|−1); $y = \frac{1}{5}x - 2$
d P(6|6); $y = \frac{2}{3}x + 2$
e P(−$\frac{3}{4}$|−6,6); $y = \frac{4}{5}x + 6$
f P(−$\frac{2}{3}$|$\frac{5}{2}$); $y = -\frac{3}{4}x + 2$

2 Welcher Punkt liegt auf welcher Geraden?
A(8|−1)
B(−6|0,5)
C(2|−2)
D(−1|−7)

$y_1 = \frac{1}{4}x - 3$ $\quad y_3 = -\frac{1}{6}x - 0,5$
$y_2 = -\frac{7}{2}x + 5$ $\quad y_4 = -4x - 11$

3 Alle Punkte liegen auf der Geraden mit der Gleichung $y = \frac{3}{4}x + 2$.
Berechne die fehlende Koordinate für:
P(−4|□); Q(□|5); R(2|□); S(□|0,5)

Funktionale Zusammenhänge

3.7 Berechnungen mit linearen Funktionen

Nullstelle einer Funktion

Die Gerade $y = \frac{1}{2}x - 2$ schneidet die x-Achse bei $x = 4$. Diese Stelle heißt **Nullstelle** der Funktion, da der y-Wert an dieser Stelle den Wert null hat. Setzt man für y den Wert 0 in die Funktionsgleichung ein, kann man den Schnittpunkt mit der x-Achse berechnen, indem man die Gleichung so umformt, dass x auf einer Seite allein steht.

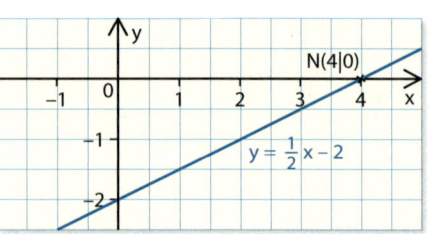

$y = \frac{1}{2}x - 2$
$0 = \frac{1}{2}x - 2 \quad | +2$
$2 = \frac{1}{2}x \quad | \cdot 2$
$4 = x \quad \Rightarrow \quad$ Koordinaten der Nullstelle: N(4|0)

M Die Stelle, an der eine Gerade die x-Achse schneidet, nennt man **Nullstelle**, da der zugeordnete Funktionswert (y-Wert) an dieser Stelle null ist.

4 Berechne den Schnittpunkt mit der x-Achse. Gib die Koordinaten der Nullstelle an.
a $y = \frac{1}{4}x - 2$
b $y = \frac{2}{3}x + 4$
c $y = -\frac{7}{2}x + 7$
d $y = -\frac{1}{6}x + 0,5$

5 Die Punkte sind Schnittpunkte von Geraden mit der x-Achse oder der y-Achse. Ordne die Punkte den Funktionsgleichungen zu.

P(–8	0)	① $y = \frac{2}{3}x - 2$
Q(0	0,5)	② $y = \frac{1}{4}x + 2$
R(3	0)	③ $y = -\frac{2}{5}x + 0,5$

6 Lunas Füller hat gekleckst. Ermittle die Funktionsgleichung und berechne die Nullstelle.

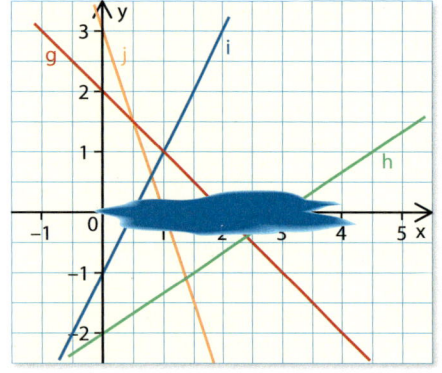

7 Unterschiedliche Geraden können dieselbe Nullstelle haben.

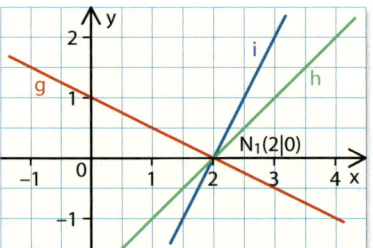

a Stelle die Funktionsgleichungen der drei Geraden auf, die durch $N_1(2|0)$ verlaufen.
b Gib zwei Gleichungen von Geraden an, die die x-Achse im Punkt $N_2(3,5|0)$ schneiden.

8 Der hintere Heißluftballon sinkt aus einer Höhe von 202,50 m um 2,7 m pro Sekunde.

a Stelle für die Funktion Zeit (s) → Höhe (m) eine Gleichung auf.
b Wie lange braucht der Ballon bis zur Landung?

3.7 Berechnungen mit linearen Funktionen

Berechnung von m oder c mithilfe der Koordinaten eines Punktes

Sind Funktionsgleichungen $y = mx + c$ von Geraden nicht vollständig angegeben, kann man mithilfe der Koordinaten eines Punktes, der auf der Geraden liegt, den fehlenden Wert für m oder c berechnen. Dabei gibt es zwei mögliche Fälle.

Fall 1: Berechnung der Steigung m
Gegeben sind ein Punkt auf der Geraden und der y-Achsenabschnitt c.
Beispiel
P(4|−1) liegt auf einer Geraden mit der Gleichung $y = mx + c$, die den y-Achsenabschnitt $c = -4$ hat.

$$y = mx - 4 \xrightarrow{P(4|-1)} -1 = m \cdot 4 - 4 \quad |+4$$
$$3 = m \cdot 4 \quad |:4$$
$$\tfrac{3}{4} = m \Rightarrow y = \tfrac{3}{4}x - 4$$

Fall 2: Berechnung des y-Achsenabschnitts c
Gegeben sind ein Punkt auf der Geraden und die Steigung m.
Beispiel
Q(2|1) liegt auf einer Geraden mit der Gleichung $y = mx + c$. Die Steigung beträgt $m = \tfrac{1}{4}$.

$$y = \tfrac{1}{4}x + c \xrightarrow{Q(2|1)} 1 = \tfrac{1}{4} \cdot 2 + c$$
$$1 = \tfrac{2}{4} + c \quad |-\tfrac{2}{4}$$
$$\tfrac{1}{2} = c \Rightarrow y = \tfrac{1}{4}x + \tfrac{1}{2}$$

> **M** Wenn in der Gleichung $y = mx + c$ einer linearen Funktion der Wert von m oder c nicht bekannt ist, kann er mithilfe der Koordinaten eines Punktes berechnet werden.

9 Der Punkt Q liegt auf der Geraden mit der Steigung m. Berechne den y-Achsenabschnitt c und stelle die Geradengleichung auf.
a Q(3|−1); m = −1
b Q(−6|1); m = $\tfrac{1}{2}$
c Q(−6|3); m = −$\tfrac{4}{3}$
d Q(−2|2); m = $\tfrac{1}{8}$

10 Der Punkt R liegt auf der Geraden, die den y-Achsenabschnitt c hat. Berechne ihre Steigung m und gib die Geradengleichung an.
a R(6|2); c = 4
b R(−2|4); c = 1
c R(−4|0); c = −2,5
d R(−7|3); c = 0
e R(3|−1,5); c = −2
f R(−4|5); c = −5

11 Eine Gerade g geht durch den Punkt P(4|3) und hat die Steigung $m = \tfrac{3}{5}$.
a Stelle die Funktionsgleichung auf.
b Berechne die Nullstelle der Funktion und gib den Schnittpunkt der Geraden g mit der y-Achse an.
c Gib die Gleichung einer weiteren Geraden h an, die parallel zu g verläuft.

12 Die Gerade h geht durch den Punkt Q(3|−0,5) und schneidet die y-Achse an der Stelle 1. Die Gerade i verläuft durch den Punkt P(−1|3,5) und hat die Steigung $m = \tfrac{3}{2}$.
a Stelle die Funktionsgleichungen der Geraden h und i auf.
b Zeichne beide Geraden in ein Koordinatensystem und lies den Schnittpunkt von h und i ab. Zur Kontrolle kannst du bei beiden Gleichungen die Punktprobe durchführen.

13 Tim möchte sich eine Tiefkühlpizza aufbacken. In der Küche zeigt das Thermometer 20 °C an. Pro Minute steigt die Temperatur im Backofen um 15 °C an. Die Pizza benötigt laut Verpackung bei 185 °C eine Backzeit von 8 min.
a Nach wie vielen Minuten hat der Backofen die erforderliche Hitze?
b Stelle den Sachverhalt grafisch dar und gib die Funktionsgleichung der Geraden an.
c Tim möchte um 12.20 Uhr essen. Wann muss er anfangen, den Backofen vorzuheizen?

Funktionale Zusammenhänge

3.7 Berechnungen mit linearen Funktionen

Berechnung von m aus den Koordinaten zweier Punkte

Die Steigung einer Geraden kann direkt aus den Koordinaten von zwei Punkten der Geraden bestimmt werden, wenn man sie als Bruch schreibt.
Der Differenzwert der y-Werte ist der Zähler der Steigung, der Differenzwert der x-Werte ist der Nenner.

$m = \frac{2-(-1)}{2-0} = \frac{3}{2}$

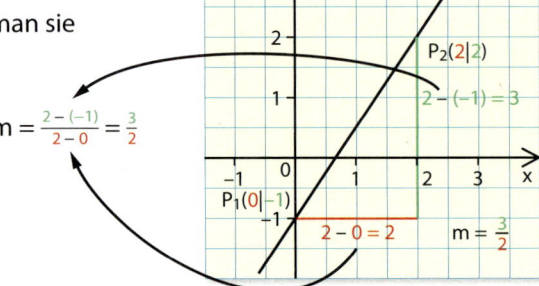

M Die Gerade, auf der die Punkte $P_1(x_1|y_1)$ und $P_2(x_2|y_2)$ liegen, hat die Steigung $m = \frac{y_2 - y_1}{x_2 - x_1}$.

---

14 Die Punkte P und Q liegen auf einer Geraden. Bestimme rechnerisch die Steigung m. Überprüfe dein Ergebnis zeichnerisch.
 a P(2|2); Q(6|5)
 b P(0|−2); Q(2|1)
 c P(−1|5); Q(1|−1)
 d P(−3|−1); Q(3|−5)

15 Bestimme die Funktionsgleichung der Geraden, die durch die beiden Punkte verläuft.
 a A(0|−3); B(1|2)
 b C(−4|−1); D(6|4)
 c E(6|−1); F(1,5|0,5)
 d G(−2|1); H(−3|2)

16 In der Rechnung von Julia ist ein Fehler. Finde ihn und berechne die Steigung neu.

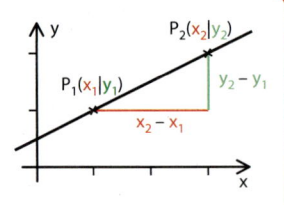

17 Bestimme die drei fehlenden Funktionsgleichungen und vergleiche die Lage der sechs Geraden, ohne sie zu zeichnen.

g: $y = \frac{1}{3}x - 2$

Die Gerade i verläuft durch P(−4|−4) und Q(0|−3).

P(−3|2) und Q(6|5) liegen auf der Geraden k.

j: $y = -2 + \frac{3}{8}x$

l: $y = -4x + 4$

Die Gerade h verläuft durch P(4|2) und Q(2|1,5).

Welche Geraden sind zueinander parallel?

18 Eine Gerade schneidet die x-Achse im Punkt N(4|0) und die y-Achse im Punkt M(0|3).
 a Liegt der Punkt R(6|−1,5) auf der Geraden?
 b Gib drei Gleichungen von Geraden an, die durch R verlaufen. Wie gehst du vor?

19 Durch die Punkte P(2|0) und Q(5|3) verläuft eine Gerade.
 a Stelle die Funktionsgleichung dieser Geraden auf.
 b Der Punkt S(3,5|▢) liegt auf der Geraden. Bestimme die fehlende Koordinate.
 c Berechne den Schnittpunkt der Geraden mit der x-Achse.

20 Gegeben sind die Punkte P(2|3) und Q(5|1,5).
 a Die Gerade g verläuft durch die beiden Punkte. Gib ihre Funktionsgleichung an.
 b Bestimme den Schnittpunkt von g mit der x-Achse.
 c Die Gerade g und die beiden Koordinatenachsen schließen ein Dreieck ein. Berechne seinen Flächeninhalt.
 d Eine zweite Gerade h hat die Gleichung $y = \frac{1}{2}x$. Ermittle zeichnerisch den Schnittpunkt S der beiden Geraden und gib die Koordinaten an.
 e Die Geraden g und h bilden mit der y-Achse ein Dreieck. Berechne seinen Flächeninhalt.

3.8 Darstellungsformen funktionaler Zusammenhänge

1. Marie trägt jede Woche das Wochenblatt aus. Pro Woche erhält sie 23,50 €.
   a Ergänze die Wertetabelle.

Anzahl der Wochen	1	4	6	10
Lohn (€)	23,50	...	...	...

   b Zeichne den zugehörigen Graphen.
   c Vergleiche die Darstellungsformen. Welche findest du besser?

2. Die Schüler der Klasse 8d haben eine Woche lang notiert, wie viele Stunden sie täglich Medien nutzen. Im Diagramm ist das Ergebnis von Leon dargestellt.

   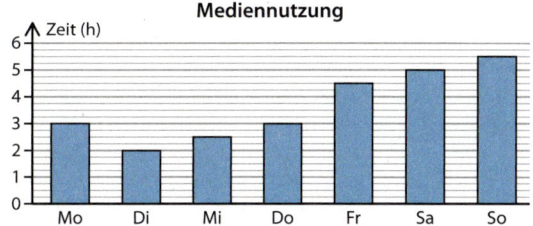

   a Notiere die Werte in einer Tabelle.
   b *Leons Mediennutzung ist freitags 2,5-mal so hoch wie dienstags.*
   Nimm Stellung zu dieser Aussage.
   c Schätze den Wert für die durchschnittliche tägliche Nutzung und berechne ihn dann.

3. Die 64 643 Straßenverkehrsunfälle 2015 in Baden-Württemberg waren so auf die Unfallursachen verteilt:

Alkoholmissbrauch	4515
Fahrfehler	33308
Witterungseinflüsse	23072
schlechte Straßenverhältnisse	2734
sonstige Unfälle	1014

   Erstelle ein geeignetes Diagramm, das die Zahlen absolut oder prozentual veranschaulicht.

4.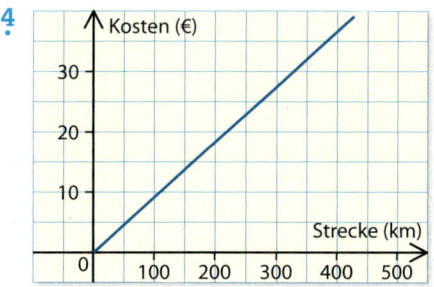

   a Finde für die Darstellung eine passende Sachsituation und beschreibe diese mithilfe von abgelesenen Daten.
   b Welche Art des Zusammenhangs zwischen den Größen liegt vor? Begründe deine Antwort.

5. Marko schreibt eine Mathearbeit.

   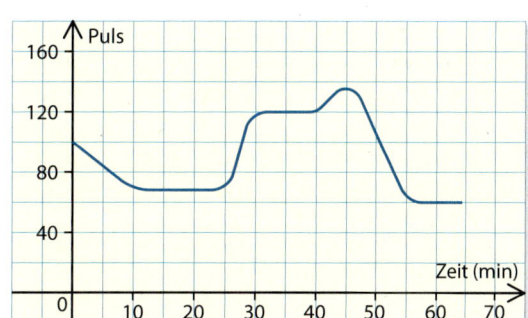

   Beschreibe Markos Puls während der Klassenarbeit. Wann war sein Puls am höchsten bzw. am niedrigsten?

6. Das Auto von Herrn Olm verbraucht durchschnittlich 5,7 l Diesel auf 100 km.
   a Zeichne den Graphen der Funktion *Strecke (km) → Benzinverbrauch (l)*.
   b Stelle die Funktionsgleichung auf.
   c Bestimme den Benzinverbrauch für verschiedene Streckenlängen und trage die Werte in eine Tabelle ein.
   d Welche Vorteile haben die verschiedenen Darstellungsformen *Beschreibung in Worten*, *Graph*, *Funktionsgleichung* und *Wertetabelle*?

3.8 Darstellungsformen funktionaler Zusammenhänge

7 Gegeben sind folgende Werte:

x	0	1	2	4	6	…
y	5	5,75	…	8	…	11,75

a Bestimme die Funktionsgleichung und berechne die fehlenden Werte.
b Finde eine mögliche Sachsituation, die durch die Funktion beschrieben werden kann.

8 Die Gefäße werden mit einem gleichmäßigen Wasserstrahl gefüllt. Die Graphen stellen die Funktion *Füllzeit → Füllhöhe* dar. Ordne jedem Graphen das passende Gefäß zu.

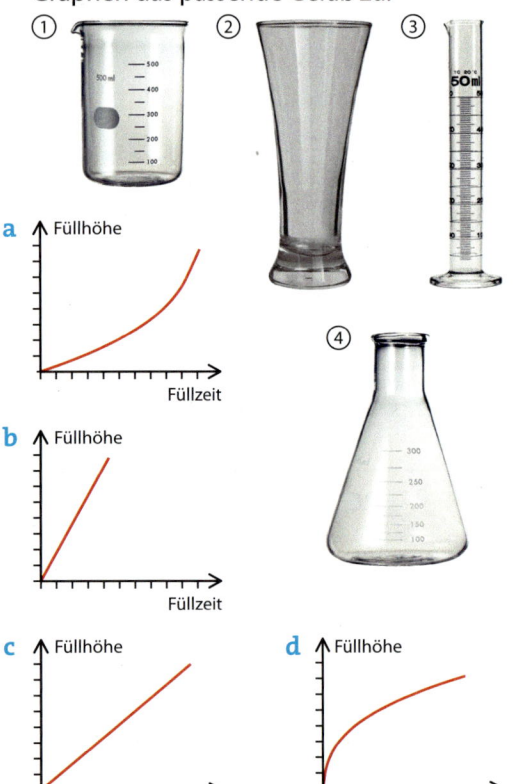

9 Das Wasser läuft in alle drei Gefäße gleichmäßig ein. Zeichne jeweils den Graphen der Funktion *Füllzeit → Füllhöhe*.

10 Leonie zündet an ihrem Geburtstag zwei zylinderförmige Kerzen an. Die Kerzen brennen gleichmäßig ab. Die erste Kerze ist zu Beginn 23 cm hoch und brennt pro Stunde um 3,5 cm ab. Die zweite Kerze ist laut Verpackung 12 cm hoch. Nach zwei Stunden ist die zweite Kerze auf 9 cm abgebrannt.
Welche Kerze brennt zuerst ab?
Beschreibe, wie du vorgehst.

11 Ordne jeder Situation eine Wertetabelle oder einen Graphen zu. Zwei Darstellungen können nicht zugeordnet werden. Überlege dir dafür passende Beispiele.

a Vier Kilogramm Äpfel kosten sechs Euro.
b Lea Maier muss für ihren Mietwagen eine Tagespauschale von 40 € bezahlen. Pro gefahrenem Kilometer werden 0,10 € berechnet.
c Sieben Bonbons wiegen 49 g.
d In eine Badewanne passen 140 l. Pro Minute fließen 23 l ab.

①

0	50	100	150	200
40	45	50	55	60

②

0	2	4	6	8
0	14	28	42	56

③

0	5	10	20	25
0	8	16	32	40

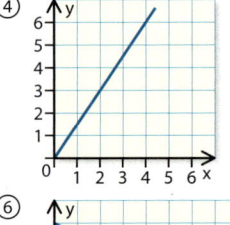 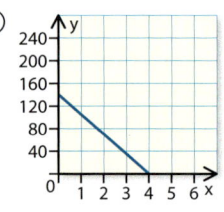

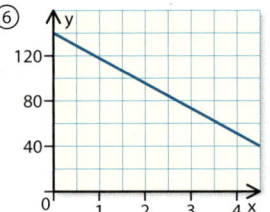

12 Großer Preis von Ungarn

Die vier Diagramme zeigen eine komplette Runde eines Formel-1-Rennwagens im freien Training. Ordne den Streckenabschnitten den passenden Graphen zu.

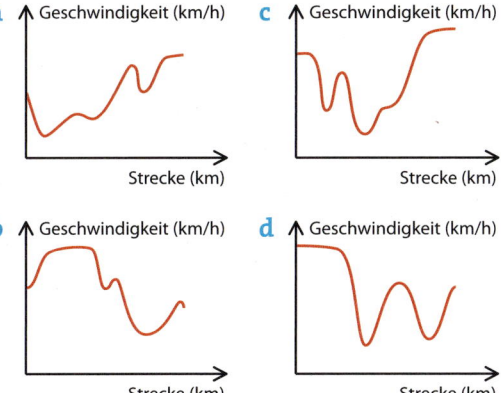

a Geschwindigkeit (km/h) / Strecke (km)
b Geschwindigkeit (km/h) / Strecke (km)
c Geschwindigkeit (km/h) / Strecke (km)
d Geschwindigkeit (km/h) / Strecke (km)

13

Der *Große Preis von Deutschland* wird häufig auf dem Hockenheimring ausgetragen. Der Kurs ist 4,6 km lang, Höchstgeschwindigkeiten über 340 km/h können erreicht werden.

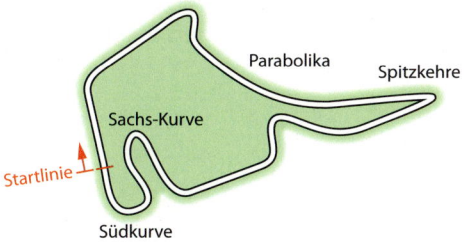

Zeichne den Graphen der Funktion *Strecke → Geschwindigkeit* für einen Rennfahrer, der sich in der 5. Runde befindet. Trage die angegebenen Bezeichnungen an der richtigen Stelle ein.

14

Lisa ist mit ihren Freunden im Freizeitpark und fährt Achterbahn.

a Zur Achterbahnfahrt von Lisa passt folgender Graph. Beschreibe ihn möglichst genau.

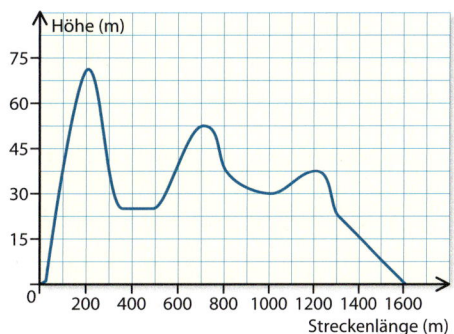

b Kann es auf der Achterbahnfahrt einen Looping gegeben haben?
Begründe deine Antwort mithilfe des Graphen.

c Lisa erzählt nach der Fahrt: „Man hat einen perfekten Ausblick. Fast ohne Boden unter den Füßen geht es jetzt abwärts. In meinem Bauch kribbelt es. Der Zug beschleunigt enorm und erreicht seine Maximalgeschwindigkeit".
Für welchen Streckenabschnitt könnte diese Beschreibung passen? Begründe deine Antwort.

d Zeichne zu Lisas Achterbahnfahrt auch den passenden Graphen der Funktion *Streckenlänge (m) → Geschwindigkeit (km/h)*.

e Erstelle zu dieser Funktion eine Wertetabelle. Welche Vorteile bringt die grafische Darstellung gegenüber der tabellarischen?

3.9 Grundlagentraining

Proportionale und antiproportionale Zusammenhänge

1 Ergänze im Heft die Tabellen der proportionalen Zuordnungen.

a)
Menge (kg)	2	3	4	5	10
Preis (€)	…	…	…	7,50	…

b)
Zeit (h)	Weg (km)
2	6,4
1	…
3	…

c)
Länge (m)	Preis (€)
4	14,00
…	…
6	…

2 Ergänze im Heft die Tabellen der antiproportionalen Zuordnungen.

a)
Personen	2	3	4	6	10
Anteil (€) pro Person	…	…	30	…	…

b)
Anzahl der Pumpen	Fülldauer (h)
3	8
1	…
4	…

c)
Anzahl der Personen	Kosten (€) pro Person
15	10
…	…
20	…

3 Proportional oder antiproportional? Überprüfe zuerst und berechne dann.
a) Sechs Fahrten mit dem Riesenrad kosten 24 €. Wie viel kosten neun Fahrten?
b) Vier Gärtner brauchen zum Rasenmähen an der Schule etwa drei Stunden. Wegen Krankheit kommen aber nur drei Gärtner.
c) Zwei Pizzaschnitten kosten 4,20 €. Tom und Lenn möchten sich zusammen fünf Stücke kaufen.
d) Eine Druckgussmaschine stellt in drei Stunden 525 Seifenschalen her. Wie lange braucht die Maschine für 2 100 Seifenschalen?

4 Stelle die Zuordnung grafisch dar.
a) Menge (kg) → Preis (€)
(3 kg Kartoffeln kosten 3,90 €.)
b) Länge (m) → Breite (m)
(Die rechteckige Wiese soll 420 m² groß sein.)

5 Verändere in jeder Tabelle einen Wert so, dass dann eine proportionale bzw. antiproportionale Zuordnung vorliegt.

a)
Menge (g)	100	200	300	400	600
Preis (€)	1,25	2,50	3,50	5,00	7,50

b)
Anzahl der Arbeiter	3	4	6	12	18
Stunden pro Arbeiter	24	19	12	6	4

Sind alle Wertepaare „alltagstauglich"?

6 In 100 g Honigwaffeln sind 8 g Honig enthalten.
a) Berechne die Menge an Honig in einer 175-g-Packung mit insgesamt sechs Honigwaffeln.
b) Dimi isst während der Vorbereitung auf eine Klassenarbeit zwei Honigwaffeln.
c) Beim letzten Einkauf hat Dimis Mutter für zwei Packungen 2,90 € bezahlt.
Wie viel kosten drei, vier und fünf Packungen?

7 Familie Nagel gestaltet ihre Terrasse um. Herr Nagel fährt die neuen Platten mit der Schubkarre hinters Haus. Bei drei Platten pro Fahrt muss er 20-mal fahren. Wie oft muss Herr Nagel fahren, wenn er vier oder fünf Platten auflegt?

Funktionen darstellen und nutzen

8 In Freiburg im Breisgau wurden am 5. Januar folgende Temperaturwerte gemessen:

Uhrzeit	0	2	4	6	8	10
Temperatur (°C)	2,4	1,8	0,7	0,3	−0,2	−0,1
Uhrzeit	12	14	16	18	20	22
Temperatur (°C)	0,9	2,8	2,5	1,1	0,1	−0,6

a) Zeichne den Graphen der Funktion Uhrzeit → Temperatur.
b) Wann wurde die höchste bzw. niedrigste Temperatur gemessen?
c) Bestimme zwischen 12 Uhr und 18 Uhr die Änderungen der gemessenen Temperaturwerte. Beschreibe sie in Worten.

Grundlagentraining 3.9

9 Herr Bernhard ist Fußballtrainer der C-Jugend. Im Internet möchte er neue Trainingsleibchen bestellen. Der Stückpreis beträgt 1,60 €. Der Online-Händler verlangt für Verpackung und Versand 4,90 €.
Übertrage die Tabelle ins Heft und berechne mithilfe einer Gleichung die Gesamtkosten für die angegebenen Mengen.

Anzahl der Leibchen	5	8	10	15	20
Gesamtkosten (€)	…	…	…	…	…

10 Das Diagramm zeigt Toms Weg zur Schule am Freitagmorgen.

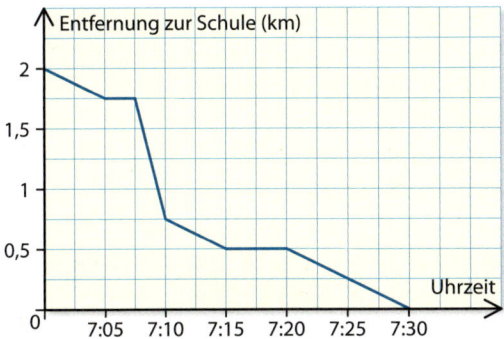

a Wie lang ist Toms Schulweg?
b Tom fuhr ein kleines Stück mit dem Bus. Wie viele Minuten musste er an der Haltestelle warten? Wie lange dauerte die Busfahrt?
c Tom musste am vereinbarten Treffpunkt fünf Minuten auf Max warten. Wann war das? Wie viele Meter sind sie dann zusammen gegangen?
d Die beiden Jungen sind auf den letzten 250 m schneller gegangen als zuvor. Stimmt das?

Die lineare Funktion y = mx + c

11 Berechne die zugeordneten y-Werte im Heft.
a $y = 3x$

x	−3	−2	−1	0	1	2	3
y	…	…	…	…	…	…	…

b $y = -2x + 4$

x	−3	−2	−1	0	1	2	3
y	…	…	…	…	…	…	…

12 Zeichne die Graphen. Sind auch proportionale Funktionen dabei?
a $y = 2x + 1$
b $y = 3x$
c $y = -2x$
d $y = -3x + 2,5$
e $y = 1,5x - 3$
f $y = -\frac{1}{2}x + 2$

13 Ordne jeder Geraden die richtige Funktionsgleichung zu.

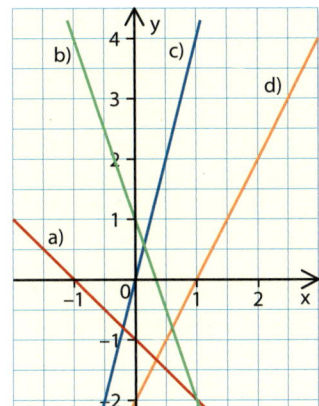

① $y = 4x$
② $y = 2x - 2$
③ $y = -x - 1$
④ $y = \frac{1}{2}x - 2$
⑤ $y = -3x + 1$
⑥ $y = \frac{1}{4}x$
⑦ $y = -\frac{1}{3}x + 1$

14 Vergleiche die beiden Geraden und beschreibe ihre Lage im Koordinatensystem. Schaffst du es ohne Zeichnung?
a $y_1 = 4x$; $y_2 = 3x$
b $y_1 = x - 1$; $y_2 = x + 1$
c $y_1 = 2x + 1$; $y_2 = \frac{1}{2}x + 1$
d $y_1 = -2x + 1$; $y_2 = -x + 2$

15 Überprüfe, ob die drei Punkte auf der Geraden mit der Gleichung $y = 3x - 4$ liegen.

A(2|2)   B(2,5|4,5)   C(−1|7)

16 Ergänze die fehlenden Koordinaten so, dass die Punkte auf der Geraden mit der Gleichung $y = -2x + 3$ liegen.
P(3|☐);   Q(☐|5);   R(1,5|☐);   S(☐|−1)

17 Berechne die Nullstelle der Funktion. Überprüfe deine Rechnung, indem du den Graphen zeichnest.
a $y = x + 4$
b $y = 2x - 6$
c $y = -2x + 1$
d $y = \frac{1}{4}x - 1$

Funktionale Zusammenhänge

3.10 Mach dich fit!

Proportionale und antiproportionale Zusammenhänge

1 Erst denken, dann rechnen!
a) Auf dem Wochenmarkt kosten 250 g Walnüsse 1,25 €. Wie viel muss man für 400 g bezahlen?
b) Drei Wanderer brauchen für ihre Tour vier Stunden. Wie lange brauchen vier Wanderer?
c) Lena hat für zwölf Flaschen Eistee 10,68 € bezahlt. Wie viel kosten fünf Flaschen?
d) Ein Handwerksbetrieb verlangt für drei Stunden Arbeitszeit 207 €. Wie viel stünde für acht Arbeitsstunden auf der Rechnung?

2 Wie hängen die Dinge zusammen?
a) Mit vier Pflügen ist das Feld in zwei Stunden umgegraben. Die Arbeit ist erst in vier Stunden fertig. Wie viele Pflüge wurden eingesetzt?
b) Wenn Patrick im Zeltlager täglich 6 € ausgibt, reicht ihm sein Taschengeld sechs Tage lang. Er gibt aber 12 € pro Tag aus.
c) Für sechs Schafe reicht der Futtervorrat 15 Tage. Wie lange reicht er für 18 Schafe?
d) Mit drei Pumpen ist ein Wasserbecken in 2,5 Stunden gefüllt. Nach welcher Zeit ist das Becken mit sechs Pumpen gefüllt?

3 Löse die Aufgaben mithilfe des Dreisatzes.
a) Vier Freunde kaufen für Theo ein Geburtstagsgeschenk. Jeder muss 7,50 € bezahlen. Jannik möchte sich auch daran beteiligen. Wie viel muss nun jeder bezahlen?
b) Acht Arbeiter sollen in 15 Tagen den Arbeitsauftrag erledigt haben. Wie lange bräuchten zehn Arbeiter?
c) Bei einer Durchschnittsgeschwindigkeit von 60 km/h beträgt die Fahrtzeit 90 min. Wie lange dauert die Fahrt bei 72 km/h Durchschnittsgeschwindigkeit?

4 Ein Rechteck hat den Flächeninhalt 90 cm². Bestimme mögliche Längen und Breiten der Rechteckfläche und notiere sie in einer Tabelle. Stelle den Sachverhalt grafisch dar.

5 Biolehrer Herr Kollek möchte mit drei Klassen eine Exkursion in den Zoo durchführen. Er hat die Eintrittspreise pro Klasse berechnet.

Klasse 8a (26 Schüler):	169,00 €
Klasse 8b (24 Schüler):	156,00 €
Klasse 8c (27 Schüler):	175,50 €

a) Hat er richtig gerechnet?
b) In der Klasse 8b werden drei Schüler krank und können nicht mitgehen.

6 Überprüfe, ob der Zusammenhang antiproportional ist.

Anzahl der Helfer	2	3	4	5
Arbeitszeit (h)	$7\frac{1}{2}$	5	$3\frac{3}{4}$	3

Welche Zeit würden sechs Helfer benötigen?

7

Herr Basler züchtet Wellensittiche. Der Körnervorrat für seine 150 Sittiche reicht noch ungefähr 30 Tage.
a) Wie lange könnten 100 oder 250 Vögel mit dem Körnervorrat gefüttert werden?
b) Wie lange würde der Vorrat reichen, wenn er 30 Vögel mehr hätte?

8 Im botanischen Garten von Schloss Bartenburg sollen auf einer rechteckigen Fläche von 60 m² gleich große Beete mit jeweils unterschiedlichen Pflanzen angelegt werden.
a) Überlege dir Möglichkeiten für eine gleichmäßige Aufteilung der Gesamtfläche und stelle die Zuordnung *Anzahl der Beete → Flächeninhalt eines Beetes (m²)* grafisch dar.
b) Lies im Koordinatensystem ab, wie groß die Beete sind, wenn fünf, sechs oder acht Beete angelegt werden.

Mach dich fit! 3.10

9 Die Klassen 8a und 8b haben durch die Bewirtung einer Feier ihre Schullandheimkonten aufgebessert und die Einnahmen aufgeteilt. In der 8b erhält jeder der 30 Schüler 7,50 €.
a Zwei Schüler werden krank und können nicht mit nach Südtirol fahren. Die Gesamtsumme wird auf die restlichen 28 Teilnehmer umgelegt. Welcher Betrag steht jedem zu?
b In der 8a wird dieselbe Summe auf 27 Schüler verteilt. Berechne den Betrag pro Person.
c Die Klasse 8b hat einen Bus gemietet. Wären alle mitgefahren, hätte jeder 52 € bezahlen müssen. Um wie viele Euro erhöht sich der Betrag pro Person, wenn nur 28 Personen mitfahren?

Funktionen

10 Pauline hat die Körpergröße ihrer kleinen Schwester Mia immer an deren Geburtstag gemessen. Mia war bei ihrer Geburt 52 cm groß.

Alter (in Jahren)	1	2	3	4	5	6	7
Größe (in cm)	76	89	98	105	113	120	126

a Beschreibe Mias Wachstum ab ihrer Geburt.
b Stelle die jährliche Veränderung grafisch dar.

11 Ordne jeder Funktionsgleichung die passende Darstellung zu.
a $y = 2x$ b $y = 0{,}5x + 2$ c $y = 2x - 2$

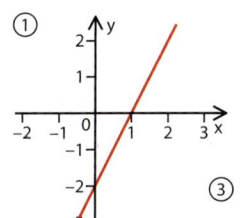

12 Zeichne den Graphen.
a $y = 4x$
b $y = -x$
c $y = -2{,}5x$
d $y = 3x - 1$
e $y = -x + 4$
f $y = -2x + 2{,}5$

13 Zeichne die Graphen und beschreibe an einem Beispiel, wie du vorgehst.
a $y = \frac{1}{3}x + 1{,}5$ c $y = \frac{3}{5}x - 4$
b $y = -\frac{1}{4}x - 2{,}5$ d $y = -\frac{4}{3}x + 3$

14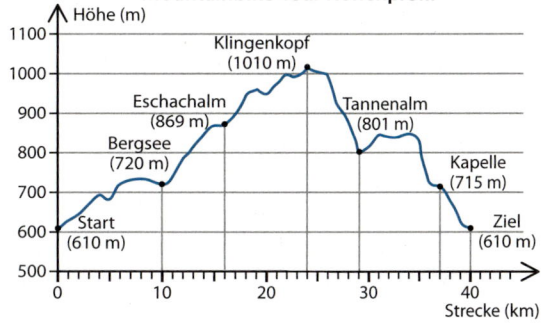

a Beschreibe den Verlauf der Mountainbike-Tour vom *Klingenkopf* bis zur *Kapelle*.
b Stelle den Zusammenhang Strecke (km) → Höhe (m) in einer Tabelle dar, die die besonders gekennzeichneten Streckenpunkte enthält.

15 Berechne für x-Werte von −3 bis 3 die zugeordneten Funktionswerte. Notiere sie in einer Wertetabelle und zeichne den Graphen der Funktion.
a $y = 5x - 4$ c $y = -2{,}5x + 5$
b $y = \frac{1}{2}x + 3$ d $y = -\frac{3}{4}x + 2$

16 Gib die Funktionsgleichungen an.

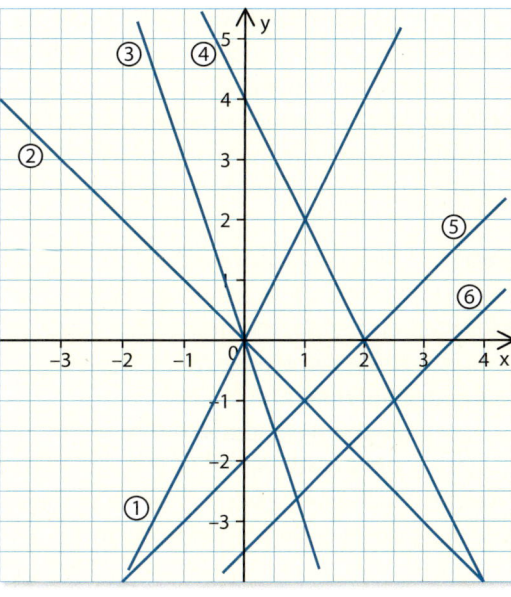

Funktionale Zusammenhänge

3.10 Mach dich fit!

17 Eine Gerade verläuft durch die Punkte P und Q. Stelle die Funktionsgleichung auf.
 a P(0|2); Q(2|3)
 b P(−3|1); Q(2|0)
 c P(−1|−1); Q(3|2)
 d P(−3|−2,5); Q(3|−1,5)

18 Ein Energieversorgungsunternehmen bietet Preiszonentarife für die Gasversorgung an. Die ersten 2 500 kWh/Jahr kosten 7,5 ct pro kWh, die nächsten 2 500 kWh/Jahr kosten 6 ct. Für alle weiteren Kilowattstunden muss man 4,5 ct bezahlen. Der Grundpreis pro Jahr beträgt 96 €.
 a Stelle in einer Wertetabelle die jährlichen Gesamtkosten für einen Gasverbrauch von 0 bis 6 000 kWh dar und zeichne den Graphen.
 b Herr Forster verbraucht 4 200 kWh, Frau Bühner etwa 5 400 kWh. Wie viel müssen beide am Jahresende bezahlen? Lies die Werte aus der Zeichnung ab und rechne zur Kontrolle nach.

19 In einer Wechselstube hängt diese Tafel aus:

Wechselkurse (1 Euro)	
USA	1,066 USD
Türkei	4,038 TRY

 a Erstelle für beide Wechselkurse den Graphen der Funktion *Währung (€) → Fremdwährung* für 0 € bis 500 €. Notiere die Funktionsgleichungen.
 b Lisa möchte 150 € in türkische Lira umtauschen.
 c Herr Maurer braucht 400 US Dollar.
 d Herr Gloning hat für seinen Aufenthalt in Russland 300 € gewechselt und dafür 18 980 Rubel erhalten. Wie lautet hier die Funktionsgleichung?

20 Raphael informiert sich über die Gebühren für Trink- und Abwasser in seiner Gemeinde. Der Gesamtpreis beträgt momentan 3,80 € je Kubikmeter. Hinzu kommt jeden Monat eine Grundgebühr (Zählermiete) von 3,28 €.
 a Welche Gebühren entstehen bei einem monatlichen Verbrauch von 4,5 m³ oder 7,5 m³ Wasser?
 b Welche Wassermenge wurde verbraucht, wenn die monatliche Gebühr 26,08 € beträgt?

Berechnungen mit linearen Funktionen

21 Eine Gerade hat die Funktionsgleichung $y = \frac{4}{5}x + 2$.
 a Überprüfe rechnerisch, ob die Punkte P(5|5) und Q(15|14) auf der Geraden liegen.
 b Berechne die Nullstelle der Funktion.

22 Der Punkt Q liegt auf einer Geraden, von der nur die Steigung m oder der y-Achsenabschnitt c bekannt ist. Berechne den jeweils fehlenden Wert und gib die vollständige Geradengleichung an.
 a Q(1|−1); m = −3
 b Q(−2|1); m = $\frac{3}{4}$
 c Q(1|5); c = 3
 d Q(−4|6); c = −2

23 Bestimme die Funktionsgleichung der Geraden, die durch beide Punkte verläuft.
 a A(2|0); B(4|1)
 b C(0|−2); D(1|1)
 c E(−3|1); F(0|2)
 d G(1|4); H(5|3)

24 Ergänze die fehlenden Koordinaten so, dass die Punkte auf der Geraden mit der Gleichung $y = -\frac{3}{2}x + 2$ liegen.
 P(3|☐);   Q(☐|8);   R(−2,5|☐);   S(☐|−4)

25 Aus einem Heizöltank mit einem Fassungsvermögen von 2 500 l wird das Heizöl abgepumpt. Pro Minuten fließen 200 l Heizöl ab. Wie lange dauert es, bis der Heizöltank leer ist? Löse mithilfe einer Gleichung.

26 Eine Gerade g geht durch den Punkt P(4|1) und hat den y-Achsenabschnitt c = 3.
 a Stelle die Funktionsgleichung auf.
 b Berechne die Nullstelle der Funktion.
 c Gib eine Gleichung einer weiteren Geraden h an, die die Gerade g im Punkt Q(2|2) schneidet.

27 Die Gerade g verläuft durch die Punkte P(5|2) und Q(7|3). Eine zweite Gerade h verläuft durch die Punkte S(2|3) und T(6|4).
 a Bestimme die Funktionsgleichungen der beiden Geraden.
 b Beschreibe die Lage von g und h im Koordinatensystem, ohne sie zu zeichnen.

Mach dich fit! 3.10

28 Familie Hoffmann fährt vom Urlaub am Comer See zurück nach Stuttgart. Die Gesamtstrecke beträgt 450 km. Nach zwei Stunden Fahrt zeigt das Navigationssystem noch 280 km an.

a Ermittle die Gleichung der Funktion Zeit → Strecke.
b Nach welcher Fahrtzeit ist Familie Hoffmann bei der angenommenen konstanten Durchschnittsgeschwindigkeit daheim?
c Der Bordcomputer zeigt zu Beginn der Fahrt eine Tankreichweite von 210 km an. Nach welcher Fahrtzeit muss Familie Hoffmann voraussichtlich tanken?
d Würdest du den Berechnungen vertrauen?

Verschiedene Darstellungsformen

29 Ayce erhält im Krankenhaus eine Infusion.

Zeit (min)	0	5	10	15
Restmenge (ml)	500	425	350	275

a Zeichne den Graphen. Vergleiche mit der Tabelle.
b Nach welcher Zeit ist die Hälfte der Infusion durchgelaufen? Nach wie vielen Minuten ist die Infusionsflasche leer?

30 Lisa feiert ihre Konfirmation in einem Restaurant. Ihre Eltern haben zwei Angebote für ein 4-Gänge-Menü eingeholt. Ab wie vielen Personen lohnt sich welches Angebot?

Landgut Maier
Saalmiete 80 €
Pro Menü 45 €

Hotel Lamm
Saalmiete 50 €
Pro Menü 52 €

Stelle den Sachverhalt in einer Tabelle und grafisch dar. Vergleiche Tabelle und Diagramm miteinander und beschreibe jeweils die Vorteile.

31 In einer Regentonne steht das Wasser 25 cm hoch. Zwischen 09.00 Uhr und 10.15 Uhr regnet es stark, danach nieselt es noch. Am Nachmittag regnet es weitere zwei Stunden lang. Welcher Graph passt zur Situation? Begründe deine Antwort.

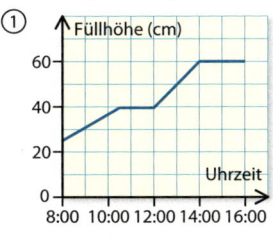
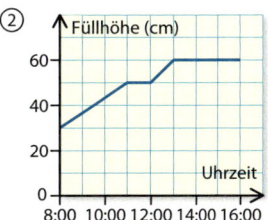
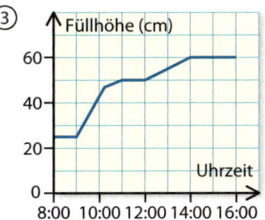

32 Familie Rapp kann die neuen Fliesen direkt beim Händler vor Ort für 27,99 €/m² kaufen oder im Großhandel für 26,50 €/m². Die Fahrtkosten für die Hin- und Rückfahrt zum Großhandel belaufen sich auf etwa 9 €. Ab wie vielen Quadratmetern lohnt sich der Einkauf im Großhandel? Beschreibe, wie du vorgehst.

33 Im Diagramm ist der Wasserverbrauch einer Stadt während eines WM-Spiels dargestellt.

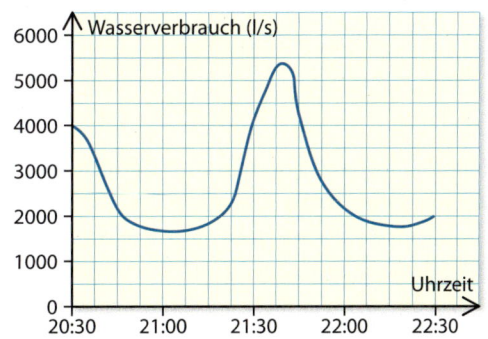

a Beschreibe den Verlauf des Graphen genau.
b Wann war der Wasserverbrauch am höchsten? Woran könnte das gelegen haben?
c Erweitere den Graphen für eine Spielverlängerung von zweimal 15 Minuten.

Funktionale Zusammenhänge 97

3.11 Grundwissen

Proportionale Zuordnungen

Wird bei einer Zuordnung dem doppelten (dreifachen, vierfachen, …, halben, …) Wert der ersten Größe das Doppelte (Dreifache, Vierfache, …, Halbe, …) der zweiten Größe zugewiesen, nennt man sie eine **proportionale** Zuordnung.

⬇

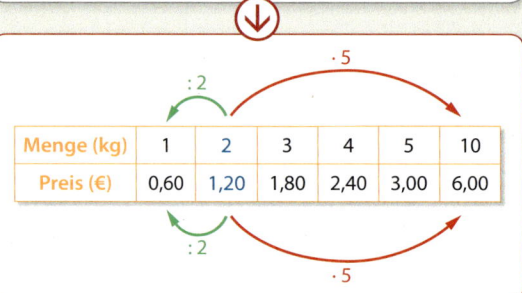

In der grafischen Darstellung liegen die Punkte der Wertepaare auf einer **Halbgeraden**, die im **Koordinatenursprung** beginnt.

⬇

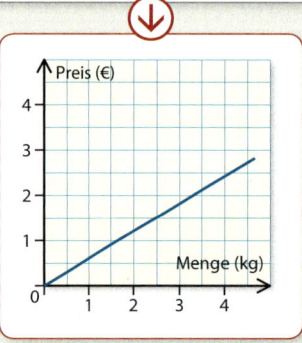

Fehlende Größen kann man mit dem **Dreisatz** berechnen. Man schließt zuerst auf die Einheit (oder auf eine geeignete Zwischengröße) und dann auf das gesuchte Vielfache.

⬇

Menge (kg)	Preis (€)
2	1,20
1	0,60
7	4,20

:2, ·7 / :2, ·7

Antiproportionale Zuordnungen

Wird bei einer Zuordnung dem doppelten (dreifachen, vierfachen, …, halben, …) Wert der ersten Größe die Hälfte (ein Drittel, ein Viertel, …, das Doppelte, …) der zweiten Größe zugewiesen, nennt man sie eine **antiproportionale Zuordnung**.

⬇

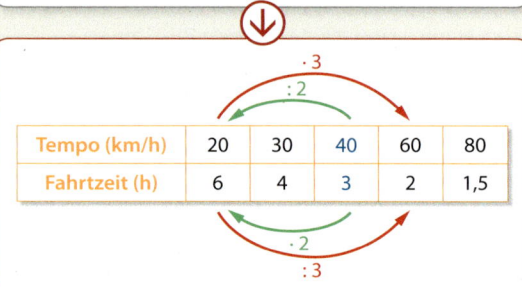

In der grafischen Darstellung liegen die Punkte der Wertepaare auf einer Kurve, die man **Hyperbel** nennt.

⬇

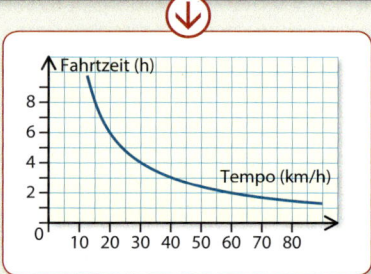

Dreisatz bei antiproportionalen Zuordnungen: Wird ein Wert der ersten Größe durch eine Zahl dividiert, muss der Wert der zweiten Größe mit derselben Zahl multipliziert werden und umgekehrt.

⬇

Tempo (km/h)	Fahrtzeit (h)
40	3
20	6
80	1,5

:2, ·4 / ·2, :4

Funktionale Zusammenhänge

Funktionale Zusammenhänge 3.11

Funktionen

Eine Zuordnung ist **eindeutig**, wenn jedem Wert der ersten Größe **genau ein** Wert der zweiten Größe zugeordnet ist. Eindeutige Zuordnungen heißen **Funktionen**.

Funktionale Zusammenhänge kann man in Worten beschreiben, in Wertetabellen und durch Graphen darstellen oder mithilfe von Gleichungen angeben.

⬇

Ein Liter Kirschsaft kostet zwei Euro.

Menge (l)	Preis (€)
0,5	1,00
1	2,00
1,5	3,00

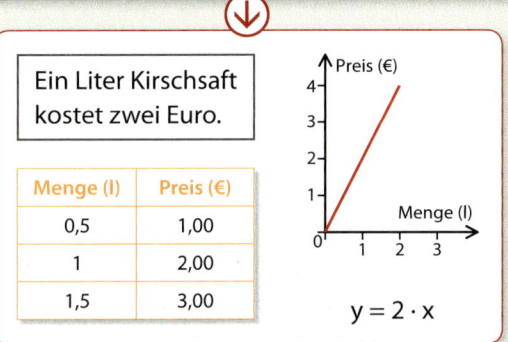

$y = 2 \cdot x$

Proportionale Funktionen

Eine Funktion mit der Funktionsgleichung $y = m \cdot x$ ist eine **proportionale Funktion**. Ihr Graph ist eine Gerade durch den Koordinatenursprung.
Der Faktor **m** gibt die **Steigung** der Geraden an.

⬇

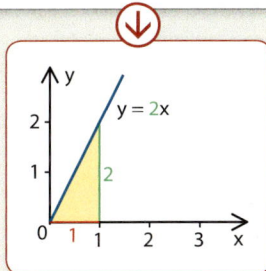

Lineare Funktionen

Eine Funktion mit der Funktionsgleichung $y = m \cdot x + c$ bezeichnet man als **lineare Funktion**. Ihr Graph ist eine Gerade.
Der Faktor **m** gibt die **Steigung** der Geraden an, **c** nennt man den **y-Achsenabschnitt**. Die Gerade schneidet die y-Achse im Punkt P(0|c).

⬇

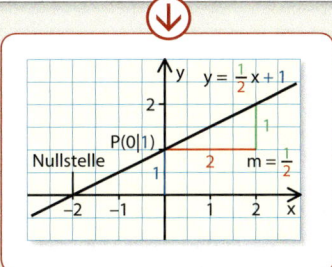

Nullstelle der Funktion

Die Stelle, an der eine Gerade die x-Achse schneidet, nennt man Nullstelle, da der zugeordnete Funktionswert (y-Wert) an dieser Stelle 0 ist.
Die Nullstelle kann man mithilfe der Funktionsgleichung berechnen.

⬇

$$y = 2x - 4$$
$$0 = 2x - 4 \quad | +4$$
$$4 = 2x \quad | :2$$
$$2 = x \quad \rightarrow N(2|0)$$

Steigung m berechnen

Die Gerade, auf der die Punkte $P_1(x_1|y_1)$ und $P_2(x_2|y_2)$ liegen, hat die Steigung: $m = \frac{y_2 - y_1}{x_2 - x_1}$

⬇

$P_1(3|-2); \; P_2(7|1)$

$m = \frac{1 - (-2)}{7 - 3} = \frac{3}{4}$

3.12 Mehr zum Thema: Steigungen und Gefälle

Im Straßenverkehr

Am Straßenrand stehen oft Verkehrszeichen, die die Steigung oder das Gefälle einer Strecke angeben. Das Schild auf dem Foto weist auf ein Gefälle von 13 % hin.
Das bedeutet, die Straße verliert auf einer Horizontalentfernung von 100 m 13 m Höhe.

$$\frac{13\,m}{100\,m} = 0{,}13 = 13\,\%$$

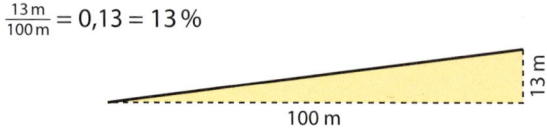

1 Was bedeutet 100 % Steigung?

Heidelberger Bergbahn

Die Heidelberger Bergbahn wurde 1890 in Betrieb genommen. In den ersten Jahren fuhr die kombinierte Seil- und Zahnradbahn noch mit Wasserballast abwärts ins Tal. Um eine Drehscheibe an der damaligen Bergstation Molkenkur lief ein Drahtseil, an dessen Enden je ein Wagen angehängt war. Das Übergewicht des mit Wasser befüllten oberen Wagens zog dann den am unteren Ende des Seils hängenden Wagen hoch. In der Talstation wurde das Wasser wieder abgelassen.

Heute verkehrt die Bergbahn als reine Standseilbahn. Die gesamte Bergbahnstrecke ist etwa 1,5 km lang. Mehr als 435 m Höhenunterschied müssen zwischen Kornmarkt und Königstuhl überwunden werden. Die Steigung der unteren Bergbahnstrecke beträgt im Mittel 40 %, die der oberen ca. 26 %. An der steilsten Stelle steigt die Strecke mit 43 % an.

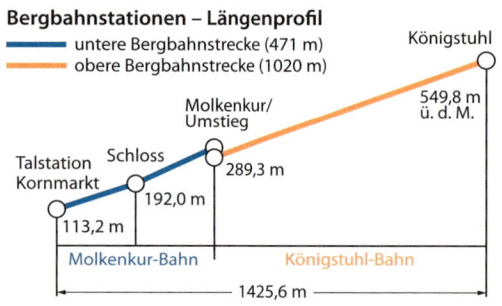

2 Welche durchschnittliche Steigung hat die Heidelberger Bergbahn?

4

Lineare Gleichungssysteme

4.1 Grafische Lösung eines linearen Gleichungssystems

1 Zeichne die Graphen zu den Gleichungen $y = 0{,}5x + 4$ und $y = 2x - 2$ in ein Koordinatensystem.
a Lies die Koordinaten des Schnittpunktes der beiden Geraden ab.
b Führe zur Kontrolle bei beiden Gleichungen die Punktprobe durch, indem du jeweils den x-Wert des Schnittpunktes in eine Gleichung einsetzt und den y-Wert berechnest.

Auf dem Sportfest der Klasse 8c soll es als Getränk auch Apfelsaft geben. Laura und Jan stehen bei der Planung des Einkaufs vor der Entscheidung, welches der beiden Angebote günstiger ist.

Apfelsaft vom Bodensee 1,50 € pro Liter

frischer Apfelsaft 1,25 € pro Liter zzgl. Frischebox 1,50 €

Um herauszufinden, für welche Menge Apfelsaft die beiden Angebote gleich viel kosten, kann man für beide Angebote eine Funktionsgleichung aufstellen und die Graphen zeichnen.
Solche Gleichungen heißen auch **lineare Gleichungen mit zwei Variablen**. Haben beide Gleichungen die *gleichen* Variablen, so bilden sie ein **lineares Gleichungssystem**.
Im Koordinatensystem siehst du, dass sich die Geraden zu den Gleichungen (I) und (II) im Punkt S(6|9) schneiden. Die Koordinaten des Schnittpunktes erfüllen somit beide Gleichungen.

(I) $y = 1{,}50x$
(II) $y = 1{,}25x + 1{,}50$

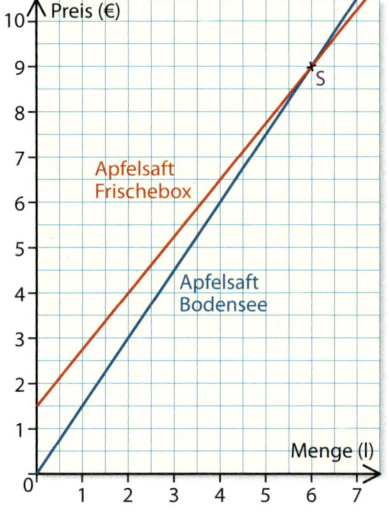

Die *Probe* durch Einsetzen der Zahlenwerte 6 und 9 in beide Gleichungen zeigt, dass das **Zahlenpaar** (6; 9) die Lösung des linearen Gleichungssystems bildet.
Die beiden Gleichungen können nur *gemeinsam* gelöst werden!

Die Wertetabellen bestätigen, was du aus dem Koordinatensystem bereits ablesen kannst:

(I) $y = 1{,}50x$

x	0	1	2	3	4	5	6	7
y	0,00	1,50	3,00	4,50	6,00	7,50	9,00	10,50

(II) $y = 1{,}25x + 1{,}50$

x	0	1	2	3	4	5	6	7
y	1,50	2,75	4,00	5,25	6,50	7,75	9,00	10,25

Bei einer Menge von 6 l ist der Preis von 9 € bei beiden Angeboten gleich. Bei einer kleineren Menge ist der Apfelsaft vom Bodensee günstiger. Beim Kauf einer größeren Menge sollte man sich für das andere Angebot entscheiden.

> **M** Zwei lineare Gleichungen mit denselben zwei Variablen bilden zusammen ein **lineares Gleichungssystem**. Es hat dann eine Lösung, wenn sich die beiden Geraden (Graphen zu den linearen Gleichungen) in einem Punkt S(x|y) schneiden.
>
> Die Lösung eines linearen Gleichungssystems ist stets ein Zahlenpaar (x; y).

Grafische Lösung eines linearen Gleichungssystems 4.1

Übungsaufgaben

1 Die lineare Gleichung $y = 2x + 1$ wurde in einem Koordinatensystem dargestellt.

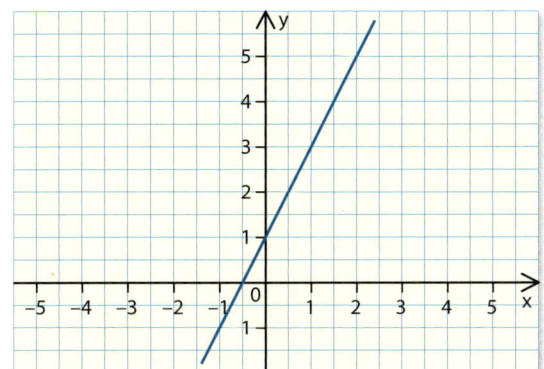

a Vervollständige die Wertetabelle im Heft und erkläre dein Vorgehen.

x	0,5	1	−1	…	…	2,5
y	…	…	…	4	5	…

b Ergänze die Wertetabelle um drei weitere Zahlenpaare.

2 Welche Zahlenpaare passen zu welchen Gleichungen?

a $y = x + 1$ **c** $y = -x + 3$
b $y = 1,5x$ **d** $y = -\frac{1}{2}x + 2$

① (4; 6)   ② (5; −0,5)   ③ (2; 1)
④ (1; 2)   ⑤ (3; 4,5)   ⑥ (4,5; −1,5)
⑦ (−4; 7)   ⑧ (6; 3)   ⑨ (−4; 4)

3 Zeichne für jede Teilaufgabe die Graphen zu beiden Gleichungen in ein Koordinatensystem. Bestimme durch Ablesen der Schnittpunktkoordinaten die Lösung des linearen Gleichungssystems.

a (I) $y = x - 1$ (II) $y = \frac{1}{2}x + 1$
b (I) $y = -x + 1$ (II) $2x - 8 = y$
c (I) $y = \frac{1}{2}x - 2$ (II) $y = -2x + 3$

4 Zum zeichnerischen Lösen des Gleichungssystems muss man die Gleichungen in die Funktionsgleichung $y = mx + b$ umformen.
Beispiel $4 + y = 2x$ $| -4$
           $y = 2x - 4$

a (I) $x + y = 2,5$ (II) $y - 1 = 2x$
b (I) $4 + y = 3x$ (II) $2x + y = 1$
c (I) $2y - 6 = 3x$ (II) $7,5x + 3y = -3$

5 Löse das Gleichungssystem zeichnerisch und bestätige die Lösung, indem du die Koordinaten des Schnittpunktes in beide Gleichungen einsetzt.

a (I) $y = -\frac{2}{3}x + 5$ (II) $y = \frac{4}{3}x - 1$
b (I) $x + y = 11$ (II) $-\frac{1}{2}x + y = 2$
c (I) $\frac{1}{2}y = \frac{1}{2}x + \frac{5}{2}$ (II) $y + \frac{1}{3}x = 1$

6 Überlege vor der zeichnerischen Lösung, wie du die Koordinatenachsen einteilst.

a (I) $y = 10x + 200$ (II) $y = -10x - 100$
b (I) $y - 3 = 0,2x$ (II) $0,1x + y = 1,5$

7 Ilyas und Can vergleichen ihre Handytarife.

Ich bezahle monatlich 9 Euro Grundgebühr und 20 Cent pro SMS.

Ich bezahle im Monat eine Grundgebühr von 10,50 Euro, aber dafür nur 10 Cent pro SMS.

a Stelle für beide Tarife eine Gleichung auf.
b Löse das Gleichungssystem zeichnerisch.
c Welchen Tarif würdest du wählen? Begründe deine Wahl!

Lineare Gleichungssysteme

4.2 Gleichsetzungsverfahren

1 Löse das lineare Gleichungssystem zeichnerisch

(I) $y = \frac{1}{2}x - 1$

(II) $y = -x + 3$

Siehst du eine Lösung für Mikas Problem?

Mit dem grafischen Lösungsverfahren kann ich die Lösung eines linearen Gleichungssystems nicht immer exakt ablesen.

2 Die beiden Waagen links stellen ein lineares Gleichungssystem dar.

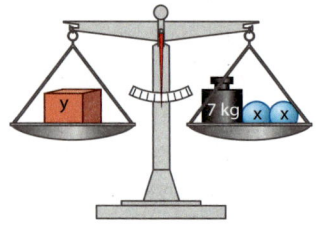
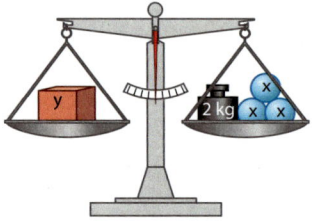
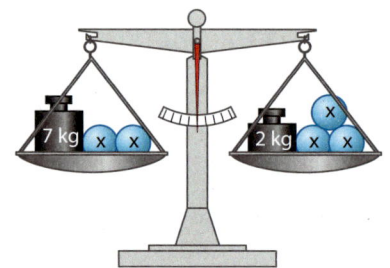

a Wie kam die Waage rechts zustande?
b Wie viel wiegt eine Kugel?
   Erkläre dein Vorgehen.

Wenn in einem linearen Gleichungssystem beide Gleichungen auf einer Seite nach derselben Variablen aufgelöst sind, können die beiden anderen Seiten gleichgesetzt werden.
Bei dieser Vorgehensweise entsteht aus zwei Gleichungen mit zwei Variablen eine Gleichung mit nur einer Variablen:

Diese Gleichungen sind nach derselben Variablen aufgelöst: (I) $y = 5x + 1$
                                                            (II) $y = 2x + 7$

Es bleibt eine Gleichung mit einer Variablen x übrig,
wenn man die beiden „rechten" Seiten gleichsetzt: (I) = (II)
                                                      $5x + 1 = 2x + 7$
Den Wert der Variablen x bestimmen: $x = 2$

Der Wert von y wird bestimmt, indem der x-Wert in eine der beiden ursprünglichen Gleichungen eingesetzt wird, zum Beispiel:

x in (I): $y = 5 \cdot 2 + 1$
           $y = 11$

Man sagt: Das Zahlenpaar (2; 11) erfüllt das Gleichungssystem.   L = {(2; 11)}

> **M** Das **Gleichsetzungsverfahren** bietet sich immer dann an, wenn beide Gleichungen nach derselben Variablen oder demselben Vielfachen dieser Variablen aufgelöst sind. Durch Gleichsetzen der beiden anderen Seiten entsteht eine Gleichung mit nur einer Variablen.

Gleichsetzungsverfahren 4.2

Beispiele zum Gleichsetzungsverfahren

a (I) $4 - 3y = x$
 (II) $x = 3 - 2y$

(I) und (II) gleichsetzen: $4 - 3y = 3 - 2y$ $| + 3y$
        $4 = 3 + y$ $| - 3$
        $y = 1$

Einsetzen in (I) oder (II): $x = 3 - 2 \cdot 1$
        $x = 1$
        $L = \{(1; 1)\}$

b (I) $4y = 5x - 20$
 (II) $4y = 3x - 4$

  $5x - 20 = 3x - 4$ $| - 3x$
  $2x - 20 = -4$ $| + 20$
  $2x = 16$ $| : 2$
  $x = 8$

  $4y = 5 \cdot 8 - 20$
  $y = 5$
  $L = \{(8; 5)\}$

Übungsaufgaben

1 Löse die Gleichungssysteme mithilfe des Gleichsetzungsverfahrens und überprüfe deine Lösung zeichnerisch.

a (I) $y = 6x - 6$
 (II) $y = -6x$

b (I) $y = -3x + 2$
 (II) $y = 2x - 8$

c (I) $y = x + 5$
 (II) $y = -\frac{1}{3}x + 1$

d (I) $y = \frac{1}{2}x + 6$
 (II) $y = 3x - 4$

2 Lies die Funktionsgleichung der Graphen ab und überprüfe den Schnittpunkt rechnerisch.

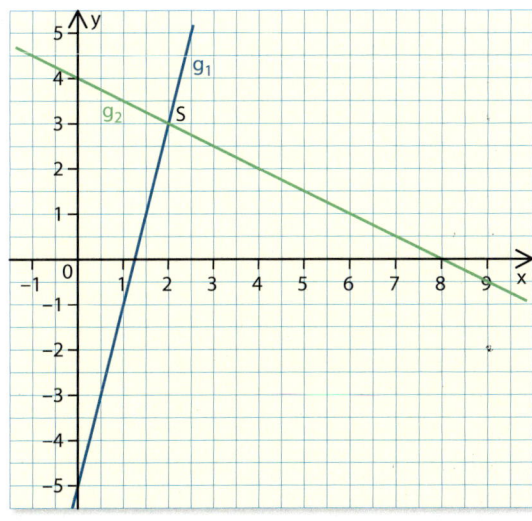

3 Berechne die Koordinaten des Schnittpunktes der beiden Geraden.

a g_1: $y = \frac{1}{3}x + 6$
 g_2: $y = -\frac{1}{2}x + 4$

b g_1: $y = \frac{2}{7}x - 3$
 g_2: $y = -\frac{2}{3}x + 4$

4 Löse mithilfe des Gleichsetzungsverfahrens. Setze dabei Vielfache der Variablen gleich, wie oben in Beispiel **b**.

a (I) $11y = -6 + 4x$
 (II) $11y = 9x - 41$

b (I) $2x = y - 1$
 (II) $2x = 5 - y$

c (I) $\frac{1}{2}x + 2 = \frac{1}{2}y$
 (II) $\frac{1}{2}y = \frac{2}{3}x - 4$

d (I) $\frac{2}{3}x = \frac{1}{4}y + 2$
 (II) $\frac{2}{3}x = \frac{1}{6}y + 3$

5 Vor dem Gleichsetzen müssen Gleichungen manchmal erst noch umgeformt werden.
Beispiel
(I) $2x = 3y - 8$ $|$ (II) $x = 2 + 2,5y$ $| \cdot 2$
        (II') $2x = 4 + 5y$

(I) = (II'): $3y - 8 = 4 + 5y$

a (I) $5y = -5x + 10$
 (II) $3x + 5y = 14$

b (I) $5 = 5x + 2y$
 (II) $13 = 3x + 2y$

c (I) $2x = 3y + 1$
 (II) $5y - 2x + 7 = 0$

d (I) $\frac{1}{4}x + \frac{1}{8}y = 1$
 (II) $\frac{1}{8}y = 2 - \frac{x}{2}$

e (I) $4x + 2y = 10$
 (II) $5x + y = 11$

f (I) $x - y = 7$
 (II) $2x = 4 - 3y$

6 Es geht auch mit anderen Variablen.

a (I) $p = 26 - 4q$
 (II) $3q - 9 = p$

b (I) $2z + 4w - 2 = 0$
 (II) $3z + 4w - 5 = 0$

c (I) $\frac{1}{4}a + 1 = \frac{2}{3}b$
 (II) $\frac{2}{3}b - 2 = \frac{1}{6}a$

d (I) $3a = 2b + 3$
 (II) $2b - 5a = 7$

4.2 Gleichsetzungsverfahren

Textaufgaben durchschauen und lösen

Das Hotel *An der Mühle* hat Platz für 60 Gäste in Einzel- und Doppelzimmern. Insgesamt sind es 39 Zimmer. Wie viele Einzelzimmer und wie viele Doppelzimmer hat das Hotel?

Daten sammeln

① Schreibe geordnet auf, was gegeben ist.

geg.: Anzahl der Gäste: 60
Anzahl der Zimmer: 39

② Schreibe auf, was gesucht ist, und lege die Variablen fest.

ges.: Anzahl der Einzel- und Doppelzimmer
x: Anzahl der Einzelzimmer ⎫
y: Anzahl der Doppelzimmer ⎬ 39 Zimmer

Finde Gleichungen, die Zusammenhänge zwischen den Angaben aus der Aufgabe beschreiben.

Zusammenhänge in die Mathematik übertragen

③ Forme den Text in mathematische Terme um.

x + y: Anzahl aller Zimmer
1x: Anzahl der Personen in Einzelzimmern
2y: Anzahl der Personen in Zweibettzimmern

④ Stelle die Gleichungen auf.

(I) x + y = 39
(II) x + 2y = 60

⑤ Löse das Gleichungssystem.

→ x = 18; y = 21

⑥ Überprüfe dein Ergebnis durch Einsetzen der gefundenen Zahlen in die Gleichungen.

Probe 18 + 21 = 39
18 + 2 · 21 = 60

⑦ Formuliere einen Antwortsatz.

„Es gibt 18 Einzelzimmer und 21 Doppelzimmer."

---

7 Die Klasse 8a fährt ins Landschulheim an den Bodensee. In der Jugendherberge gibt es Drei- und Vierbettzimmer. Insgesamt hat das Haus 14 Zimmer mit zusammen 51 Betten.
Wie viele von beiden Zimmern hat die Juhe?

8 Frau Siebert kauft ihre Brötchen regelmäßig beim gleichen Bäcker ein.
Für vier Mohnbrötchen und zwei Roggenbrötchen bezahlte sie vor drei Tagen 4,60 €.

Ich hätte gern sechs Mohnbrötchen und fünf Roggenbrötchen.

Das macht 8,30 Euro

9 Herr Baumann möchte für einen Tagesausflug ein Auto mieten. Er informiert sich bei den Verleihen *Rollstein* und *Schreiber* über die Preise für vergleichbare Mittelklassewagen

Verleih	Grundgebühr/Tag	Preis/km
Rollstein	40 €	0,10 €
Schreiber	25 €	0,20 €

a Bis zu wie vielen gefahrenen Kilometern ist es günstiger, das Fahrzeug bei der Firma Schreiber zu mieten?

b Einige Autoverleihe verlangen eine wesentlich höhere Grundgebühr als bei den Angeboten, die Herr Baumann eingeholt hat, sie gewähren dafür aber eine gewisse Anzahl an Freikilometern. Kannst du dir vorstellen, warum sie das tun?

4.3 Einsetzungsverfahren

1 Die beiden Waagen links stellen ein lineares Gleichungssystem dar.

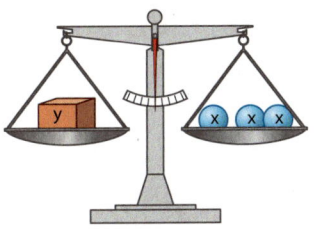 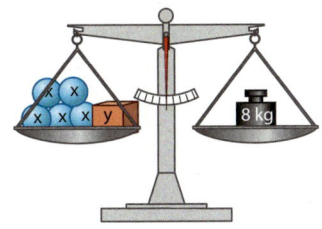 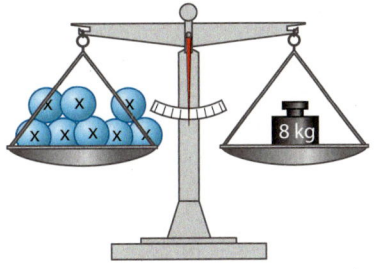

a Wie kam die Waage rechts zustande?
b Wie viel wiegt eine Kugel?
  Erkläre dein Vorgehen.

2 Herr Müller erklärt das Einsetzungsverfahren an der Tafel.

Um aus diesen beiden Gleichungen mit zwei Variablen eine Gleichung mit einer Variablen zu machen, setze ich den Wert von y aus der zweiten Gleichung in die erste Gleichung anstelle von y ein.

a Hast du Herrn Müllers Erklärung verstanden?
  Erkläre das Einsetzungsverfahren deinem Sitznachbarn.
b Vervollständige das Tafelbild in deinem Heft.

> **M** Beim **Einsetzungsverfahren** wird eine der beiden Gleichungen nach einer Variablen aufgelöst. Wird der Term auf der anderen Seite dieser Gleichung in die andere Gleichung anstelle der Variablen eingesetzt, erhält man eine Gleichung mit nur einer Variablen.

Beispiele zum Einsetzungsverfahren

a (I) $x - 2y = 10$ $| + 2y$
   (I') $x = 10 + 2y$
   (II) $3x + 9y = 15$

   (I') in (II): $3(10 + 2y) + 9y = 15$
                              $y = -1$
   y in (I): $x - 2(-1) = 10$
                          $x = 8$
   $L = \{(8; -1)\}$

b (I) $10x + 7y = 16$
   (II) $7y = 3x - 23$

   (II) in (I): $10x + (3x - 23) = 16$
                              $x = 3$
   x in (II): $7y = 3 \cdot 3 - 23$
                              $y = -2$
   $L = \{(3; -2)\}$

Lineare Gleichungssysteme

4.3 Einsetzungsverfahren

Übungsaufgaben

1 Löse die Gleichungssysteme mithilfe des Einsetzungsverfahrens und überprüfe deine Lösung zeichnerisch.

a (I) $4x + y = 10$
  (II) $y = x + 5$

b (I) $x + 3y = 3$
  (II) $x = 2y - 7$

c (I) $y = 6x - 1$
  (II) $2x + y = 7$

d (I) $\frac{1}{4}x + y = 5$
  (II) $y = \frac{3}{4}x - 1$

2 Bestimme die Lösungsmenge der Gleichungssysteme durch Rechnung.

a (I) $2x + 6y = 8$
  (II) $y = 16 - 4x$

b (I) $3y = 2x + 8$
  (II) $5x + 3y = -20$

c (I) $x = 2y + 3$
  (II) $y = -0{,}4x + 6$

3 Löse die Gleichungssysteme mit dem Einsetzungsverfahren.

a (I) $y + x = 15$
  (II) $x = 4y - 5$

b (I) $3y = 2x + 1$
  (II) $4x + 3y = 13$

c (I) $12x + 4y = 22$
  (II) $y = 2x - 2$

d (I) $\frac{1}{4}x + \frac{1}{8}y = 1$
  (II) $\frac{1}{8}y = 3 - \frac{1}{2}x$

4 Berechne die beiden Variablen im Kopf. Überprüfe rechnerisch.

a (I) $y = x$
  (II) $2x + 5y = 21$

b (I) $a + 2b = 26$
  (II) $b = 6a$

c (I) $x + 2y = 81$
  (II) $x = 7y$

d (I) $5a + b = 8$
  (II) $b = 11a$

5 Hier ist einiges schief gelaufen. Finde die Fehler und korrigiere sie im Heft.

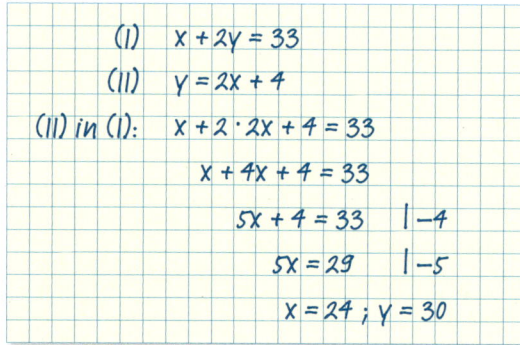

6 Löse das Gleichungssystem mithilfe des Einsetzungsverfahrens. Beachte dabei die Minusklammern.

Beispiel (I) $10x - y = 40$
(II) $y = 3x + 2$
(II) in (I): $10x - (3x + 2) = 40$
$10x - 3x - 2 = 40$

a (I) $y - x = 4$
  (II) $x = 2y + 5$

b (I) $3x - y = 1$
  (II) $y = 10 - 2{,}5x$

c (I) $4x - 2y = 16$
  (II) $y = x + 4$

d (I) $\frac{3}{4}y - x = \frac{7}{8}$
  (II) $x = \frac{1}{4}y + \frac{3}{8}$

7 Bestimme die Lösungsmenge mit dem Einsetzungsverfahren. Manchmal musst du erst noch eine der Gleichungen nach einer Variablen oder nach ihrem Vielfachen auflösen.

a (I) $3x - y = 23$
  (II) $y = x - 7$

b (I) $7y + 3x = 64$
  (II) $6x = 40 + 8y$

c (I) $5x - 3y = 1$
  (II) $9y + 3x = 33$

d (I) $2(2x - y) = 10$
  (II) $15 - 3y = 4x$

8 Vereinfache zuerst jede Seite der Gleichung soweit du kannst, bevor du das Gleichungssystem möglichst vorteilhaft berechnest.

a (I) $4y = 5(x - 1) + 2y$
  (II) $3x - (8 + y) - 7 = 0$

b (I) $3(x + 4) + (y - 10) - 6 = 0$
  (II) $4y + 8 + 5(x - 1) - 19 = 0$

9 In der Ladenkasse liegen am Abend 20-€-Scheine und 50-€-Scheine im Wert von 630 €, wobei es doppelt so viele 20-€-Scheine sind wie 50-€-Scheine.
Wie viele Scheine von jeder Sorte sind in der Kasse?

a Stelle zunächst ein Gleichungssystem auf.
($x \triangleq$ Anzahl der 20-€-Scheine, $y \triangleq$ Anzahl der 50-€-Scheine)

b Löse das Gleichungssystem mithilfe des Einsetzungsverfahrens.

4.3 Einsetzungsverfahren

10 Das Reisebüro am Marktplatz bietet im Schaufenster einen Familienurlaub im Allgäu an:

Angebot für Familien
Eine Woche Urlaub auf dem Bauernhof

Ferienwohnung
mit drei Schlafzimmern, Küche, Wohnbereich und Bad
2 Erwachsene + 2 Kinder: 620 €
4 Erwachsene + 2 Kinder: 1060 €

a) Wie viel muss Familie Costa mit zwei Erwachsenen und drei Kindern bezahlen?
Stelle zunächst die Gleichung zu den einzelnen Angeboten auf. (E ≙ Anzahl Erwachsene; K ≙ Anzahl Kinder)
b) Löse nun das Gleichungssystem mithilfe des Einsetzungsverfahrens, indem du eine der Gleichungen geschickt umformst.

11 Tanja möchte sich etwas Geld zusätzlich verdienen und bietet an, mit Hunden stundenweise spazieren zu gehen. Sie verlangt unterschiedliche Preise für große und kleine Hunde. Für vier kleine und zwei große Hunde bekam sie vor zwei Tagen insgesamt 28 Euro.

Heute habe ich 16 Euro verdient!

a) Überlege dir, welche Variable du den beiden Hundegrößen zuordnest, und stelle dann für beide Tage jeweils eine Gleichung auf.
b) Löse nun das Gleichungssystem mithilfe des Einsetzungsverfahrens, indem du eine der Gleichungen geschickt umformst.

12 Zur Aufführung des Schultheaters kamen 500 Besucher. Der Eintrittspreis für Schüler betrug 2 €. Erwachsene mussten 3 € bezahlen. Insgesamt wurden 1 244 € eingenommen.

13 Für Familie Maurer mit zwei Erwachsenen und drei Kindern kostete der Eintritt in den Freizeitpark 103 €. Frau Stein mit ihren fünf Kindern bezahlte 118 €.
Welchen Betrag musste Herr Ludwig für sich und seinen Sohn bezahlen?

14 Findest du die gesuchten Zahlen? Stelle zuerst ein Gleichungssystem auf.
a) Die Differenz zweier Zahlen beträgt 8, ihre Summe ist 40.
b) Addierst du zur ersten Zahl das Doppelte der zweiten Zahl, so erhältst du 22.
Wenn du vom Vierfachen der zweiten Zahl die erste Zahl subtrahierst, so erhältst du 14.
c) Subtrahiert man vom Dreifachen der ersten Zahl das Fünffache der zweiten Zahl, so erhält man 12. Die Summe der beiden Zahlen ist ebenfalls 12.

15

Wie viele Flaschen Apfelsaft und wie viele Flaschen Cola hast du für meine Party ins Gartenhaus gebracht?

Ich weiß nur noch, dass ich für die 24 Flaschen 20,80 Euro bezahlt habe. Eine Flasche Apfelschorle kostet 0,80 Euro und für die Flasche Cola habe ich 0,90 Euro bezahlt.

16 Finde zum Gleichungssystem eine passende Textaufgabe. Gib sie dann deinem Banknachbarn zum Lösen.
(I) $x + 2y = 18$ (II) $2y = 23 - 3x$

Lineare Gleichungssysteme

4.4 Additions- und Subtraktionsverfahren

1 Die beiden Waagen links stellen ein lineares Gleichungssystem dar.
  Erkläre, wie die dritte Waage zustande kam.

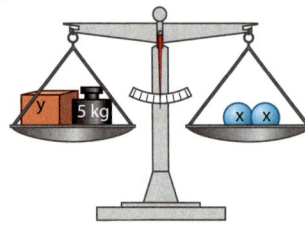
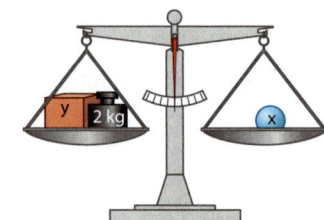
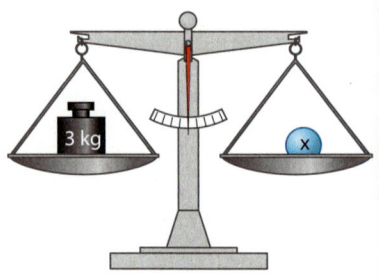

2 Michael war in der letzten Mathematikstunde krank. Sein Banknachbar
  Henry möchte ihm das neue Thema erklären.

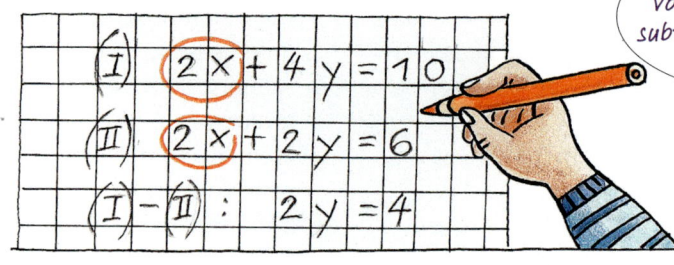

Wenn du die zweite von der ersten Gleichung subtrahierst, fällt der Term 2x weg.

a Wie geht es weiter? Hilf Henry bei seiner Erklärung und beende die Aufgabe in deinem Heft.
b Bei manchen Aufgaben ist es geschickter, wenn man die Gleichungen addiert.
  Erkläre dies anhand dieser Gleichungen: (I) $x + 2y = 3$ (II) $4x - 2y = 2$

Das **Subtraktionsverfahren** kann man dann geschickt anwenden, wenn in beiden Gleichungen des Gleichungssystems eine Variable oder ein Vielfaches davon mit demselben Vorzeichen vorkommt. Durch Subtraktion der Gleichungen kommt man zu einer Gleichung mit nur einer Variablen.

Wenn in beiden Gleichungen eine Variable oder ein Vielfaches davon mit unterschiedlichem Vorzeichen vorkommt, bietet sich das **Additionsverfahren** an.

> **M** Für das **Additions-** bzw. **Subtraktionsverfahren** werden die beiden Gleichungen so umgeformt, dass beim Addieren bzw. Subtrahieren eine Variable wegfällt.

Beispiele a (I) $6x + 15y = 69$
              (II) $-6x + 9y = 3$
              (I) + (II): $24y = 72$ $|:24$
                            $y = 3$
              y in (I): $6x + 15 \cdot 3 = 69$ $|-45$
                         $6x = 24$ $|:6$
                         $x = 4$
              $L = \{(4; 3)\}$

b (I) $2x + 3y = 12$ $|\cdot 3$
   (II) $3x + 9y = 27$ $|\cdot 2$
   (I') $6x + 9y = 36$
   (II') $6x + 18y = 54$
   (I') − (II'): $-9y = -18$
                   $y = 2$
   y in (I): $2x + 3 \cdot 2 = 12$
              $x = 3$
   $L = \{(3; 2)\}$

Additions- und Subtraktionsverfahren 4.4

Übungsaufgaben

1 Löse das Gleichungssystem mithilfe des Subtraktionsverfahrens.
a (I) 6x + y = 16
   (II) 2x + y = 4
b (I) 5y − 12x = 30
   (II) 5y + 2x = 2
c (I) 6y + 3x = 27
   (II) y + 3x = 2
d (I) $\frac{1}{3}x + \frac{1}{3}y = \frac{19}{3}$
   (II) $-2x + \frac{1}{3}y = -3$

2 Manchmal ist es geschickter, die Gleichungen zu addieren. Löse das Gleichungssystem mithilfe des Additionsverfahrens.
a (I) 5x + 3y = 8
   (II) 2x − 3y = 7
b (I) 2x + 5y = 35
   (II) 3x − 5y = −25
c (I) 10y − 8x = −60
   (II) 8x + 6y = 28
d (I) $\frac{1}{2}x + \frac{1}{4}y = \frac{3}{4}$
   (II) $-\frac{1}{2}x + 1y = \frac{1}{4}$

3 Löse die Gleichungssysteme im Kopf.
a (I) 2x + 2y = 8
   (II) 2x − 2y = 20
b (I) 37 = 4x − 5y
   (II) 7 = 4x + y

4 Forme die Gleichungen zuerst geschickt um, bevor du das Gleichungssystem mit dem Additions- oder Subtraktionsverfahren löst.
a (I) 2x − 36 = 2y
   (II) 2x − 6y = 4
b (I) x + y = 3
   (II) 3x + 2y = 5
c (I) −6x + 8y = 3
   (II) 3x − 4y = 8
d (I) −2x − 4y = 6
   (II) 3x + 6y = −2

5 Wende das Additions- oder Subtraktionsverfahren an und kontrolliere deine Lösungen.
a (I) −4y = −2x + 24
   (II) 4y = −6 + 8x
b (I) 7 = 4y − x
   (II) 7 = −y + 9x
c (I) 5x = 12 + 6y
   (II) $\frac{2}{3}x = \frac{4}{3} + y$
d (I) −3x + 9y = 12
   (II) 2x + 6y = −8

(−4; 0)   (1; 2)
   (−3; −7,5)   (4; $\frac{4}{3}$)

6 Jetzt wird's knifflig!
Hier musst du die Gleichungen zuerst so weit wie möglich vereinfachen, um dann mit dem Additions- oder Subtraktionsverfahren die Lösung bestimmen zu können.
a (I) 3 − 4x + 6y = 20 − 5x + 3y
   (II) −18 + 5x + 8y = −3 + 2x + 5y
b (I) 4(5x + 4y) − 12 = 20
   (II) 5(4x + 3y) + 9 = 44
c (I) 8x + 10y − 6(x + 4) = 6(y − 2)
   (II) 6(y + 1) + 28 − 12y = 10(x + 3)

7 Michaela und Fatma machen ihren Mopedführerschein in derselben Fahrschule. Michaela bezahlt für ihre 18 Fahrstunden und die Grundgebühr insgesamt 408 €.
Fatma dagegen bezahlt insgesamt nur 348 €, da sie drei Fahrstunden weniger als Michaela hatte. Wie teuer ist eine Fahrstunde und wie hoch ist die Grundgebühr?

8 Großhändler *Schmidt und Co* hat in einer Woche 3 000 Packungen Nuss-Schokoriegel und 4 000 Packungen Müsliriegel verkauft. Insgesamt nahm die Firma dafür 20 300 € ein.
In der Woche darauf wurden 6 000 Packungen Nuss-Schokoriegel, aber nur 2 000 Packungen Müsliriegel für insgesamt 21 400 € verkauft. Berechne den Preis der Packungen.

Lineare Gleichungssysteme

4.5 Sonderfälle und ihre geometrische Bedeutung

1 Bei der Tour de France fahren die Radprofis im Hauptfeld lange Zeit mit gleicher Geschwindigkeit.
a Die beiden Fahrer Chris und Peter fahren mit einer Geschwindigkeit von $14\frac{m}{s}$ (ca. $50\frac{km}{h}$) und haben zueinander einen Abstand von 100 m.
Stelle den Sachverhalt grafisch dar.
b Beschreibe die Graphen.
c Wie würde das Diagramm aussehen, wenn Chris und Peter gleichzeitig gestartet wären?

Man unterscheidet bei den Lösungen von linearen Gleichungssystemen zwischen drei Fällen.

Fall 1: *eine* **Lösung**	**Fall 2:** *keine* **Lösung**	**Fall 3:** *unendlich viele* **Lösungen**
(I) $y - 3 = 2x$ $\quad\mid +3$	(I) $-y = -5 - 3x$ $\quad\mid \cdot(-1)$	(I) $-y = 2x - 3$ $\quad\mid \cdot(-1)$
(II) $2y = x + 9$ $\quad\mid :2$	(II) $y - 1 = 3x$ $\quad\mid +1$	(II) $2y = -4x + 6$ $\quad\mid :2$
(I') $y = 2x + 3$	(I') $y = 3x + 5$	(I') $y = -2x + 3$
(II') $y = \frac{1}{2}x + 4{,}5$	(II') $y = 3x + 1$	(II') $y = -2x + 3$

grafische Lösungen

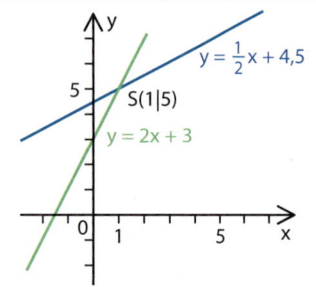 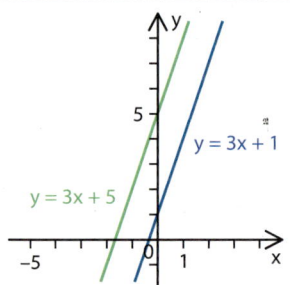 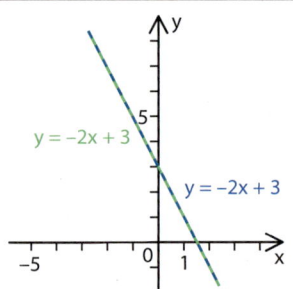

rechnerische Lösung unter Anwendung des Gleichsetzungsverfahrens

$2x + 3 = \frac{1}{2}x + 4{,}5$	$3x + 5 = 3x + 1$	$-2x + 3 = -2x + 3$
→ $x = 1$; $y = 5$	$1 \neq 5$	$-2x = -2x$
	→ falsche Aussage!	→ wahre Aussage
$L = \{(1;\,5)\}$	$L = \{\,\}$	$L = \mathbb{Q}$

M Schneiden sich die beiden Geraden in einem Punkt, dann hat das lineare Gleichungssystem **genau eine Lösung**.

M Verlaufen die beiden Geraden zueinander parallel, dann hat das lineare Gleichungssystem **keine Lösung**.

M Verlaufen die beiden Geraden deckungsgleich, dann hat das lineare Gleichungssystem **unendlich viele Lösungen**.

Sonderfälle und ihre geometrische Bedeutung — 4.5

Übungsaufgaben

 1 Die Geradenpaare sind grafische Darstellungen linearer Gleichungssysteme.
Gib die jeweiligen Gleichungssysteme und die Lösungsmenge an.

a
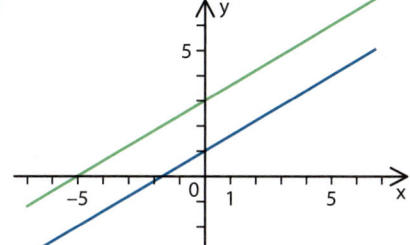

b 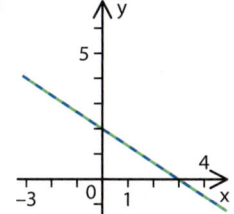   c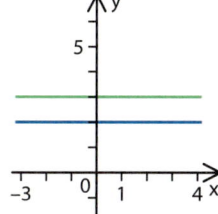

2 Hat das Gleichungssystem eine, keine oder unendlich viele Lösungen?
Löse zeichnerisch!

a (I) $x + y = 9$
   (II) $x = -y + 1$

b (I) $7x + 8y = -6$
   (II) $-12 - 16y = 14x$

c (I) $2x - 8y = 7$
   (II) $y = -\frac{1}{3}x$

d (I) $\frac{1}{2}x + y = 8$
   (II) $x - 2y = -3$

 3 Löse die Gleichungssysteme grafisch und bestätige durch Rechnung, dass sie keine oder unendlich viele Lösungen haben.

a (I) $2x - 2y = -6$
   (II) $2x - 2y = 6$

b (I) $y + 6 = \frac{1}{3}x$
   (II) $x = 3y + 6$

c (I) $4x + 2y = -2$
   (II) $8x = -4y - 4$

d (I) $x = 6 - 2y$
   (II) $y = -1 - \frac{1}{2}x$

4 Ändere eine der beiden Gleichungen so ab, dass das Gleichungssystem unendlich viele Lösungen hat.

a (I) $y = x - 2$
   (II) $5y = 5x - 15$

b (I) $2x - 4y = 0$
   (II) $x = y$

5 Überprüfe rechnerisch, wie viele Lösungen das Gleichungssystem hat. Überprüfe deine Lösung zeichnerisch.

a (I) $y = 3x - 4{,}5$
   (II) $6x + 2y = -10$

b (I) $y - 1 = \frac{2}{3}x - 3$
   (II) $6y = 4x - 6$

6 Welche Zahl musst du einsetzen, damit das lineare Gleichungssystem
(I) $y = -\square x + 3$
(II) $y = 2x - \square$

a … eine Lösung hat?
b … keine Lösung hat?
c … unendlich viele Lösungen hat?
Überprüfe deine Ergebnisse durch Zeichnung.

7 Bilde aus den Gleichungen verschiedene Gleichungssysteme mit einer, keiner oder unendlich vielen Lösungen.
Findest du drei Gleichungssysteme?

① $y + 8 = 3x$
② $y = \frac{1}{3}x + 4$
③ $2y + 6x = -8$
④ $9x - 24 = 3y$
⑤ $12 + 3y = x$
⑥ $\frac{1}{3}y = x - 4$
⑦ $2y + 6x + 8 = 0$
⑧ $y = \frac{1}{3}x - 4$

8 Ergänze $y = 1{,}5x - 2{,}5$ mit einer eigenen linearen Gleichung zu einem Gleichungssystem, das …

a … genau eine Lösung hat.
b … keine Lösung hat.
c … unendlich viele Lösungen hat.
d Überlege dir drei eigene Gleichungssysteme mit einer, keiner und unendlich vielen Lösungen.

4.6 Strategie

4.6 Wann bietet sich welches Verfahren an?

① Lösungsverfahren auswählen
Man schaut sich das lineare Gleichungssystem genau an und überlegt, wie die Gleichungen mit wenigen Umformungsschritten so vorbereitet werden können, dass eines der drei Lösungsverfahren einfach anwendbar ist.

Einsetzungsverfahren
Dieses Verfahren bietet sich an, wenn eine Gleichung nach einer Variablen aufgelöst ist.

Gleichsetzungsverfahren
Dieses Verfahren bietet sich an, wenn eine Variable oder das Vielfache einer Variablen in beiden Gleichungen auf einer Seite steht.

Additionsverfahren (Subtraktionsverfahren)
Dieses Verfahren bietet sich an, wenn beim Addieren oder Subtrahieren der beiden Gleichungen eine Variable wegfällt.

Beispiel
(I) $3y - 4x = 5$
(II) $y + 1 = 2x \quad | -1$
Nach Subtraktion von 1 steht y allein auf einer Seite:
(II') $y = 2x - 1$

Beispiel
(I) $4y = 8x + 12$
(II) $4y - 8 = 12x \quad | +8$
Nach Addition von 8 steht 4y auf einer Seite.
(II') $4y = 12x + 8$

Beispiel
(I) $-2y - 2 = x$
(II) $4y - 16 = 8x \quad | :2$
Nach Division durch 2 steht 2y auf einer Seite.
(II') $2y - 8 = 4x$

② Verfahren anwenden und Gleichungssystem lösen

(I) $3y - 4x = 5$
(II') $y = 2x - 1$
(II') in (I):
$3(2x - 1) - 4x = 5$
$\quad\quad\quad x = 4$
→ $y = 7$
$L = \{(4; 7)\}$

(I) $4y = 8x + 12$
(II') $4y = 12x + 8$
(I) = (II'):
$8x + 12 = 12x + 8$
$\quad\quad\quad x = 1$
→ $y = 5$
$L = \{(1; 5)\}$

(I) $-2y - 2 = x$
(II') $2y - 8 = 4x$
(I) + (II'):
$-2 + (-8) = x + 4x$
$\quad\quad\quad x = -2$
→ $y = 0$
$L = \{(-2; 0)\}$

4.7 Das passende Lösungsverfahren finden

1 Ruby, Aurelia und Yusuf sollen im Mathematikunterricht gemeinsam eine Aufgabe lösen. Sie können sich nicht einigen, mit welchem Verfahren sie das lineare Gleichungssystem auf ihrem Arbeitsblatt lösen sollen.

Wer hat Recht? Löse das Gleichungssystem mithilfe der Strategie auf der linken Seite.

> **M** Das **Gleichsetzungsverfahren**, das **Einsetzungsverfahren** und das **Additions**- bzw. das **Subtraktionsverfahren** sind Lösungsverfahren, mit deren Hilfe ein lineares Gleichungssystem gelöst werden kann. Jedes dieser Lösungsverfahren führt zur selben Lösung.

Übungsaufgaben

1 Löse die Gleichungssysteme mithilfe eines der drei Lösungsverfahren. Begründe deine Wahl.

a (I) $3x - 4 = y$
(II) $4x - 3 = -y$

b (I) $2x = 4 + 4y$
(II) $x = -2y - 2$

c (I) $3y = x$
(II) $5y - x = 8$

d (I) $4x = 2y - 2$
(II) $10 - 2y = 4x$

2 Bestimme die Koordinaten des Schnittpunktes im Kopf. Entscheide dich dabei für ein Lösungsverfahren und erkläre dein Vorgehen.

a (I) $y = 3$
(II) $x = 2y$

b (I) $y = x + 2$
(II) $y = -x + 2$

3 Suche ein geeignetes Verfahren, um das Gleichungssystem rechnerisch zu lösen.
Auf der Pinnwand findest du die Lösungen in vertauschter Reihenfolge.

a (I) $2x - 3y = -1$
(II) $6x - 8y = -6$

b (I) $6x = 2y + 16$
(II) $4y = 6x - 2$

c (I) $3x - y = 1$
(II) $x = -\frac{1}{2}y + 7$

d (I) $y = -\frac{1}{3}x$
(II) $2x - 8y = 7$

e (I) $\frac{1}{2}y = 2x + 1$
(II) $y = 5x - 1$

$(\frac{3}{2}; -\frac{1}{2})$ (−5; −3) (3; 8) (5; 7) (3; 14)

4.7 Das passende Lösungsverfahren finden

4 Vereinfache die Gleichungen und berechne dann das Gleichungssystem mit einem möglichst günstigen Lösungsverfahren.

a (I) $8x + 3y - 5 = 5x + 8y$
   (II) $11x - 7y - 22 = 3x + 2y$

b (I) $\frac{1}{2}(x - 1) = -\frac{1}{3}(y + 1) + 2$
   (II) $\frac{3}{4}(x + 1) = -\frac{2}{5}(y + 3) + 5$

c (I) $2(3y + 4) + 5y = 5y + 4(y + 3) + 2$
   (II) $3(y + x) = 15(x + 1) + 3(2 + x)$

d (I) $4x + 158 = 6(9y - 5)$
   (II) $10(7x - 1) + 12(3 + 2y) = 612$

5 Wähle zum Lösen das Verfahren, das dir am geeignetsten erscheint. Begründe deine Wahl!

a (I) $w - z = 16$
   (II) $2z = -2w - 4$

c (I) $\frac{x}{3} = y - 3$
   (II) $2y = 14 - 2x$

b (I) $5b - 4a = 42$
   (II) $4a + 4{,}5b = 2b + 3$

6 Berechne den Geradenschnittpunkt.
g_1: $y = 0{,}5x + 3$
g_2: $y = 1{,}5x - 15$

Welches Lösungsverfahren hast du angewendet?

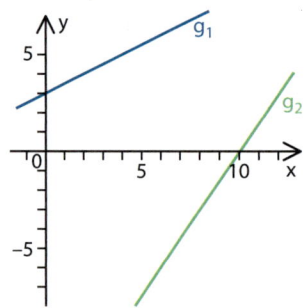

7 Max hat das Gleichungssystem mit dem Subtraktionsverfahren gelöst. Sein Kommentar:
Ich erhalte nur eine Gerade als Lösung. Das heißt, es gibt unendlich viele Lösungen.
Überprüfe seine Rechnung.

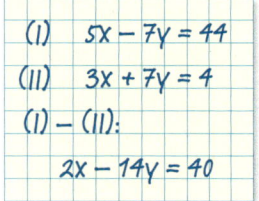

8 Wenn man drei Geraden in ein Koordinatensystem zeichnet, können unterschiedlich viele Schnittpunkte entstehen.

a Beschreibe, wie die drei Geraden in den einzelnen Fällen zueinander verlaufen.

b Zeichne die vier Fälle in ein Koordinatensystem. Achte beim Zeichnen auf einen gut ablesbaren Schnittpunkt und gib die Gleichungen an.

c Löse das jeweilige lineare Gleichungssystem rechnerisch und überprüfe das Ergebnis mit deiner Zeichnung aus **b**.

9

Angebot 1
12,90 €

Angebot 2
13,50 €

10 Ein gleichschenkliges Dreieck hat einen Umfang von 22 cm.

a Die beiden Schenkel sind um 2 cm länger als die Basis. Bestimme die Länge aller Seiten.

b Beide Schenkel sind um 1 cm kürzer als die Basis. Bestimme die Länge der Basis.

11 Alexander trainiert täglich einige Kilometer für die Langstrecke. Entweder er läuft eine Waldstrecke von 6 km Länge oder 7 km durch die Felder. In den letzten vier Wochen ist er insgesamt 180 km gelaufen.
Wie oft lief Alexander die beiden Strecken jeweils?

12 Bei Bauer Adam sind tagsüber alle Schafe und Hühner auf einer Wiese. Somit gibt es dort 152 Beine und 61 Köpfe.
Finde heraus, wie viele Schafe bzw. Hühner Bauer Adam hat.

Das passende Lösungsverfahren finden 4.7

Zahlenrätsel

Die <mark>Summe zweier Zahlen</mark> beträgt 110, ihre <mark>Differenz</mark> ist 32.
Welche Zahlen erfüllen diese Bedingungen?

① Schreibe geordnet auf, was gegeben ist.

geg.: • Die Summe zweier Zahlen beträgt 110.
• Die Differenz derselben Zahlen beträgt 32.

② Schreibe auf, was gesucht ist, und lege die Variablen fest.

ges.: Gesucht sind die beiden Zahlen, die diese Bedingungen erfüllen.
x: erste gesuchte Zahl
y: zweite gesuchte Zahl

Löse die Aufgabe mit den folgenden Schritten:

③ Bilde aus den gegebenen Bedingungen mathematische Terme.

$x + y$: Summe der zwei gesuchten Zahlen
$x - y$: Differenz beider Zahlen

④ Weise den Termen die gegebenen Werte zu. Stelle dadurch die Gleichungen auf.

(I) $x + y = 110$
(II) $x - y = 32$

⑤ Löse das Gleichungssystem.

→ $x = 71$; $y = 39$

⑥ Überprüfe dein Ergebnis, indem du die gefundenen Zahlen in die Gleichungen einsetzt.

Probe (I): $71 + 39 = 110$
(II): $71 - 39 = 32$

⑦ Verfasse einen Antwortsatz.

„Die gesuchten Zahlen heißen 39 und 71."

---

13 Bestimme die beiden Zahlen, deren Summe 35 ist und deren Differenz 5 beträgt.

14 Wenn du zum Doppelten der ersten Zahl die zweite Zahl addierst, so erhältst du 31. Wenn du vom Vierfachen der ersten Zahl die zweite Zahl subtrahierst, so erhältst du 41. Wie heißen die beiden Zahlen?

15 Die Summe zweier Zahlen beträgt 20. Multiplizierst du die erste Zahl mit 3 und die zweite Zahl mit 5, so ergibt die Summe 76.

16 Die Differenz zweier Zahlen beträgt 27. Multiplizierst du die erste Zahl mit 2 und die zweite Zahl mit 3, so ist ihre Differenz gleich 41. Findest du die beiden Zahlen heraus?

17 Das Doppelte der Summe zweier Zahlen ergibt 9. Die Summe aus dem Fünffachen der ersten Zahl und dem dritten Teil der zweiten Zahl ergibt 8,5.

18

Wenn ich dir drei Schrauben abgebe, dann haben wir gleich viele.

Wenn ich dir zwei Schrauben abgebe, so hast du sechsmal so viele wie ich.

Lösungen der Aufgaben 13 bis 17
(12; 8)   (20; 15)   (1,5; 3)   (12; 7)   (40; 13)

Lineare Gleichungssysteme

4.8 Grundlagentraining

Grafische Lösung

1 Ordne die Graphen den linearen Gleichungssystemen zu und begründe deine Auswahl.

a (I) $y = 2x - 3$
   (II) $y = -3x + 2$

b (I) $y = -2x + 3$
   (II) $y = \frac{1}{6}x - 3{,}5$

c (I) $x + y = 3$
   (II) $x - y = 5$

d (I) $2x + 3y = 6$
   (II) $3 = x - 3y$

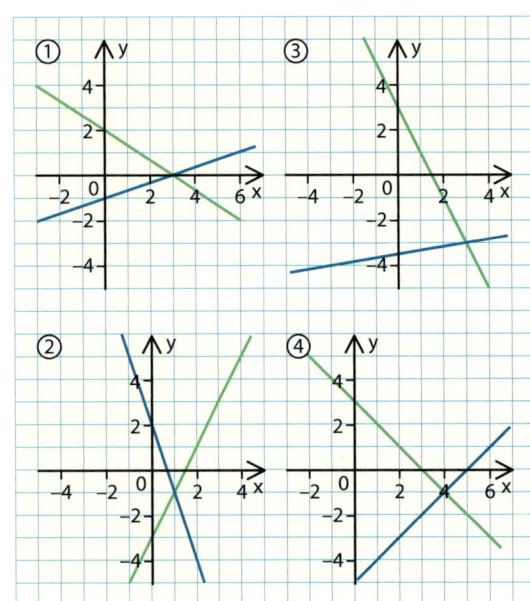

2 Löse das Gleichungssystem zeichnerisch.

a (I) $y = x - 5{,}5$ (II) $y = 1{,}5x - 7$
b (I) $y = -\frac{1}{2}x + 6$ (II) $y = 3x - 1$
c (I) $y = -4x - 3$ (II) $y = -3x - 2$
d (I) $y = 2x$ (II) $y = 4x - 2$

3 Löse das Gleichungssystem zeichnerisch. Überprüfe anschließend deine Lösung, indem du die Koordinaten des Schnittpunktes in beide Gleichungen einsetzt.

a (I) $y = x + 5$ (II) $y = -x + 7$
b (I) $y = \frac{3}{4}x + 2$ (II) $y = -\frac{3}{4}x + 5$
c (I) $y = -2{,}5x - \frac{1}{2}$ (II) $y = x + 3$

4 Lies die Funktionsgleichung ab.

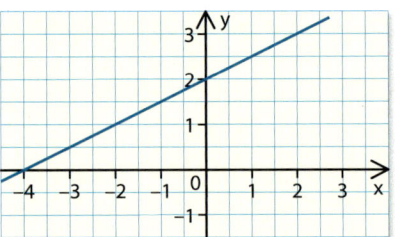

Finde dann eine weitere Gleichung so, dass …

a … die Geraden sich in S(−1|1,5) schneiden.
b … der Schnittpunkt auf der y-Achse liegt.
c … der Schnittpunkt auf der x-Achse liegt.

5 Forme zuerst die Gleichungen um und bestimme dann den Schnittpunkt.

a (I) $2x + y = 4$ (II) $y - 3x = -3{,}5$
b (I) $-3 = y - \frac{1}{2}x$ (II) $y - 1 = -\frac{3}{2}x$
c (I) $3{,}5 = y + x$ (II) $-1{,}5x + y = -\frac{3}{2}$
d (I) $-2x - 3 = -y$ (II) $-x = y : 4$

6 Auf dem Sommerfest der Klasse 8c werden Grillwürste und Steaks angeboten. Frau Müller bezahlt für drei Grillwürste und zwei Steaks 9 €. Herr Mayer bezahlt für zwei Grillwürste und vier Steaks 14 €.
Stelle das Gleichungssystem auf und ermittle zeichnerisch, wie teuer eine Grillwurst und ein Steak sind.

Grundlagentraining 4.8

Einsetzungsverfahren

7 Löse das Gleichungssystem mithilfe des Einsetzungsverfahrens.
Überprüfe deine Lösung zeichnerisch.

a (I) $2y = x + 4$
   (II) $x = y - 3$

c (I) $x - 3y = 3$
   (II) $x = 6y - 3$

b (I) $3x + y = 8$
   (II) $y = 2x - 2$

d (I) $2x + 3y = -18$
   (II) $2x = y - 2$

> **T** Achte auf Minusklammern, die beim Lösen eines Gleichungssystems entstehen. Denke auch daran, beim Einsetzen von Summen oder Differenzen Klammern zu setzen.

8 Berechne die Lösung des Gleichungssystems mithilfe des Einsetzungsverfahrens.

a (I) $7y - x = -36$
   (II) $3y + 24 = x$

d (I) $y = 5x - 12$
   (II) $4x + 3y = 21$

b (I) $9x - y = 41$
   (II) $y = 3x - 11$

e (I) $x = 7y - 3$
   (II) $9x + 9y = 117$

c (I) $2x - y = 3$
   (II) $y = -x + 6$

f (I) $y = 2x - 2$
   (II) $6x + 2y = 11$

9 Vereinfache zuerst die Gleichungen, bevor du das Gleichungssystem löst.

a (I) $8 + 2x - 3y + 10 = -x + 2y - 2$
   (II) $-8 - y + 3x = -13 - y + 2x$

b (I) $-5y = 2(22 - 5x) + 2y$
   (II) $5y + 2 = 3(x - 7) - 2y$

c (I) $-2(x - y) = 2(11x - 3)$
   (II) $2(2y - 3) = 26(x + 1)$

10 Jetzt bloß nicht aufgeben!

a (I) $\frac{3}{4}x + \frac{1}{2}y = 3$ (II) $x = -\frac{1}{3}y - 4$

b (I) $\frac{1}{4}x - 8 = 2y$ (II) $\frac{1}{2}x + 2 = 2y$

c (I) $\frac{x}{y} = 2$ (II) $x - y = 17$

11 Die Klasse 8b veranstaltet ein Sportfest. Anna und Tizian sollen das Feld abstecken, auf dem Federball gespielt werden kann. Sie bekommen von der Klasse folgende Vorgaben:
- Das Feld soll 5 m länger als breit sein.
- Das Feld soll rechteckig sein.
- Zur Abgrenzung stehen 26 m Abgrenzband zur Verfügung.

Anna hat eine Skizze erstellt.

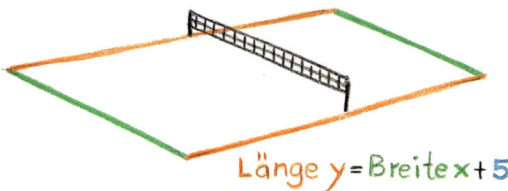

12 Ein Rechteck hat einen Umfang von 20 cm, wobei die eine Seite um 6 cm länger ist als die andere Seite.
Findest du die Längen der Rechteckseiten?

13 Subtrahiert man von 7 die erste gesuchte Zahl, so erhält man als Ergebnis die zweite gesuchte Zahl.
Subtrahiert man vom Vierfachen der ersten Zahl das Doppelte der zweiten Zahl, so erhält man 4.

14 Frau Schmitt fährt mit dem Taxi eine Strecke von 10 Kilometern und bezahlt dafür 12,50 €. Eine Woche später fährt sie mit demselben Taxi eine Strecke von 18 km und muss dafür 19,70 € bezahlen.
Wie hoch ist die Taxi-Grundgebühr?

Lineare Gleichungssysteme

4.8 Grundlagentraining

15 Auf einer Weide grasen 32 Tiere, davon dreimal so viele ausgewachsene Tiere wie Lämmer.

> **T** Fallen beim Lösen eines Gleichungssystems x und y weg und es bleibt eine *wahre Aussage* stehen, hat das Gleichungssystem unendlich viele Lösungen.
> Beispiel 3 = 3
>
> Fallen x und y weg und es bleibt eine *falsche Aussage* stehen, hat das Gleichungssystem keine Lösung.
> Beispiel 4 ≠ 3

Sonderfälle und ihre geometrische Bedeutung

16 In den Abbildungen siehst du Geradenpaare eines linearen Gleichungssystems. Gib die jeweiligen Gleichungssysteme und die Lösungsmenge an.

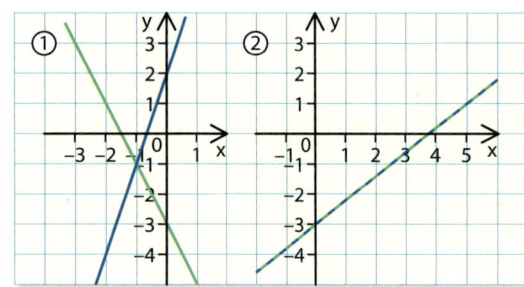

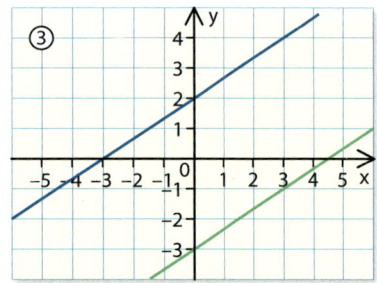

18 Hat das Gleichungssystem eine, keine oder unendlich viele Lösungen? Forme die Gleichungen bei Bedarf zuerst um und überprüfe rechnerisch.

a (I) 2x + y = 6
  (II) 4x + 2y = 8

b (I) 2x + 3y = 6
  (II) $\frac{1}{3}$x + 0,5y = 2

c (I) 3x − 2y = 6
  (II) 0,5x − $\frac{1}{3}$y = 1

d (I) x + 3y − 3 = 0
  (II) x − 3y + 3 = 0

19 Im Koordinatensystem ist die Gerade zu einer Gleichung vorgegeben. Ergänze im Heft eine zweite Gerade so, dass das Gleichungssystem …
a … genau eine Lösung hat.
b … keine Lösung hat.
c Schreibe die beiden Gleichungssysteme auf und rechne zur Kontrolle nach.

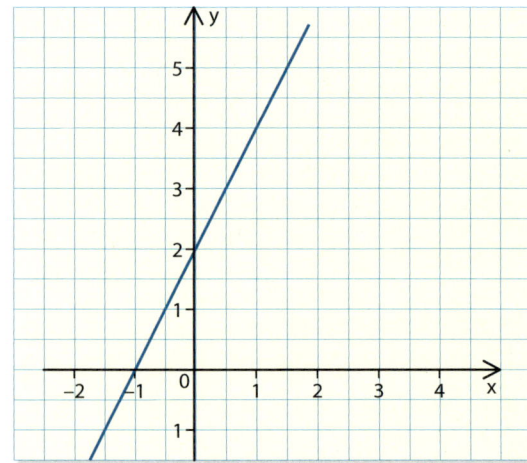

17 Löse die Gleichungssysteme grafisch und gib die Lösungsmenge an.

a (I) y = −$\frac{2}{3}$x − 4
  (II) y = $\frac{3}{2}$x + 2,5

b (I) y = 2x + 4
  (II) 4y + 2 = 8x

c (I) y − 2x = 3
  (II) 2y + 4 = 4x

d (I) 2y = −x − 3
  (II) 3y = −$\frac{3}{2}$x − 1

4.9 Mach dich fit!

Grafische Lösung

1 Ordne die angegebene oder selbst erstellte Gleichung einem der Graphen ① bis ④ zu. Erkläre dein Vorgehen.

a $y = \frac{2}{3}x$

b $y = \frac{3}{5}x - 1$

c Wenn man vom Dreifachen einer Zahl 5 abzieht, so erhält man die Zahl y.

d Wird eine negative Zahl halbiert, so ist das Ergebnis die Zahl y.

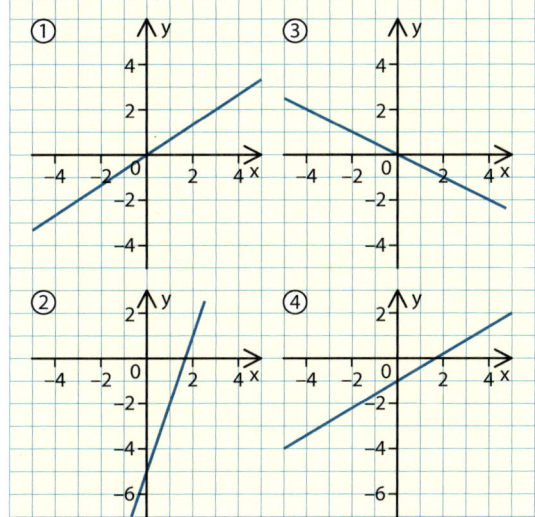

2 Stelle die beiden Geraden in einem geeigneten Koordinatensystem dar. Gib anschließend die Koordinaten des Schnittpunkts an.

a $y = 2x + 3$
  $y = 6x - 5$

b $y = -3x + 2{,}5$
  $y = x - 1\frac{1}{2}$

c $y = -\frac{3}{2}x - 6$
  $y = \frac{1}{2}x + 2$

d $y = \frac{1}{2}x + \frac{1}{2}$
  $x = 2x - 4$

3 Löse das Gleichungssystem zeichnerisch.

a (I) $y = 2x - 3$
  (II) $y = -3x + 2$

b (I) $y = \frac{2}{3}x + 1$
  (II) $y = 2x + 1$

c (I) $y = -2x + 3$
  (II) $y = \frac{1}{6}x - 3{,}5$

d (I) $4y - 5x = -8$
  (II) $2y + 2x = -4$

4 Löse das Gleichungssystem zeichnerisch. Überprüfe deine Lösung durch Einsetzen der Zahlenwerte in die Gleichungen.

a (I) $x + y = 3$
  (II) $x - y = 5$

b (I) $5x - 2y = 10$
  (II) $3x + 2y = 6$

c (I) $2x + 3y = 12$
  (II) $2x - y = 4$

d (I) $3x + 3y + 12 = 0$
  (II) $3x - 3y - 6 = 0$

5 Lukas Pohlmann möchte sich fit halten und in einem Fitnessstudio trainieren. Er vergleicht die Angebote der Studios in seiner Nähe.

	Fit & Fun	Maiks Fitnessstudio
monatlich	45 €	35 €
Grundbetrag	25 €	75 €

a Stelle zu den beiden Angeboten ein Gleichungssystem auf.

b Stelle die beiden Angebote zeichnerisch dar.

c Lukas plant, mindestens sechs Monate lang ins Studio zu gehen. Welches Angebot würdest du ihm empfehlen?

Lösungsverfahren

6 Löse das Gleichungssystem mithilfe des Gleichsetzungsverfahrens.

a (I) $y = 3x + 14$
  (II) $y = 5x + 22$

b (I) $x = -4y + 13$
  (II) $x = y - 2$

c (I) $2y = 3x + 4$
  (II) $12 - x = 2y$

d (I) $0{,}5y = -0{,}5x + 2{,}5$
  (II) $\frac{1}{2}y = x - \frac{1}{2}$

7 Löse das Gleichungssystem mithilfe des Einsetzungsverfahrens.

a (I) $y - 2x = 7$
  (II) $y = 5x + 4$

b (I) $x = 5 - 3y$
  (II) $x - 2y - 10 = 0$

c (I) $2x = 3y - 3$
  (II) $18 = 6y - 2x$

d (I) $10a - 2b = 12$
  (II) $2b = 4a - 6$

4.9 Mach dich fit!

8 Löse das Gleichungssystem mithilfe des Additions- oder Subtraktionsverfahrens.

a (I) $4x - 5y = 30$
 (II) $-4x - 3y = -14$

b (I) $14p - 7w = 7$
 (II) $3p + 7w = 27$

c (I) $\frac{1}{2}y = \frac{1}{2}x + 1$
 (II) $0{,}5y = 1{,}5x - 12$

d (I) $5a + 3b = 60$
 (II) $5a - 2b = 35$

9 Löse das Gleichungssystem mit dem Verfahren, das dir am geeignetsten erscheint. Begründe deine Wahl.

a (I) $3p - 5q = -4$
 (II) $p = 3q - 4$

b (I) $2q + 5p = 14$
 (II) $2q - 6p = -30$

c (I) $3a - 2 = b$
 (II) $b = 8{,}5 - 4a$

d (I) $2{,}5x - 3{,}5y = 30$
 (II) $5x - 2y = 80$

e (I) $0{,}2y + 0{,}15x = 0{,}04$
 (II) $0{,}15x - 0{,}5y = -0{,}52$

10 Löse das Gleichungssystem mithilfe des Gleichsetzungsverfahrens. Eine Lösung bleibt übrig.

a (I) $y - 5 = -x$
 (II) $1 + y = 2x$

b (I) $2y + 2 = 2x$
 (II) $y - 5 = -\frac{1}{2}x$

c (I) $9a - 30 = 15b$
 (II) $a + 5b = 10$

d (I) $\frac{1}{2}x + 1{,}5y = 2$
 (II) $x = 3 - 2y$

e (I) $\frac{1}{2}y + 6 = \frac{3}{2}x$
 (II) $x + 2 = y$

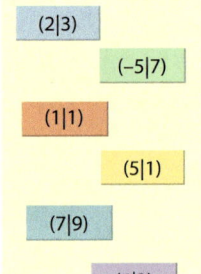

(2|3) (−5|7) (1|1) (5|1) (7|9) (4|3)

11 Löse das Gleichungssystem mithilfe des Einsetzungsverfahrens.

a (I) $6x - 10y = 40$ (II) $x - 5y = 0$
b (I) $3y - 1 = 2{,}5x$ (II) $3y + 5{,}5x = 17$
c (I) $\frac{1}{4}x + \frac{1}{8}y = 1$ (II) $\frac{1}{8}y - 3 = -\frac{1}{2}x$

12 Verwende beim Lösen das Additions- oder Subtraktionsverfahren.

a (I) $24t - 10s = 12$ (II) $2t + 5s = 36$
b (I) $-8x + 10y = -60$ (II) $24x + 18y = 84$
c (I) $16a - 8b = 24$ (II) $8a = 20 + 8b$

13 Löse das lineare Gleichungssystem mit dem Verfahren deiner Wahl. Begründe deine Entscheidung.

a (I) $10x + 4y - 6 = 16x + 10y - 36$
 (II) $6x - 10y + 40 = 12x - 8y + 6$

b (I) $10(x + 5) = 8(y + 5)$
 (II) $6(y + 2) = 8(x + 2)$

c (I) $7y = 5x$
 (II) $(x - 7)(y + 4) + 56 = xy$

d (I) $-2(3x - y) - 5(y - 2x) = 10$
 (II) $3(4y - x) - 2(3y - 1) = -13$

e (I) $10 - x = y - 5$
 (II) $5(x - 2y) - (y + 3) = 32$

14 Familie Erletic ist umgezogen und benötigt einen neuen Stromlieferanten. Der Vater erkundigt sich bei zwei Anbietern nach den Preisen. Hier seine Notizen:

	Angebot A	Angebot B
monatlicher Grundpreis	25 €	28 €
pro Kilowattstunde	0,25 €	0,24 €
Anbieterwechsel	jederzeit möglich	mind. 1 Jahr Laufzeit

a Welches Angebot würdest du für Familie Erletic empfehlen, wenn sie im Monat durchschnittlich 333 kWh verbraucht?
b Bei welchem Verbrauch sind beide Angebote gleich teuer?
c Welches Angebot würdest du empfehlen, wenn eventuell einmal der Anbieter gewechselt wird? Diskutiere deine Überlegungen mit deinem Sitznachbarn.

15 Subtrahiert man von 7 die erste gesuchte Zahl, so erhält man als Ergebnis die zweite gesuchte Zahl. Subtrahiert man vom Vierfachen der ersten Zahl das Doppelte der zweiten Zahl, so erhält man 4.

Mach dich fit! 4.9

6 Die Oma von Lilly und Emma legt für jedes ihrer Enkelkinder 500 € im Jahr zur Seite. Vor zwei Jahren war das für Lilly viermal so viel Geld wie für Emma. In zwei Jahren wird es jedoch nur noch doppelt so viel wie für Emma sein.
Wie viel Geld hat die Oma für Lilly und Emma bis heute gespart?

7 Wie alt sind Anne, Franka und Lisa? Schätzen sie das Alter ihrer Väter richtig ein?

Anne: Als ich geboren wurde, war mein Vater doppelt so alt wie ich jetzt bin. Wenn ich in sechs Jahren ein Kind bekäme, würde mein Vater zum Großvater, wäre aber nur 28 Jahre älter als ich dann wäre.

Franka: Da ist mein Vater aber viel älter! Bei meiner Geburt hatte er schon das Dreifache meines jetzigen Alters und vor fünf Jahren war er schon siebenmal so alt wie ich es war.

Lisa: Also ich habe den jüngsten Vater von uns. Bei meiner Geburt war er zwar auch doppelt so alt wie ich jetzt bin, aber in 15 Jahren wird er wieder nur doppelt so alt sein wie ich dann.

 Anne  Franka  Lisa

8 Marius und Anna machen den Führerschein! Sie müssen eine Grundgebühr und die einzelnen Fahrstunden bezahlen. Nach 20 Fahrstunden hat Marius die Prüfung geschafft. Seine Eltern erhalten von der Fahrschule eine Rechnung über 1 520 €.
Anna dagegen benötigt nur zwölf Fahrstunden. Ihre Rechnung beläuft sich auf 1 070 €.
Berechne den Preis einer Fahrstunde sowie die Höhe der Grundgebühr.

Sonderfälle und ihre geometrische Bedeutung

19 Löse das Gleichungssystem grafisch und entscheide anhand der Lage der Geraden, ob es eine, keine oder unendlich viele Lösungen hat.

a (I) $2x + 3y = 12$
  (II) $3y = 12 - 2x$

b (I) $8x + 2y = 4$
  (II) $-8x + 2y = -4$

c (I) $x - 2y = 6$
  (II) $y = 0,5x + 2$

d (I) $y = \frac{1}{2}x + 5$
  (II) $y = 3,5x - 4$

20 Hat das Gleichungssystem eine, keine oder unendlich viele Lösungen?
Löse mithilfe eines geeigneten Lösungsverfahrens.

a (I) $2x - y - 4 = 0$
  (II) $6x - 3y - 12 = 0$

b (I) $4y - 12 = 3x$
  (II) $9x + 5 = 12y$

c (I) $2y = -x + 10$
  (II) $9 + 2y = -x + 1$

d (I) $-8 + 2y = -6x + 2$
  (II) $3x + y = 5$

21 Ein Gleichungssystem wurde grafisch gelöst. Verändere eine der beiden Gleichungen so, dass es …

a … eine Lösung hat.
b … unendlich viele Lösungen hat.

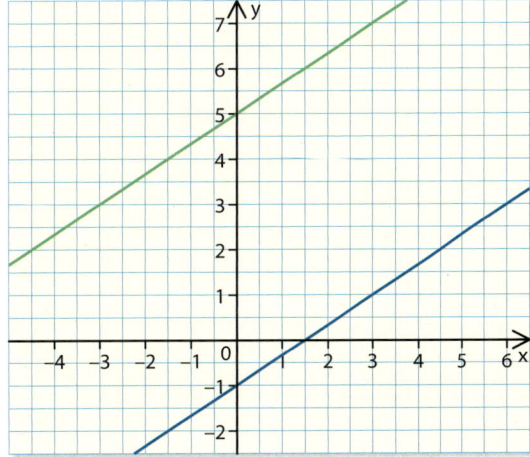

Lineare Gleichungssysteme

4.10 Grundwissen

Lineare Gleichungssysteme

Zwei lineare Gleichungen mit zwei Variablen bilden zusammen ein **lineares Gleichungssystem**.
Die Lösung eines linearen Gleichungssystems ist stets ein Zahlenpaar.

Gleichsetzungsverfahren

Beim **Gleichsetzungsverfahren** werden die beiden Gleichungen nach derselben Variablen aufgelöst. Durch Gleichsetzen der beiden anderen Seiten entsteht eine Gleichung mit nur noch einer Variablen.

$\Downarrow$

(I) $3 = -2x + y$ $\mid +2x$
(II) $y = x + 5$

(I') $y = 2x + 3$
(II) $y = x + 5$

(I') = (II): $2x + 3 = x + 5$
              $x = 2$
x in (II): $y = 2 + 5$ $L = \{(2; 7)\}$
             $y = 7$

Grafisches Lösungsverfahren

Ein **lineares Gleichungssystem** lässt sich zeichnerisch lösen, indem man die beiden Graphen in ein Koordinatensystem zeichnet.
Der Schnittpunkt der beiden Graphen ist die Lösung des Gleichungssystems.

$\Downarrow$

(I) $y = -x + 3$ (II) $y = x + 1$

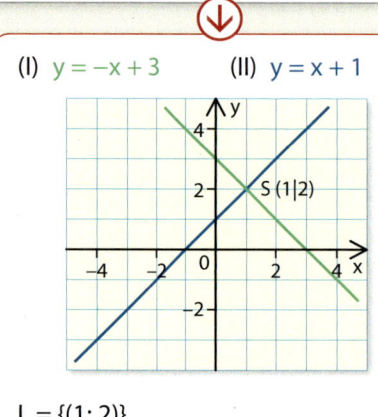

$L = \{(1; 2)\}$

Einsetzungsverfahren

Beim **Einsetzungsverfahren** wird eine der Gleichungen nach einer Variablen aufgelöst und der so erhaltene Term in die andere Gleichung eingesetzt.
Dadurch entsteht eine Gleichung mit nur einer Variablen.

$\Downarrow$

(I) $10y = 4x + 2$
(II) $x = 2y + 1$

(II) in (I): $10y = 4 \cdot (2y + 1) + 2$
             $y = 3$
y in (II): $x = 2 \cdot 3 + 1$ $L = \{(7; 3)\}$
             $x = 7$

Lineare Gleichungssysteme 4.10

Additionsverfahren Subtraktionsverfahren

Beim **Additions-** bzw. **Subtraktionsverfahren** entsteht durch Addieren bzw. Subtrahieren der beiden Gleichungen eine Gleichung mit nur noch einer Variablen. Manchmal muss man beide Gleichungen erst so mit einem Faktor multiplizieren, dass eine Variable beim Addieren bzw. Subtrahieren wegfällt.

⬇

$$
\begin{aligned}
&\text{(I)} \quad 2x + 7 = 2y \\
&\text{(II)} \;\; \widehat{-x} + 4{,}5 = 3y \quad |\cdot 2 \\[4pt]
&\text{(I)} \quad 2x + 7 = 2y \\
&\text{(II')} \; -2x + 9 = 6y \\[4pt]
&\text{(I') + (II'): } 16 = 8y \quad |:8 \\
&\hphantom{\text{(I') + (II'): }} y = 2 \\
&\text{y in (I): } 2x + 7 = 2 \cdot 2 \\
&\hphantom{\text{y in (I): }} x = -1{,}5
\end{aligned}
$$

$L = \{(-1{,}5;\ 2)\}$

Sonderfälle und ihre geometrische Bedeutung

Ein **lineares Gleichungssystem** hat …
… **eine** Lösung, wenn sich die zwei Geraden in einem Punkt schneiden.
… **keine** Lösung, wenn die zwei Geraden parallel verlaufen.
… **unendlich viele** Lösungen, wenn die zwei Geraden deckungsgleich sind.

⬇

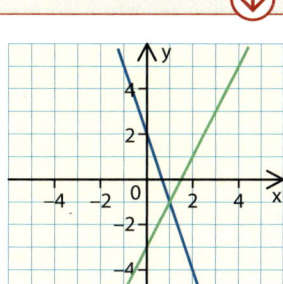

eine Lösung

$L = \{(1;\ -1)\}$

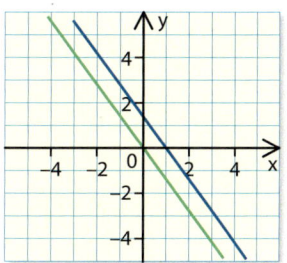

keine Lösung

$L = \{\ \}$

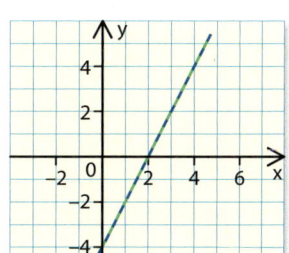

unendlich viele Lösungen

$L = \mathbb{Q}$

Lösen von Textaufgaben

1. Schreibe geordnet auf, was gegeben ist, und lege die Variablen fest.
2. Schreibe auf, was gesucht ist.
3. Forme den Text in mathematische Terme um.
4. Stelle die Gleichungen auf.
5. Löse das Gleichungssystem.
6. Überprüfe dein Ergebnis, indem du die gefundenen Zahlen in die Gleichungen einsetzt.
7. Schreibe einen Antwortsatz.

4.11 Mehr zum Thema: Mischungen im Chemielabor

Das Mischen unterschiedlicher Bestandteile ist in vielen Berufen nicht wegzudenken. So muss der Bäcker verschiedene Mehlsorten, der Maler seine Farben oder der Teehändler Teesorten unterschiedlicher Herkunft mischen.
In Chemielaboratorien werden Stoffe mithilfe einer chemischen Reaktion erzeugt, untersucht oder getrennt. Dafür muss der Chemiker oft ein Gemisch aus verschiedenen Reagenzien in genau bestimmten Mischungsverhältnissen herstellen, sonst kommt es zu unerwünschten Nebenreaktionen und schlechten Produktausbeuten oder eine Stoffmenge wird nicht korrekt bestimmt.

Eine wichtige Grundchemikalie im Labor ist die Essigsäure, die man oftmals zur Unterstützung des Reaktionsverlaufs oder zur Aufarbeitung des Reaktionsgemisches benötigt. Auch als Lebensmittelzusatzstoff kommt die Essigsäure zum Einsatz; sie trägt dann die Bezeichnung E 260.

Essigsäure ist wegen ihrer biologischen Abbaubarkeit auch für Reinigungszwecke ein gern verwendeter Grundstoff, zum Beispiel in 30 %iger Konzentration. Wenn man keine Lösung genau dieser Konzentration vorrätig hat, kann man sie aus Essigsäurelösungen anderer Konzentration zusammenmischen. Man muss dazu nur rechnen können wie du!

Die Situation: Im Lager eines Reinigungsmittelherstellers sind 20 %ige und 70 %ige Essigsäure vorrätig, benötigt werden aber 20 Liter 30 %ige Essigsäure. Die Tabelle des Laboranten fasst alle bekannten Daten zusammen:

	Essigsäureanteil	benötigte Menge	darin enthaltene Essigsäuremenge
Essigsäure 20 %	20 %	x Liter	0,2x Liter
Essigsäure 70 %	70 %	y Liter	0,7y Liter
Produkt	30 %	20 Liter	20 Liter · 0,3 = 6 Liter

Die vorletzte Spalte der Tabelle liefert die Gleichung zu den Mengen x Liter und y Liter der beiden Ausgangssubstanzen, in der letzten Spalte steckt die Gleichung zu den Mengen an reiner Essigsäure, die in den Mengen x Liter und y Liter enthalten sind.

Das lineare Gleichungssystem für die *30 %ige Essigsäure* umfasst die Gleichungen: (I) $x + y = 20$ und   (II) $0{,}2x + 0{,}7y = 6$
Jetzt kannst du ausrechnen, wie viele Liter der beiden Ausgangssubstanzen das Lager bereitstellen muss.

5

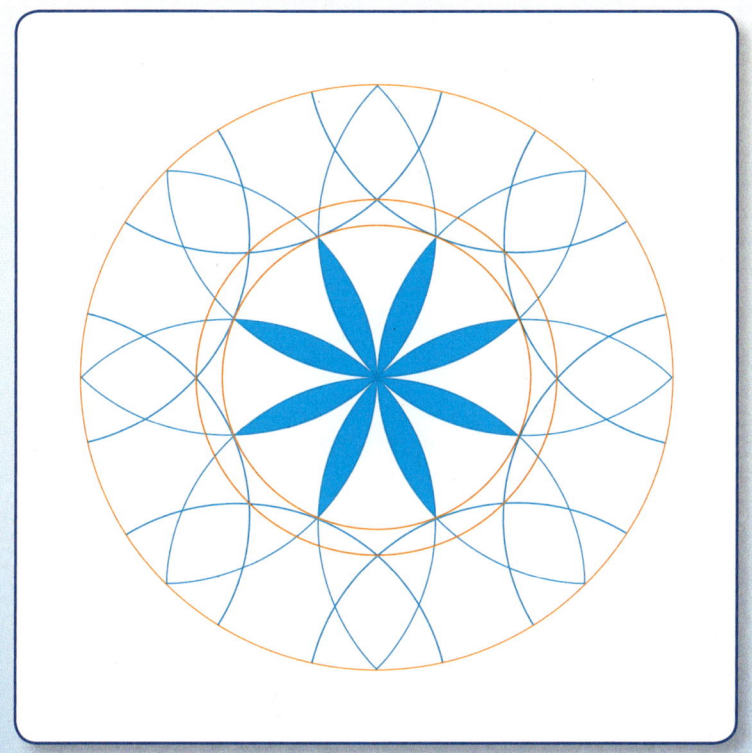

Berechnungen am Kreis

5.1 Faustregeln für Kreise

Faustregel für den Umfang des Kreises

"Der Umfang ist viermal so groß wie der Durchmesser!"

"Niemals, höchstens dreimal so groß!"

"Ich glaube, er ist doppelt so groß!"

1 Beschreibt, was Jonas und Marie mit der Schnur abmessen. Worüber machen die drei eine Aussage? Messt selbst an ein paar unterschiedlich großen kreisrunden Gegenständen den Durchmesser d mit dem Geodreieck und den Umfang u mit einer Schnur.

Wenn ihr mehrere Gegenstände vermesst, werdet ihr feststellen, dass der Umfang immer etwas größer ist als der dreifache Durchmesser.

M **Faustregel zum Abschätzen des Kreisumfangs**

$$u_{Kreis} \approx 3 \cdot d = 3 \cdot 2r = 6 \cdot r$$

Faustregel für den Flächeninhalt des Kreises

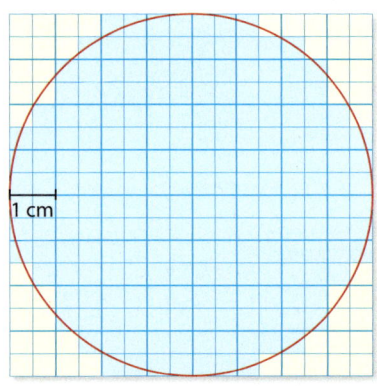

2 Der Kreis mit der roten Umrisslinie wurde mit Quadratflächen ausgelegt. Addiere die ganzen und die Viertel-Quadratzentimeter zur Fläche A und trage A zusammen mit dem Radius r im Heft in die Tabelle ein.

Radius r	Fläche A
4 cm	… cm²
…	…

a Zeichne nun mit deinen Sitznachbarn weitere Kreise mit unterschiedlichen Radien. Versucht, die Flächeninhalte (Anzahl der Kästchen) näherungsweise zu bestimmen. Tragt die Ergebnisse wieder in die Tabelle ein.

b Vergleicht eure Ergebnisse in der Gruppe und findet eine Faustregel für die Berechnung des Flächeninhalts.

Das Abzählen von Kästchen ist eine ungenaue Methode. Fasst man aber sehr viele Messergebnisse zusammen, findet man als Faustregel zur Berechnung des Flächeninhalts eines Kreises:

M **Faustregel zum Abschätzen der Kreisfläche**

$$A_{Kreis} \approx 3 \cdot r^2$$

Beispiele

a Kreisradius $r = 13\,cm$
 $A = 3 \cdot r^2$
 $A = 3 \cdot 13^2$
 $A = 507\,cm^2$

b Kreisfläche $A = 108\,cm^2$
 $A = 3 \cdot r^2$
 $\frac{A}{3} = r^2 \rightarrow \frac{108}{3} = r^2$
 $r^2 = 36\,cm^2 \Rightarrow r = 6\,cm$

Fastregeln für Kreise 5.1

Übungsaufgaben

1 Schätze den Umfang des Kreises mithilfe der Faustregel ab.

a 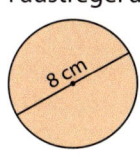 b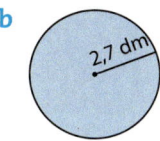

c Topf: d = 24,5 cm
d Kleberolle: r = 2,8 cm
e Diskusscheibe: d = 22 cm

2 Bestimme mithilfe der Faustregel den ungefähren Flächeninhalt des Kreises.

a 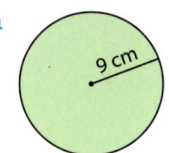 b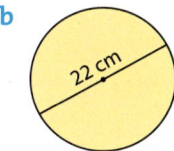

3 Welchen Radius hat der Kreis ungefähr?

a A = 48 cm²   d u = 142,8 cm
b A = 27 mm²   e u = 46,8 m
c A = 147 m²   f u = 90,6 km

4 Bestimme den ungefähren Radius!

a u = 45 cm   c u = 180 cm
b u = 90 cm   d u = 360 cm

Liste alle Umfänge und Radien in einer Tabelle auf,

Umfang u	Radius r
45 cm	…

vervollständige anschließend den Satz:
Wenn man r verdoppelt, dann …

5 Schätze auch diese Flächeninhalte ab:

a r = 2,5 cm   c r = 10 cm   e d = 80 cm
b r = 5 cm   d r = 20 cm   f d = 160 cm

Liste alle Radien und Flächeninhalte in einer Tabelle auf. Vervollständige anschließend den Satz:
Wenn man r verdoppelt, dann …

6 Ines behauptet: „Die Umfänge von Quadrat und Kreis sind exakt gleich groß."
Überprüfe Ines' Meinung. Hat sie Recht?

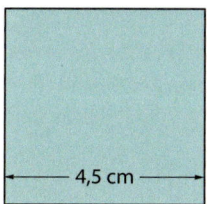 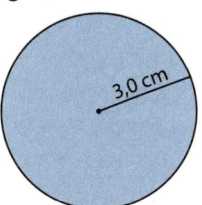

7 Wie groß sind Umfang u und Flächeninhalt A ungefähr?

a 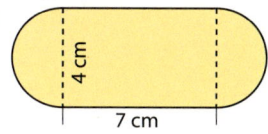 b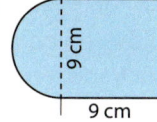

8 *Halb- und Viertelkreise*
Wie lang ist rote Linie, wie groß ist der Flächeninhalt?

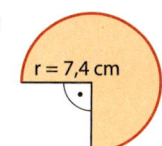

9 Umfang oder Flächeninhalt sind bekannt.
a Du kennst den Umfang eines Kreises mit u = 30 cm.
Wie groß ist in etwa sein Flächeninhalt?
b Jetzt kennst du den Flächeninhalt eines Kreises mit A = 192 m².
Kannst du den Umfang angeben?

10 *Der Umfang eines Kreises entspricht in etwa dem dreifachen Durchmesser.*
Gibt es solch eine Beziehung auch zwischen Durchmesser und Flächeninhalt?
Überlege dir fünf verschiedene Durchmesser und tausche dich mit deinem Sitznachbarn aus. Bestimme über den Radius und die Faustregel die Flächeninhalte dieser Kreise. Stelle Durchmesser und Flächeninhalte in einer Tabelle gegenüber und leite einen Zusammenhang ab.

5.2 Umfang und Flächeninhalt des Kreises

Der Umfang eines Kreises

Bei Berechnungen am Kreis spielt die **Kreiszahl** π eine wichtige Rolle. Um sie genauer bestimmen zu können, haben die Schüler der Klasse 8b eine Untersuchung durchgeführt. Bei verschiedenen runden Gegenständen wurden jeweils der Durchmesser d und der Umfang u ermittelt. Dazu haben sie die Gegenstände abgerollt und die Strecke für eine Umdrehung genau gemessen.

In der Abbildung wird ein Wagenrad abgerollt, das genau einen Meter Durchmesser hat.
In der Tabelle sind die Ergebnisse der gesamten Untersuchung festgehalten.

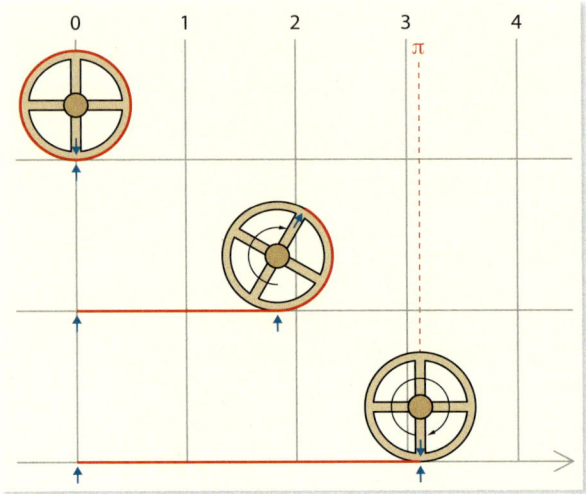

1 Dividiere jeweils die Länge des Umfangs durch die Länge des Durchmessers und trage im Heft die Ergebnisse in die letzte Spalte ein (mit mindestens drei Nachkommastellen). Vergleiche die Werte in der letzten Spalte. Was fällt dir auf?
Rechne zusätzlich den Durchschnitt aller Werte aus.

Gegenstand	Umfang u	Durchmesser d	u : d
kleine Dose	104 mm	33 mm	…
Bauklotz	44 mm	14 mm	…
Münze	94 mm	30 mm	…
Dose	164 mm	52 mm	…
Cremedose	358 mm	114 mm	…
Deckel	251 mm	80 mm	…

Wenn du richtig gerechnet hast, fällt dir bestimmt auf, dass die Ergebnisse aller sechs Divisionen nahezu gleich sind.

M **Die Kreiszahl π**

Wenn man den Umfang eines Kreises durch seinen Durchmesser dividiert, erhält man einen Wert, der als **Kreiszahl** π (sprich: *pi*) bezeichnet wird.
π entspricht **ungefähr dem Wert 3,14** und tritt als Konstante in jedem Kreis auf. π ist eine ganz besondere Zahl, weil sie eine **nicht endliche Dezimalzahl** ist.

$$\frac{u}{d} = \pi \text{ bzw. } \frac{u}{d} \approx 3{,}14$$

M **Die Formel für den Kreisumfang**

Da der Durchmesser d dem doppelten Radius entspricht, gilt auch: $\frac{u}{2r} = \pi$

Löst man die Gleichungen

$$\frac{u}{d} = \pi \text{ bzw. } \frac{u}{2r} = \pi$$

nach u auf, kann man den **Kreisumfang** u berechnen:

$$u = \pi \cdot d \text{ oder } u = \pi \cdot 2r$$

Umfang und Flächeninhalt des Kreises 5.2

Der Flächeninhalt eines Kreises

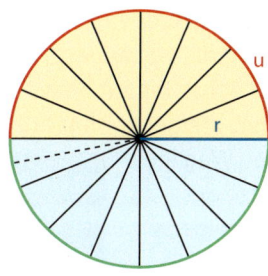
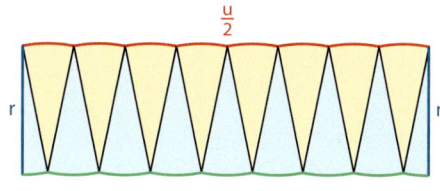

Um den Flächeninhalt eines Kreises zu ermitteln, wurde eine kreisrunde Fläche in 16 gleiche Kreisausschnitte zerlegt; einer davon wurde zusätzlich halbiert. Anschließend wurden die Kreisausschnitte wie im rechten Bild aneinandergelegt. Es entstand eine nahezu rechteckige Fläche.

2 Erkläre, warum dieses Rechteck die Breite r hat und annähernd die Länge $\frac{u}{2}$.
Was würde mit der jetzt noch welligen roten bzw. grünen Linie passieren, wenn man den Kreis in 64 oder noch mehr Ausschnitte zerlegen würde?

Um den Flächeninhalt eines Kreises berechnen zu können, nutzt man das flächengleiche Rechteck:

A = Länge · Breite = $\frac{u}{2} \cdot r = \frac{2 \cdot \pi \cdot r}{2} \cdot r = \pi \cdot r \cdot r = \pi \cdot r^2$ ⇒ A = π · r²

> **M** **Flächeninhalt des Kreises**
> Den Flächeninhalt des Kreises berechnet man mit der Formel:
> A = π · r²

Beispiele

a Berechnung von u oder A
gegeben: r = 8 cm
gesucht: u, A

Umfang   u = 2 · π · r = 2 · π · 8
           u = 50,27 cm

Flächeninhalt   A = π · r² = π · 8²
                  A = 201,06 cm²

> **T** Verwende bei Berechnungen mit dem Taschenrechner für genaue Ergebnisse immer die π-Taste!

b Berechnung des Umfangs u bei gegebenem Flächeninhalt A
gegeben: A = 706,86 cm²
gesucht: u

1. Den Radius berechnen
   A = πr²
   r² = $\frac{A}{\pi} = \frac{706,86}{\pi}$
   r² = 225
   r = 15 cm

> **T** Von welcher Zahl ist 225 die Quadratzahl?

2. Den Umfang berechnen
   u = 2 · π · r = 2 · π · 15
   u = 94,25 cm

5.2 Umfang und Flächeninhalt des Kreises

Übungsaufgaben

1 Berechne den Umfang und den Flächeninhalt der abgebildeten Kreise. Führe zunächst im Kopf eine Überschlagsrechnung durch.

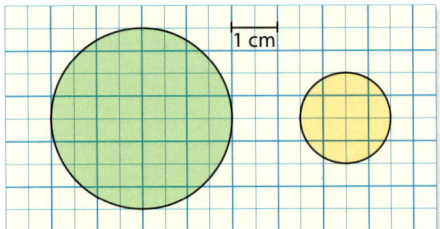

2 Berechne mithilfe der Formeln den Umfang und den Flächeninhalt.
a r = 10 cm
b d = 6,8 cm
c r = 42,8 mm
d r = 0,8 m
e r = 0,5 cm
f d = 1,3 km
g d = 72,34 cm
h r = 13,13 mm

3 Bei welchen Lösungen sollte man Umfang bzw. Flächeninhalt in anderen Einheiten angeben?
a d = 10 cm
b r = 10 dm
c r = 45 mm
d r = 322 mm
e d = 673,5 m
f d = $\frac{1}{4}$ cm

4 Bestimme den gesuchten Wert. Benutze dabei die Formeln und forme um.
a u = 12 cm; r = ?
b u = 20 dm; A = ?
c A = 12,57 cm²; r = ?
d A = 37,7 cm²; u = ?

5 Berechne die fehlenden Größen.

	r	d	u	A
a	…	234,6 cm	…	…
b	…	…	89,4 m	…
c	…	…	9,45 cm	…
d	…	…	…	28,3 cm²

6 Berechne r, u und A. Wenn man π im Ergebnis als Faktor stehen lässt, geht das im Kopf!
Beispiel   r = 0,2 cm
         u = 2 · π · r
         u = 2 · π · 0,2   ⇒   u = 0,4 · π cm
a r = 8 cm
b d = 2,4 cm
c u = 4π mm
d A = 196π dm²

7 Die beiden Zeiger einer Kirchturmuhr haben unterschiedliche Längen. Der große Zeiger misst von der Achse bis zur Spitze 140 cm, der kleine (Stunden-)Zeiger kommt auf 85 cm.
a Welchen Weg legt die Spitze des Minutenzeigers in fünf Stunden zurück?
b Wie groß ist die Fläche, die der kleine Zeiger im Verlauf von zwölf Stunden überstreicht?

8 Einige der Ergebnisse in der rechten Spalte sind falsch! Leider wurden beim Rechnen keine Zwischenschritte aufgeschrieben. Finde die Fehler und beschreibe sie.
Wie lauten die richtigen Ergebnisse?
a r = 7,8 cm   u = 24,5 cm
b r = 12 cm   A = 75,4 cm²
c r = 0,4 dm   A = 5,03 cm²
d A = 706,9 m²   d = 30 m

9 In Charrat im schweizerischen Kanton Wallis steht eine Windkraftanlage. Der Durchmesser des dreiflügeligen Rotors beträgt 110 m. Daraus ergibt sich eine *Windernteﬂäche* von ca. 9 500 m². Erkläre den Begriff und berechne die Windernteﬂäche für einen Radius von 82 m.

Umfang und Flächeninhalt des Kreises — 5.2

10 Marina möchte für den Hocker (d = 40 cm) eine runde Decke nähen, die überall 20 cm überhängen soll.
Wie viele Quadratzentimeter Stoff benötigt sie, wenn sie für den Saum der Decke 2 cm dazurechnet?

11 Für eine Dose mit 8,5 cm Durchmesser wird ein Etikett mit 1 cm Überlappung produziert.

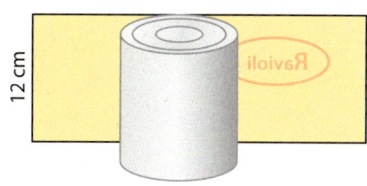

a Gib die Maße des Etiketts an und berechne seinen Flächeninhalt.
b Berechne Durchmesser und Höhe einer Dose für Kartoffelchips, für die eine quadratische Banderole mit dem Flächeninhalt 625 cm² (ohne Überlappung) verwendet wird.

12 Gib den Umfang und den Flächeninhalt des Kreises in Abhängigkeit von x an.

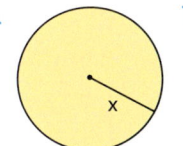 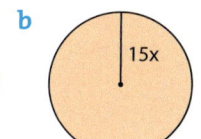 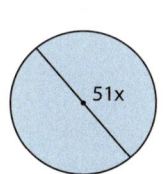

13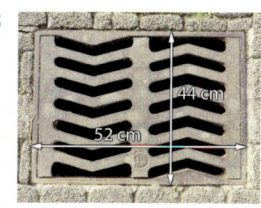

a Welcher Gullideckel hat den größeren Flächeninhalt?
b Der innere Kreis des rechten Deckels ist mit Beton ausgegossen. Wie viel Prozent der Deckelfläche ist betoniert?

14 *Konfettiregen*
Der Büro-Locher wurde in der vergangenen Woche 3100-mal betätigt. Er stanzt Paare von Löchern mit einem Durchmesser von 5 mm.
a Wie vielen DIN-A4-Blättern entspricht die Fläche aller ausgestanzten Konfetti-Kreise?
b Wie viele DIN-A4-Blätter bräuchte man mindestens, um die wöchentliche Anzahl der Konfetti-Kreise herzustellen, wenn man die Löcher direkt aneinander setzen würde, so wie rechts?

15 Achte darauf, Klammern zu setzen, wenn du die Terme für Umfang und Flächeninhalt aufstellst. Vereinfache dann.

T Beachte die binomischen Formeln!

a $r = x + 1$
b $r = 3x + 10$
c $r = 5 - x$
d $d = x + 1$

16

Die Auswertung von Satellitendaten hat ergeben, dass von 2002 bis 2016 allein im brasilianischen Teil Amazoniens 180 950 Quadratkilometer Regenwald abgeholzt wurden.
a Runde dein Zwischenergebnis auf Hunderter: Wenn diese gerodete Fläche eine Kreisform hätte, wie groß wäre dann ihr Durchmesser? Wie groß wäre der Umfang?
b Würden die 30 Tage Jahresurlaub eines Radfahrers ausreichen, um den Kreis einmal zu umrunden, wenn er pro Tag vier Stunden mit 25 km/h unterwegs wäre?
Diskutiert das Ergebnis zu zweit.

Berechnungen am Kreis

5.3 Kreisringe

1. Im Jahre 2002 wurde der Euro als Währung eingeführt. Das Zwei-Euro-Stück setzt sich aus zwei Teilen zusammen. Der Ring besteht aus Kupfer-Nickel und der Kern aus Nickel-Messing.
Welches Material hat den größeren Anteil an der Münze?
Verwende für die Berechnung der beiden Flächeninhalte die Maße der vergrößerten Abbildung.

2. Im Baumarkt gibt es Unterlegscheiben in den verschiedensten Größen. Miss bei den Unterlegscheiben rechts die Radien und berechne die Auflagefläche.

Ein **Kreisring** ist von zwei Kreislinien begrenzt, die denselben Mittelpunkt, aber verschiedene Radien haben.

> **M**   **Flächeninhalt des Kreisrings**
>
> Man berechnet den **Flächeninhalt eines Kreisrings**, indem man vom Flächeninhalt des Außenkreises mit dem Radius r_a den Flächeninhalt des Innenkreises mit dem Radius r_i subtrahiert.
>
> $$A_{Kreisring} = \pi \cdot r_a^2 - \pi \cdot r_i^2 = \pi \cdot (r_a^2 - r_i^2)$$

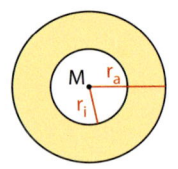

Beispiel   gegeben: $r_a = 5\,cm$, $r_i = 2{,}8\,cm$; gesucht: Flächeninhalt A des Kreisrings.
$A = \pi \cdot (r_a^2 - r_i^2)$
$A = \pi \cdot (5^2 - 2{,}8^2) \quad \Rightarrow \quad A = 53{,}9\,cm^2$

Übungsaufgaben

1. Zeichne den Kreisring und bestimme seinen Flächeninhalt.
   a) $r_a = 4\,cm$; $r_i = 3\,cm$
   b) $r_a = 8\,cm$; $r_i = 1\,cm$
   c) $r_a = 5{,}5\,cm$; $r_i = 5{,}0\,cm$
   d) $r_a = \frac{3}{4}\,dm$; $r_i = \frac{1}{2}\,dm$

2. Berechne den Flächeninhalt der schwarzen Reifenflanke.

3. Berechne die fehlende Größe.
   Beispiel   gegeben: $r_i = 5{,}0\,cm$
                    $A_{Kreisring} = 75{,}4\,cm^2$
   gesucht: r_a
   $75{,}4 = \pi \cdot (r_a^2 - 5^2) \quad |:\pi$
   $24 = r_a^2 - 5^2 \quad |+5^2$
   $49 = r_a^2$
   $r_a = 7\,cm$

	r_a	r_i	$A_{Kreisring}$
a	...	2,4 cm	95 cm²
b	18 m	...	565,5 m²
c	...	2 mm	15,7 mm²
d	10 cm	...	64π cm²

5.4 Kreisausschnitte

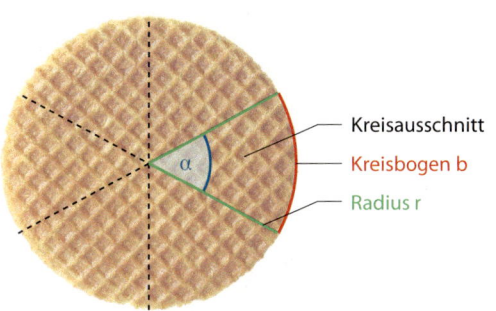

1 Eine Spezialität der Konditorei *Honigtau* sind Waffeln in Form von Kreisausschnitten mit dem Radius r = 10 cm.
a Bei der Sorte *Schokosechser* kann man sechs schokoladegefüllte Waffeln zum Kreis zusammenlegen.
Welchen Mittelpunktswinkel hat ein *Schokosechser*?
b Kann man Waffeln der Sorte *Eistraum* mit einem Mittelpunktswinkel von 40° zu einem vollständigen Kreis zusammenlegen?
Wie viele Waffeln braucht man dazu?

2 Die Tabelle fasst die Eigenschaften der *Schokosechser*-Waffel zusammen.
a Wie wirkt sich das Verhältnis von Mittelpunktswinkel α und Vollwinkel 360° auf den Kreisbogen b und den Flächeninhalt A des Kreisausschnitts aus?
b Welchen Umfang hat der Vollkreis?
c Welchen Flächeninhalt hat dieser Kreis?

Radius r	10 cm
Winkel α	60°
Winkelverhältnis $\frac{\alpha}{360°}$	$\frac{60}{360} = \frac{1}{6}$
Anteil am Vollkreis	$\frac{1}{6}$
Kreisbogen b	$\frac{1}{6} \cdot u_{Vollkreis} = \frac{1}{6} \cdot 2\pi r$
Flächeninhalt A	$\frac{1}{6} \cdot A_{Vollkreis} = \frac{1}{6} \pi r^2$

Der **Kreisausschnitt** (oder **Kreissektor**) ist ein Teil eines Vollkreises, der von zwei Radien und dem Kreisbogen b begrenzt wird. Die Radien schließen den Mittelpunktswinkel α ein.

Den Anteil der Länge des **Kreisbogens** b am Kreisumfang 2πr kann man bestimmen, indem man das Verhältnis von Mittelpunktswinkel α und Vollkreiswinkel 360° berechnet und mit dem Kreisumfang multipliziert:

$\frac{60°}{360°} = \frac{1}{6} \Rightarrow b = \frac{60°}{360°} \cdot 2\pi r = \frac{1}{6} \cdot 2\pi r = \frac{1}{3}\pi r$

Den Anteil des **Flächeninhalts** eines Kreisausschnitts am Vollkreis πr² kann man auf die gleiche Weise berechnen:

$\frac{60°}{360°} = \frac{1}{6} \Rightarrow A = \frac{60°}{360°} \cdot \pi r^2 = \frac{1}{6} \cdot \pi r^2$

 Die Länge des Kreisbogens b und der Flächeninhalt A des Kreisausschnitts sind von der Größe des Mittelpunktswinkels α und vom Radius r abhängig.

Kreisbogen: $b = \frac{\alpha}{360} \cdot 2\pi r = \frac{\alpha}{180} \cdot \pi r$ **Flächeninhalt:** $A = \frac{\alpha}{360} \cdot \pi r^2$

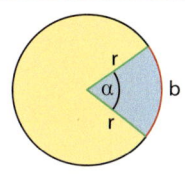

Beispiele

a Kreisausschnitt mit Radius r = 15 cm und Mittelpunktswinkel α = 135°

$b = \frac{\alpha}{180°} \cdot \pi r = \frac{135°}{180°} \cdot \pi \cdot 15$

$b = 35{,}3 \text{ cm}$

$A = \frac{\alpha}{360°} \cdot \pi r^2 = \frac{135°}{360°} \cdot \pi \cdot 15^2$

$A = 265{,}1 \text{ cm}^2$

b Kreisausschnitt mit der Fläche A = 96,2 cm² und Radius r = 21 cm. Wie groß ist α?

$A = \frac{\alpha}{360°} \cdot \pi r^2 \qquad |\cdot 360° \qquad |:\pi r^2$

$\alpha = \frac{A \cdot 360°}{\pi r^2} = \frac{96{,}2 \cdot 360°}{\pi \cdot 21^2}$

$\alpha = 25°$

5.4 Kreisausschnitte

Übungsaufgaben

1 Welchen Anteil an einem Vollkreis hat ein Kreisausschnitt mit Mittelpunktswinkel α = 90° (270°; 45°; 120°; 36°; 315°; 15°; 144°; 40°)? Zeichne die ersten drei Kreisausschnitte mit r = 5,5 cm.

2 Es werden Kreisausschnitte mit den Mittelpunktswinkeln α = 90° (30°; 180°; 120°; 45°; 60°) ausgeschnitten …
a … aus Kreisen mit dem Umfang u = 120 cm. Bestimme die Länge des Kreisbogens im Kopf.
b … aus Kreisen mit dem Flächeninhalt 180 cm². Bestimme den Flächeninhalt der Kreisausschnitte.

3 Berechne den Flächeninhalt des Kreisausschnitts und die Länge des Kreisbogens für den Radius r = 20 cm.
a α = 90°   c α = 270°   e α = 25°
b α = 60°   d α = 120°   f α = 50°

4 Du kannst b und A im Kopf berechnen, wenn du π im Ergebnis stehen lässt.

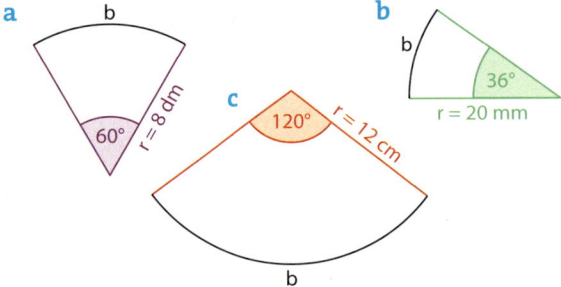

5 Bestimme den Radius der Kreisausschnitte.
a b = 15,1 cm; α = 70°
b b = 90,3 cm; α = 145°
c A = 424,5 m²; α = 190°
d A = 14,2 cm²; α = 65°

6 Wie groß ist der Mittelpunktswinkel α?
a b = 4,5 cm; r = 4,6 cm
b b = 70,2 m; d = 100,6 m
c A = 7,1 m²; r = 2,3 m
d A = 261,5 mm²; d = 19,6 mm

7 Zeichne die Fläche für a = 5 cm und berechne Umfang und Flächeninhalt der gelben Figur.

a 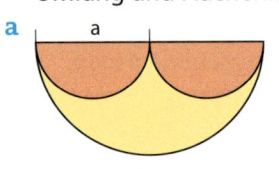 b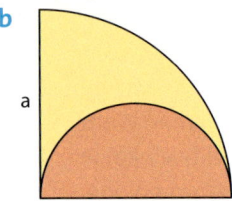

8 *Glücksache?*
a Bei welchem Glücksrad hast du die größere Gewinnchance? Schätze zuerst und gib dann den Anteil der blauen Flächen in Prozent an.

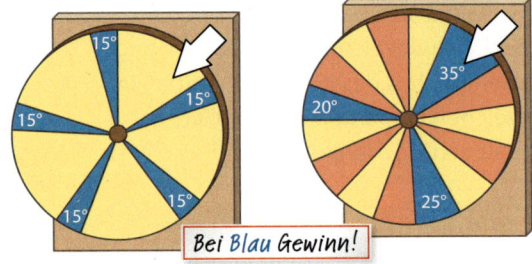

Bei Blau Gewinn!

b Die gelben und die roten Flächen sind im rechten Glücksrad gleich groß. Berechne die Größe der roten Flächen bei einem Radius von 30 cm.

9 Sitzverteilung nach der Landtagswahl 2016.

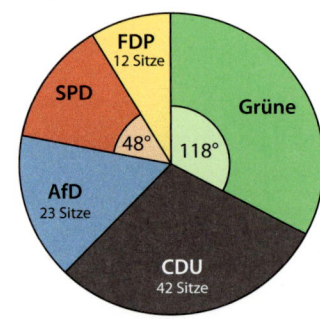

a Der Landtag hat 143 Sitze. Wie viele Sitze hat die SPD, wie viele die Grünen?
b Berechne, mit welchen Mittelpunktswinkeln die Ergebnisse der anderen Parteien dargestellt sind.
c Zeichne ein Kreisdiagramm mit den Ergebnissen der Landtagswahl 2011:

CDU	Grüne	SPD	FDP	Linke	Sonstige
39,0 %	24,2 %	23,1 %	5,3 %	2,8 %	5,6 %

5.5 Zusammengesetzte Figuren

Es gibt verschiedene Möglichkeiten, den Flächeninhalt zusammengesetzter Figuren zu berechnen.

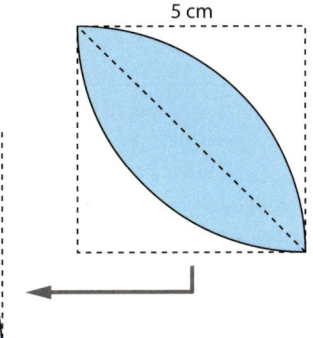

Beispiel Kreisabschnitt

① Berechnung der Viertelkreisfläche A_{Vk}
$A_{Vk} = \frac{1}{4} \cdot \pi \cdot 5^2$

② Berechnung der Dreiecksfläche A_D
$A_D = \frac{5 \cdot 5}{2}$

③ Berechnung der Differenzfläche: $A_{Diff} = \frac{1}{4} \pi \cdot 5^2 - \frac{5 \cdot 5}{2} = 7{,}13 \, cm^2$

④ Berechnung der gesuchten Fläche: $A = 2 \cdot A_{Diff} = 14{,}26 \, cm^2$

Übungsaufgaben

1 Berechne den Flächeninhalt und den Umfang der zusammengesetzten Figur.

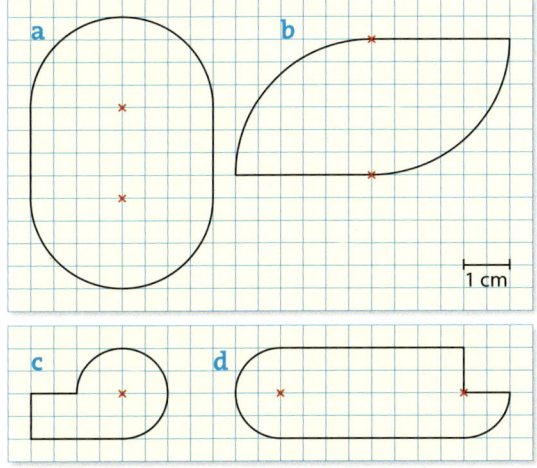

2 Welche Fläche hat den größeren Flächeninhalt?

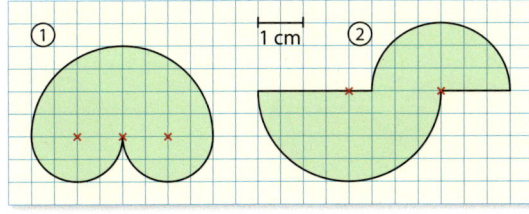

3 Zeichne die Figuren für $a = 4 \, cm$ und berechne den Umfang und den Flächeninhalt der violetten Flächen.

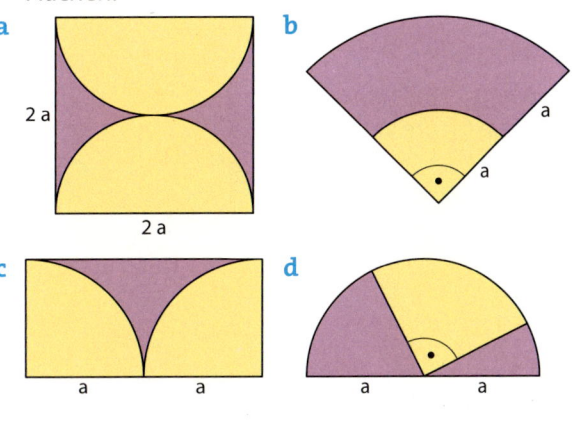

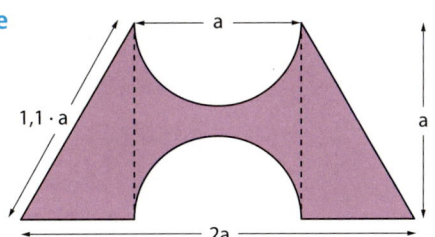

Berechnungen am Kreis

5.5 Zusammengesetzte Figuren

4 Die Entfernung von A nach B beträgt 6 km. Wie lang ist der blaue Weg von A nach B?

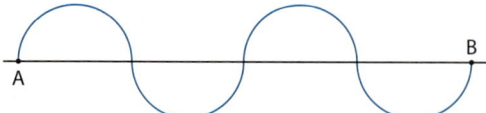

5 Die Zeichnung zeigt einen Sportplatz mit einem Innenraum und einer Laufbahn.

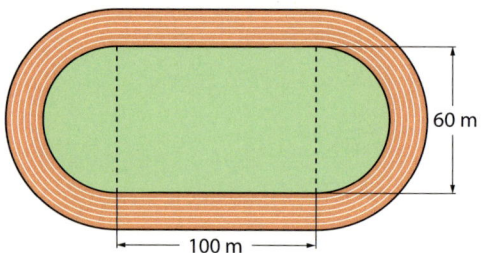

a Berechne die Gesamtfläche des Innenraums.
b Berechne den Flächeninhalt der Laufbahn, wenn sie 7,50 m breit ist.
b Welchen Umfang hat die Laufbahn am Rande des Innenraums und welchen Umfang hat sie am äußeren Rand?

6 Berechne den Flächeninhalt und den Umfang der grünen Flächen.
Setze für die Variable a jeweils den Wert 8 cm ein.

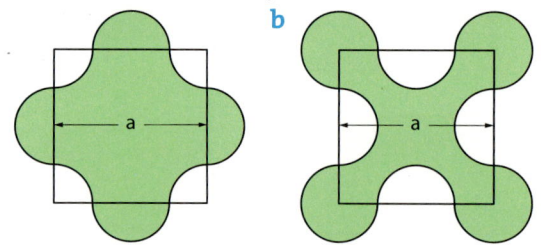

7 WLAN-Symbol
Berechne den Flächeninhalt der weißen Teilflächen. Beträgt ihr Anteil am Viertelkreis weniger oder mehr als 30 %?

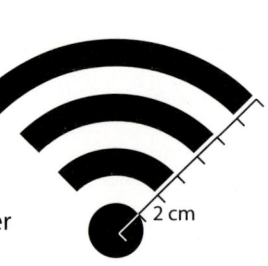

8 Die Figuren bestehen aus Halb- und Viertelkreisen. Es gibt mehrere Möglichkeiten, den Umfang und den Flächeninhalt zu berechnen.

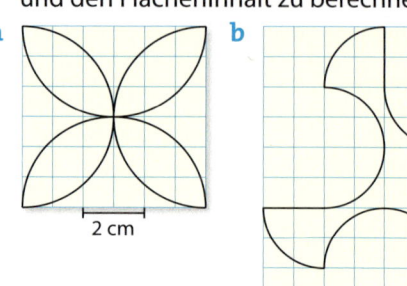

9 Berechne den Flächeninhalt und den Umfang der farbigen Figuren.
Setze für die Variable a jeweils den Wert 5 cm ein.

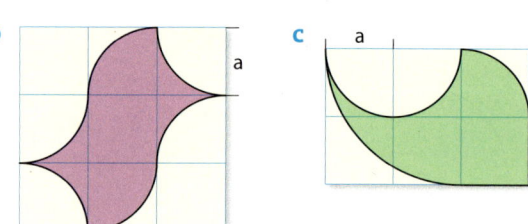

10 Wie viel Prozent der Kreisfläche ist rot gefärbt?

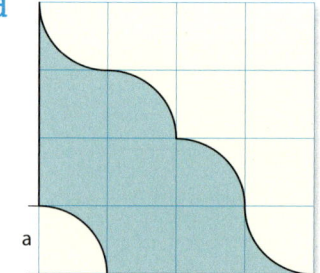

5.6 Grundlagentraining

Abschätzungen am Kreis

1 Schätze den Umfang der Kreise mithilfe der Faustregel ab.
a r = 4,8 cm   c r = 11,5 dm   e d = 7,3 dm
b r = 256 mm d d = 5,8 cm   f d = 12,8 m

2 Bestimme den Flächeninhalt der Kreise mithilfe der Faustregel annähernd.
a r = 24 cm   d d = 73 mm
b    e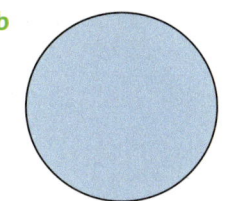
c d = 42,8 dm   f r = 1,5 m

3 Welchen Radius haben die Kreise ungefähr?
a u = 9,6 m   c A = 243 cm²
b u = 2,4 km   d A = 4800 mm²

Umfang und Flächeninhalt des Kreises

4 Berechne den Umfang und den Flächeninhalt der Kreise.
a r = 35 mm   d r = 6,35 cm
b r = 3,2 cm   e d = 36,8 km
c d = 1,25 m   f r = 119,5 m

5 Berechne den Radius der Kreise.
a u = 21,6 cm   d A = 78,6 cm²
b u = 144 cm   e A = 113,1 m²
c u = 6,6 m   f A = 380,2 km²

6 Übertrage die Tabelle in dein Heft und berechne die fehlenden Größen.

	a	b	c	d	e	f
r	5,5 cm	...	...	...	...	...
d	...	7,5 dm	...	...	...	...
u	...	...	66 cm	...	96 m	...
A	...	...	...	154 cm²	...	50,3 m²

7 Miss die Durchmesser der Kreise und berechne jeweils ihren Umfang und Flächeninhalt.

a 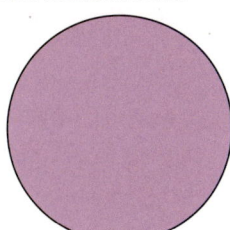 c

b   d

8 Berechne die Flächeninhalte der einzelnen Kochplatten und gib die Gesamtfläche der Kochplatten an.

Teile von Kreisen

9 Zeichne die Kreisringe und berechne ihren Flächeninhalt.
a $r_a = 62$ mm; $r_i = 27$ mm
b $r_a = 5,4$ cm; $r_i = 1,8$ cm
c $r_a = 56$ mm; $r_i = 2,8$ cm
d $r_a = 7,4$ cm; $r_i = 6,7$ cm

5.6 Grundlagentraining

10 Welcher der Kreisringe hat den größten Flächeninhalt? Miss die Radien und ordne die Ergebnisse den richtigen Abbildungen zu.

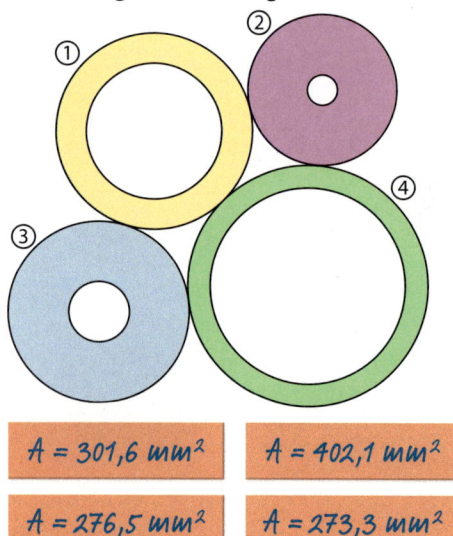

$A = 301,6\ mm^2$ $A = 402,1\ mm^2$
$A = 276,5\ mm^2$ $A = 273,3\ mm^2$

11 Zeichne Kreisausschnitte mit den angegebenen Maßen und berechne ihre Flächeninhalte.
a α = 90°; r = 4,5 cm   c α = 140°; r = 4,0 cm
b α = 35°; r = 5,2 cm   d α = 40°; r = 4,8 cm

12 Gib für die Kreisausschnitte mit dem Mittelpunktswinkel α den Anteil am ganzen Kreis an.
a α = 90°   c α = 40°   e α = 240°
b α = 180°   d α = 45°   f α = 270°

13 Ein Kreis hat den Flächeninhalt $A = 360\ cm^2$. Aus dem Kreis wurden drei Ausschnitte erstellt. Sie haben die Flächeninhalte $A_1 = 60\ cm^2$, $A_2 = 10\ cm^2$ und $A_3 = 72\ cm^2$. Berechne die Mittelpunktswinkel $α_1$, $α_2$, und $α_3$.

14 *Drei Kreise, drei Farben*
$r_{gelb} = 8\ cm$, $r_{blau} = 5\ cm$, $r_{rot} = 3\ cm$
a Berechne die gelben, blauen und roten Flächeninhalte.
b Zeichne die drei Kreise mit gemeinsamem Mittelpunkt und berechne die sichtbaren gelben, blauen und roten Flächeninhalte. Vergleiche die Ergebnisse aus a und b.

15 Zeichne die Figur nach und berechne die Größe der gelben Fläche.

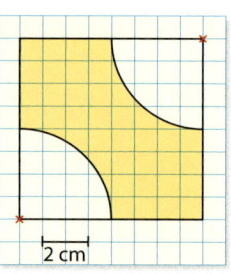

16 Welche der beiden gelben Flächen hat den größeren Flächeninhalt? Berechne den Unterschied!

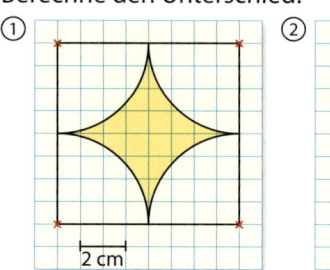 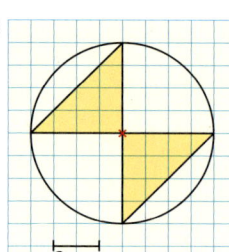

17 Zeichne die Figuren für a = 3 cm und berechne den Flächeninhalt der blauen Flächen.

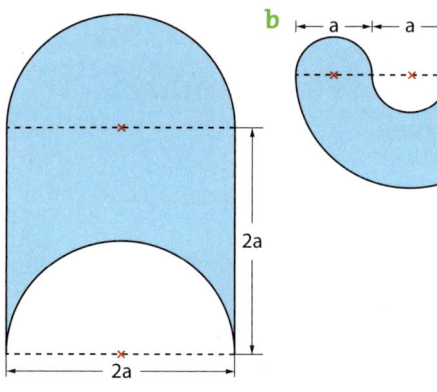

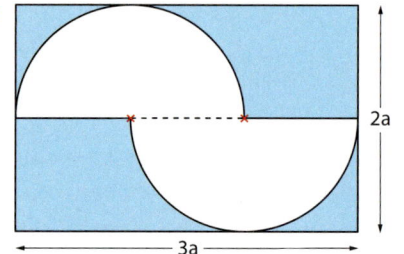

5.7 Mach dich fit!

Abschätzungen am Kreis

1 Schätze den Umfang der Kreise mithilfe der Faustregel ab.
a r = 8,4 cm
b r = 123 mm
c d = 3,4 mm
d d = 27,3 cm

2 Bestimme den Flächeninhalt der Kreise mithilfe der Faustregel annähernd.
a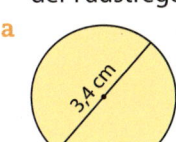
b d = 12,8 cm
c r = 3,5 m
d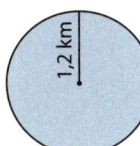

3 Welchen Radius haben die Kreise ungefähr?
a u = 10,8 m
b u = 14,4 km
c A = 192 cm²
d A = 675 mm²

4 Der Radius wird jeweils verdreifacht. Wie groß ist dann der neue Umfang bzw. Flächeninhalt? Übertrage die Aufgabe in dein Heft.
a $r_1 = 2{,}8$ cm $\rightarrow u_1 = \square$ mit $3 \cdot r_1$: $u_3 = \square$
b $r_1 = 10{,}8$ m $\rightarrow u_1 = \square$ mit $3 \cdot r_1$: $u_3 = \square$
c $r_1 = 4{,}6$ cm $\rightarrow A_1 = \square$ mit $3 \cdot r_1$: $A_3 = \square$
d $r_1 = 2{,}7$ m $\rightarrow A_1 = \square$ mit $3 \cdot r_1$: $A_3 = \square$

5 Umfang oder Flächeninhalt sind bekannt.
a Der Kreisumfang beträgt u = 150 cm. Wie groß ist in etwa sein Flächeninhalt?
b Jetzt kennst du den Flächeninhalt eines Kreises mit A = 147 km². Gib den Umfang an.

Umfang und Flächeninhalt des Kreises

6 Berechne Umfang und Flächeninhalt des Kreises.
a r = 25 cm
b d = 1,7 dm
c r = 16,35 cm
d d = 6,45 km

7 Berechne den Radius des Kreises.
a u = 25,8 cm
b u = 144,5 cm
c A = 28,3 cm²
d A = 531 m²

8 Übertrage die Tabelle in dein Heft und berechne die fehlenden Größen.

	a	b	c	d	e	f
r	3,5 cm	…	…	…	…	…
d	…	5,7 dm	…	…	…	…
u	…	…	11 cm	…	9 m	…
A	…	…	…	12,6 cm²	…	28,3 m²

9 Berechne r, u und A. Wenn man π im Ergebnis als Faktor stehen lässt, geht das im Kopf!
a r = 18 cm
b d = 24 cm
c u = 14π mm
d A = 2,56π dm²

10 Zwei Ergebnisse sind falsch. Berechne neu. Versuche, die Fehler zu erklären.
a r = 8,5 cm   → u = 26,7 cm
b r = 24 mm   → A = 1809,6 mm²
c u = 72,6 m   → d = 11,6 m
d A = 78,6 cm²   → u = 31,4 cm

11 *Torwandschießen*

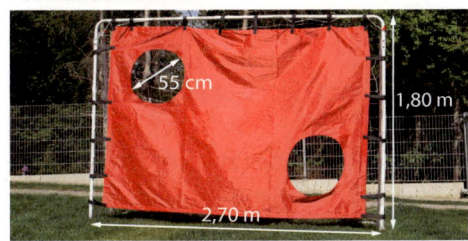

a Beim Vereinsfest des VfB Pfahlheim hat die Torwand nur ein Loch in der Mitte. Es hat die gleiche Fläche wie die beiden Löcher einer normalen Torwand zusammen. Berechne den Radius des Lochs.
b Wie groß ist der prozentuale Anteil der Lochfläche?
c Haben die beiden kleinen Löcher zusammen den gleichen Umfang wie das große Loch? Überlege zuerst, mache eine Aussage und berechne dann.

12 Gib den Umfang und den Flächeninhalt in Abhängigkeit von x an.
a r = 2x
b r = 7x
c r = 2x + 4
d r = 8 − x

Berechnungen am Kreis

5.7 Mach dich fit!

13 Kleine und große Kreise
a) Berechne den Umfang des violetten Kreises (r = 8 cm), der beiden gelben und der vier grünen Kreise. Was fällt dir auf?
b) Berechne die Flächeninhalte der unterschiedlich großen Kreise. Wie viele gelbe bzw. wie viele grüne Kreise haben den gleichen Flächeninhalt wie der violette?
c) Suche nach einer Erklärung für dein Ergebnis.

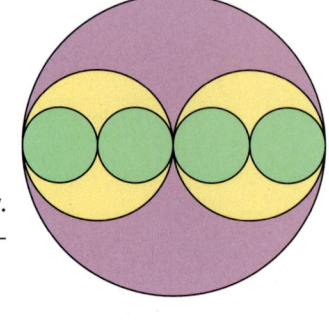

Kreisringe

14 Zeichne den Kreisring und berechne seinen Flächeninhalt.
a) $r_a = 32$ mm; $r_i = 25$ mm
b) $r_a = 4{,}5$ cm; $r_i = 1{,}9$ cm
c) $r_a = 7{,}3$ cm; $r_i = 4{,}8$ mm
d) $r_a = 56$ mm; $r_i = 3{,}4$ cm

15 Vom Kreisring sind der Flächeninhalt und ein Radius bekannt. Berechne den Radius des zweiten Kreises.
a) $A = 18{,}3$ mm²; $r_i = 4{,}38$ mm
b) $A = 22{,}9$ cm²; $r_i = 2{,}96$ cm
c) $A = 537{,}2$ cm²; $r_a = 14$ cm
d) $A = 3\,486{,}4$ m²; $r_a = 52{,}06$ m

16 Euromünzen
a) Welche Fläche ist bei der 1-€-Münze größer: die innere, silbrig glänzende oder die äußere, gelb glänzende?

 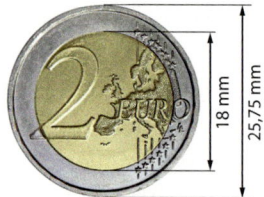

b) Hat die 2-€-Münze das gleiche Verhältnis von silbriger zu gelber Fläche?

Kreisausschnitte

17 Welchen Mittelpunktswinkel α haben:
a) Viertelkreise   c) Neuntelkreise
b) Fünftelkreise   d) Zwölftelkreise

18 Gib für die Kreisausschnitte mit dem Mittelpunktswinkel α ihren Anteil am ganzen Kreis an.
a) α = 45°   c) α = 120°   e) α = 135°
b) α = 36°   d) α = 60°   f) α = 216°

19 Berechne den Radius des Kreises.
a) b = 23 cm; α = 65°
b) b = 5,9 m; α = 120°
c) A = 33,38 cm²; α = 17°
d) A = 9,78 m²; α = 70°

20 Berechne den Mittelpunktswinkel α.
a) b = 8,38 cm; r = 3,2 cm
b) b = 7,0 m; d = 45,6 m
c) A = 841,1 cm²; r = 29,6 cm
d) A = 58,17 mm²; d = 13,8 mm

21 Berechne die fehlenden Größen der Kreisausschnitte.

	r	α	b	A
a	12 cm	100°	…	…
b	14,5 m	300°	…	…
c	…	212°	12,2 m	…
d	73,2 cm	…	113,7 cm	…
e	78,3 cm	…	…	1,2 m²
f	…	12°	5,7 mm	…
g	91 cm	…	…	2,1 m²

22 *Glücksrad*
a) Welche Farbe hat die größte Gewinnchance?
b) Welchen Anteil am gesamten Kreis haben die roten Flächen? Kannst du den Anteil auch in Prozent angeben?
c) Gib für r = 65 cm den Flächeninhalt der gelben Fläche an.

Mach dich fit! 5.7

Zusammengesetzte Figuren

23 Berechne den Flächeninhalt und den Umfang der zusammengesetzten Figur.
Ein Kästchen hat die Kantenlänge 2 cm.

a 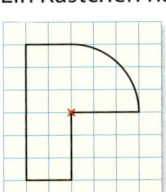   c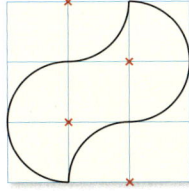

b d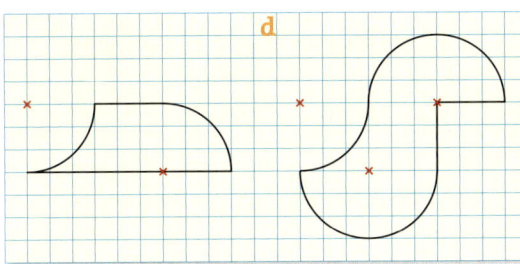

24 Zeichne die Figuren für a = 5 cm und berechne die blauen Flächeninhalte.

a 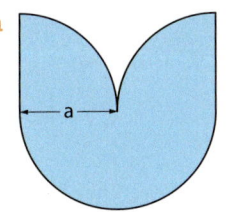   b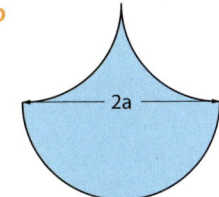

25 Aus quadratischen Blechplatten mit a = 150 mm werden Werkstücke (graue Flächen) hergestellt. Wo entsteht am wenigsten Abfall? (Angaben in mm)

① 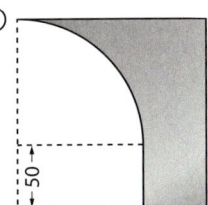   ②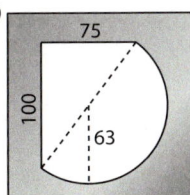

③ 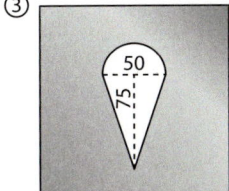   ④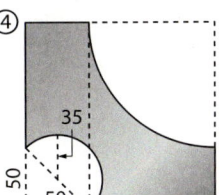

26 Berechne den Flächeninhalt und den Umfang der blauen Fläche.

a h = 3 cm; a = 3,5 cm   c r = 2 cm

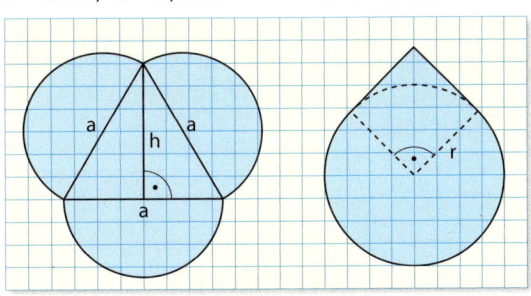

b a = 3 cm   d a = 3 cm

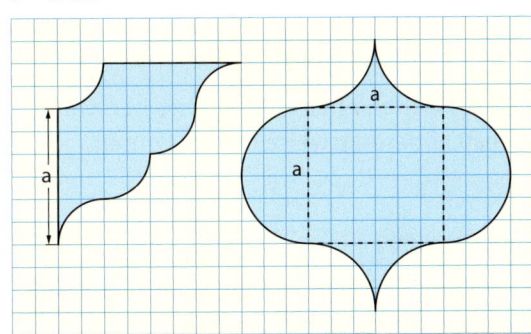

27 Berechne den Umfang und den Flächeninhalt der gelben Fläche.

a h = 6,93 cm

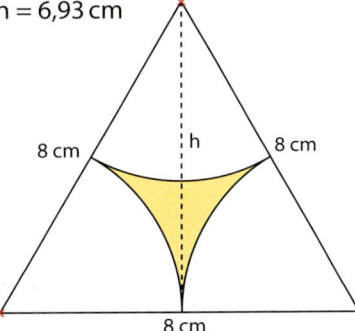

b d = 11,31 cm   c

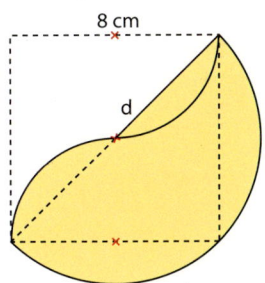 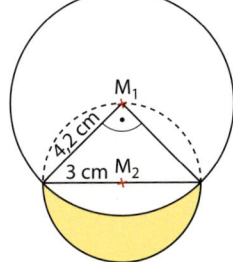

Berechnungen am Kreis

5.8 Grundwissen

Kreislinie

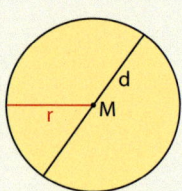

Die Punkte auf einer Kreislinie haben alle den gleichen Abstand (Radius) vom Mittelpunkt M.
Der Durchmesser eines Kreises ist doppelt so groß wie sein Radius: $d = 2r$

Kreiszahl

Faustregeln

Den **Flächeninhalt** eines Kreises berechnet man **näherungsweise** mit der Formel:

$$A \approx 3 \cdot r^2$$

oder wegen $r = \frac{d}{2}$: $\quad A \approx 3 \cdot \frac{d^2}{4}$

Den **Umfang** eines Kreises berechnet man **näherungsweise** mit der Formel:

$$u \approx 6 \cdot r$$

oder wegen $r = \frac{d}{2}$: $\quad u \approx 3 \cdot d$

Bei exakten Berechnungen am Kreis verwendet man die Konstante π.

Kreiszahl π

Unabhängig von der Größe des Kreises entspricht das Verhältnis des Umfangs eines Kreises zu seinem Durchmesser immer der Konstanten π.

$$\frac{u}{d} = \pi \approx 3{,}14$$

Die Kreiszahl π ist eine nicht endliche Dezimalzahl, die mit den Ziffern

$$\pi = 3{,}1415926\ldots$$

beginnt.

Flächeninhalt und Umfang des Kreises

Für die exakte Berechnung des **Flächeninhalts** eines Kreises gilt die Formel:

$$A = \pi \cdot r^2$$

oder wegen $r = \frac{d}{2}$: $\quad A = \pi \cdot \frac{d^2}{4}$

Für die exakte Berechnung des **Umfangs** eines Kreises gilt die Formel:

$$u = \pi \cdot 2r$$

oder wegen $r = \frac{d}{2}$: $\quad u = \pi \cdot d$

Berechnungen am Kreis 5.8

Kreisring

Ein **Kreisring** ist von zwei Kreislinien begrenzt, die denselben Mittelpunkt, aber verschiedene Radien haben.

- M Mittelpunkt
- r_a Radius des Außenkreises
- r_i Radius des Innenkreises

Flächeninhalt des Kreisrings

Man berechnet den Flächeninhalt eines Kreisrings, indem man den Flächeninhalt des Innenkreises mit dem Radius r_i vom Flächeninhalt des Außenkreises mit dem Radius r_a subtrahiert.

$$A_{Kreisring} = \pi \cdot r_a^2 - \pi \cdot r_i^2 = \pi \cdot (r_a^2 - r_i^2)$$

Kreisausschnitt

Der **Kreisausschnitt** oder **Kreissektor** ist ein Teil eines Vollkreises, der von zwei Radien und dem **Kreisbogen** b begrenzt wird.
Die Radien schließen den **Mittelpunktswinkel** α ein.

- M Mittelpunkt
- r Radius
- α Mittelpunktswinkel
- b Bogenlänge des Kreisausschnitts

Flächeninhalt des Kreisausschnitts

Der Flächeninhalt A des Kreisausschnitts ist von der Größe des Mittelpunktswinkels α und von r abhängig.

$$A_{Kreisausschnitt} = \frac{\alpha}{360} \cdot \pi r^2$$

Länge des Kreisbogens b

Die Länge des Kreisbogens b des Kreisausschnitts ist von der Größe des Mittelpunktswinkels α und von r abhängig.

$$b = \frac{\alpha}{360°} \cdot 2 \cdot \pi \cdot r$$

$$b = \frac{\alpha}{180} \cdot \pi r$$

5.9 Mehr zum Thema: Ellipsen sind „gestauchte" Kreise

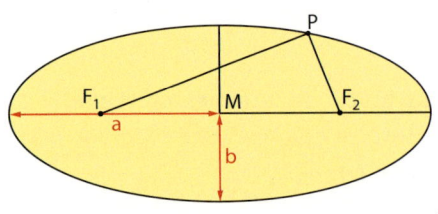

Ellipsen sind gestreckte bzw. gestauchte Kreise. Alle Punkte einer Ellipse stehen zu den entsprechenden Punkten eines Kreises im gleichen Streckungsverhältnis.
Die beiden Punkte F_1 und F_2 heißen Brennpunkte der Ellipse. Die Summe der Entfernungen von einem Punkt P auf der Ellipse zu den beiden Brennpunkten ist immer gleich.

M	Mittelpunkt	a	große Halbachse
F_1, F_2	Brennpunkte	b	kleine Halbachse

Ellipsen kann man mit unterschiedlichen Methoden zeichnen.

Die Gärtnerkonstruktion

Bei der Gärtnerkonstruktion wird die oben beschriebene Eigenschaft von Ellipsen verwendet: $\overline{PF_1} + \overline{PF_2} =$ konstant
Der Landschaftsgärtner rechts zeichnet mit zwei Holzpflöcken in 7 m Abstand, einer 10 m langen Schnur und einem langen Stab eine Ellipsenlinie für ein Blumenbeet.

Aus einem Kreis entsteht eine Ellipse

Bei dieser einfachen Technik verkürzt man die Abstände (blaue Strecken) von Kreispunkten zur waagrechten Hauptachse jeweils im gleichen Verhältnis. Im Beispiel sind die roten Strecken halb so lang wie die blauen. Je nach Verkürzungsfaktor entstehen unterschiedliche Ellipsen.

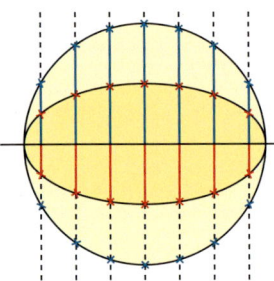

Die Papierstreifenmethode

Bei dieser Methode benutzt man eine andere konstante Summe, nämlich die Längen der beiden Halbachsen a und b. Diese Längen a und b werden nacheinander auf einem Papierstreifen abgetragen. Der Streifen hat die Länge a + b. Die Punkte der Ellipse findet man, indem man die beiden Enden des Streifens auf den Achsen bewegt. Auf der Nahtstelle zwischen a und b liegen die Punkte.
Mit möglichst vielen Punkten entsteht eine gut zeichenbare Linie.

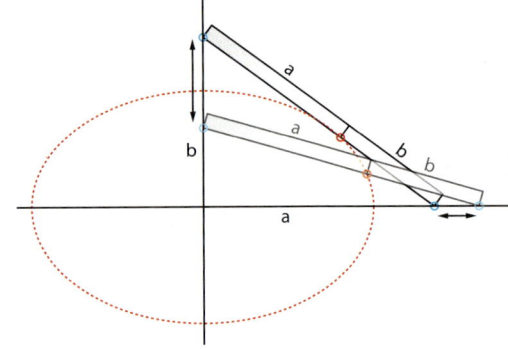

6

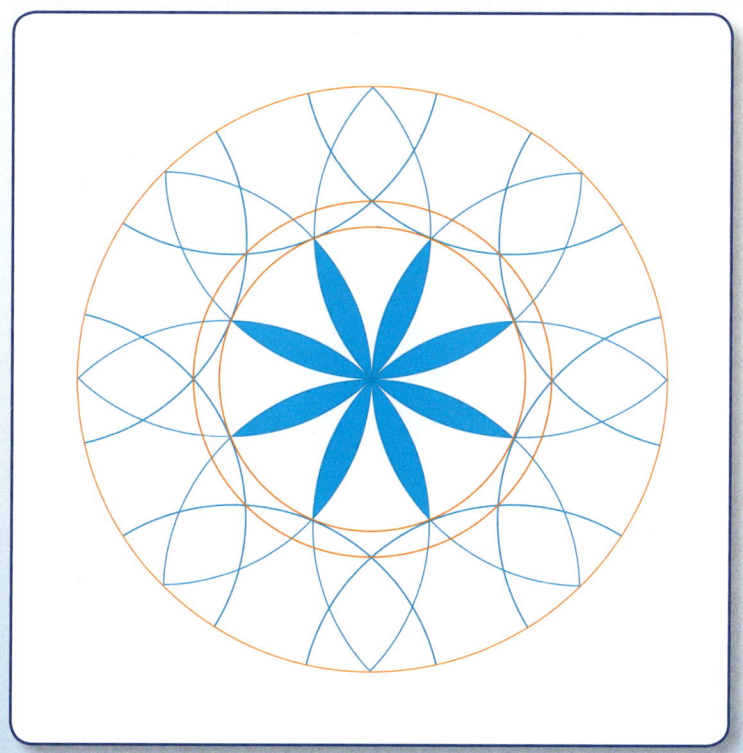

Körper darstellen und berechnen

6.1 Körper in der Übersicht

1. *Ich sehe was, was du nicht siehst, und das ist ein Körper, …*
   a … der als Schrägbild dargestellt wird.
   b … dessen Netz aus fünf Flächen besteht.
   c … dessen Kanten alle gleich lang sind.

2. Finde verschiedene Möglichkeiten, die Körper zu ordnen.

3. *Ein Zylinder ist ein Körper, dessen Grundfläche und Deckfläche gleich sind.*
   Formuliere diese Aussage so um, dass sie den Zylinder genauer beschreibt.

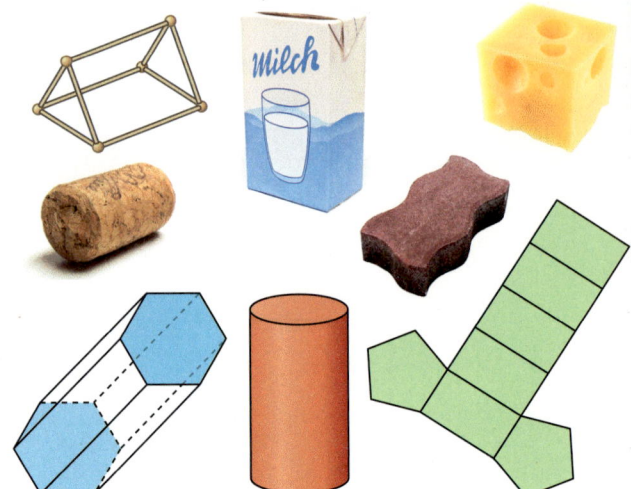

M Prismen und Zylinder sind Körper mit mindestens einem Paar **deckungsgleicher** und **paralleler Flächen**: **Grundfläche** G und **Deckfläche** D.

Sind Grundfläche und Deckfläche *Vielecke*, dann nennt man den Körper ein **Prisma**.
Die Mantelfläche besteht aus Rechtecken.

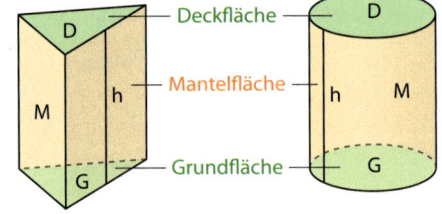

Sind Grundfläche und Deckfläche *Kreise*, dann nennt man den Körper einen **Zylinder** (oder Kreiszylinder).
Die Mantelfläche besteht aus einem Rechteck.

Der Abstand zwischen Grundfläche und Deckfläche heißt **Körperhöhe** h.

Körper kann man sehr verschiedenartig beschreiben:

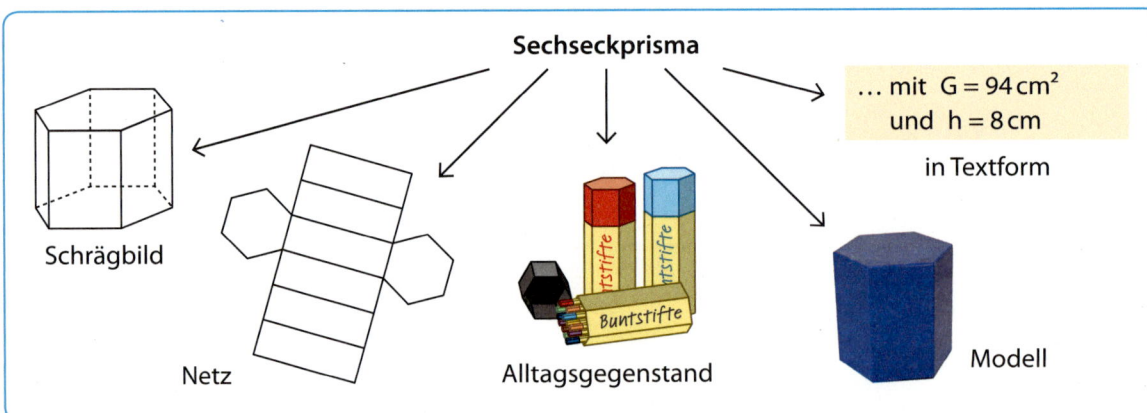

Körper in der Übersicht 6.1

Übungsaufgaben

1 *Prismen und Zylinder*
Welche der Figuren sind Prismen, welche sind Zylinder?
Begründe deine Zuordnung mithilfe der Eigenschaften von Zylinder und Prisma.

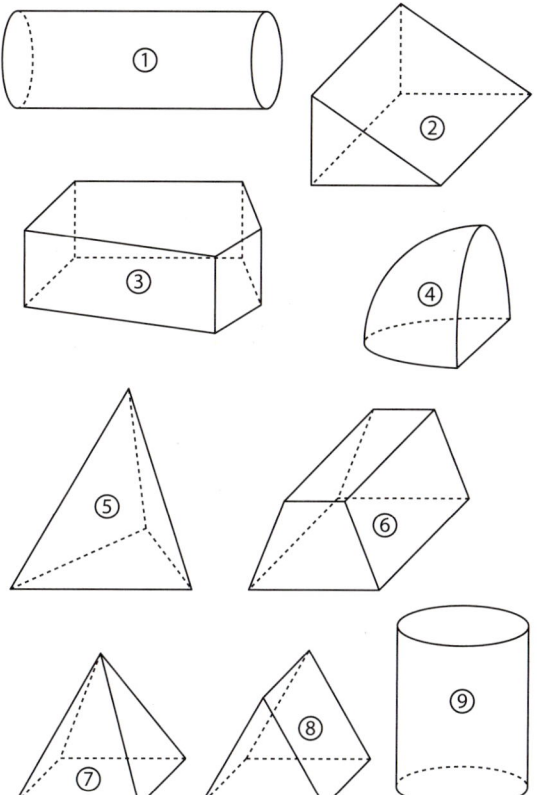

2 Wie viele Kugeln und Stäbe fehlen zum fertigen Kantenmodell?

a

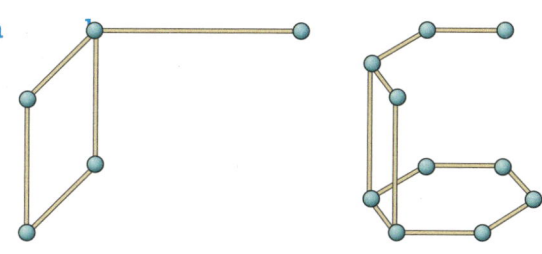

3 Welche der Aussagen über Prismen sind wahr, welche sind falsch?
a Die Mantelfläche von Dreieckprismen besteht aus vier Rechtecken.
b Die einzelnen Rechtecke der Mantelfläche haben bei Prismen immer den gleichen Flächeninhalt.
c Wenn das Netz eines Prismas aus sechs gleich großen Flächen besteht, dann muss es ein Würfel sein.
d Es gibt ein Prisma mit neun Ecken.
e Formuliere mindestens zwei weitere wahre Aussagen zu Prismen oder Zylindern.

4 Diese Holzstäbchen eignen sich zum Bau von Kantenmodellen einiger Figuren in Aufgabe 1. Welche Körper können gebaut werden?

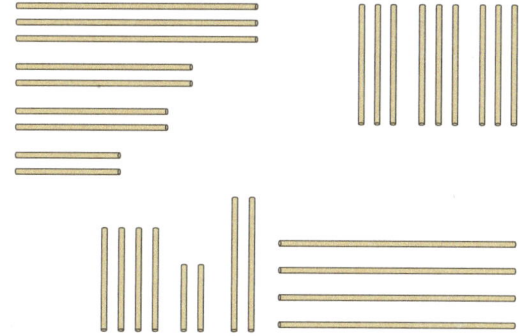

5 *Poster erstellen*
Viele Verpackungen haben die Form eines Prismas oder eines Zylinders. Stellt auf einem Poster einen Körper aus eurem Alltag verschiedenartig vor.
Beispiel

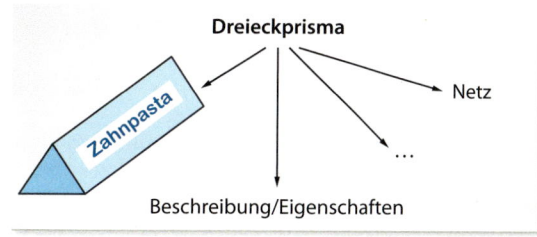

Was könnt ihr alles über euren Körper aussagen?

Körper darstellen und berechnen

6.2 Netze und Schrägbilder von Prismen und Zylindern

Ein *Pop-up-Modell* ist ein zusammengefalteter Körper, der zwischen den beiden Hälften eines gefalteten Kartons „versteckt" ist. Wenn man den Karton aufklappt entsteht ein 3-D-Modell des Körpers.

1 Was für ein Prisma zeigt unser Pop-up-Modell?

2 Aus welchen Netzen kann man ein Prisma falten? Aus welchen nicht und warum nicht?

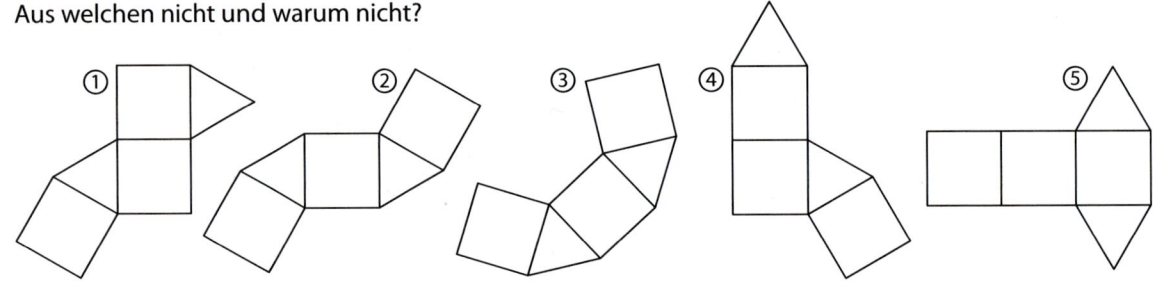

M 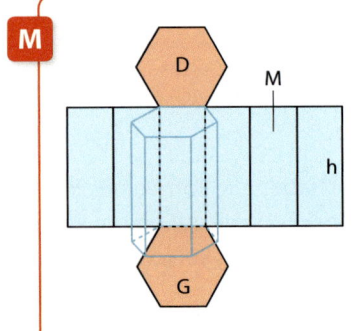 Wenn man die Außenflächen von Prismen und Zylindern an den Kanten so auftrennt, dass man sie in einem zusammenhängenden Stück flach auf den Tisch legen kann, erhält man ein **Netz**.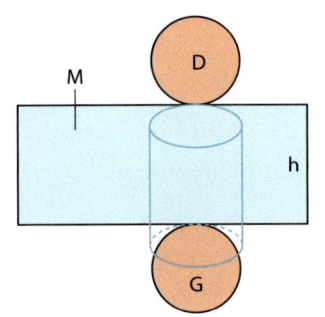

Übungsaufgaben

1 Welche Netze passen zum Schrägbild des Prismas?

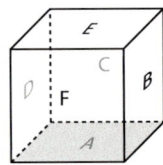 a 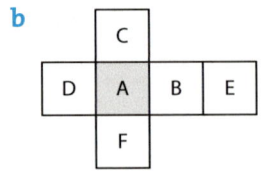 b c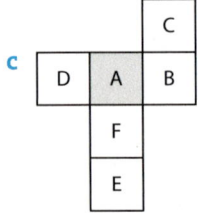

150 Körper darstellen und berechnen

Netze und Schrägbilder von Prismen und Zylindern — 6.2

2 Vervollständige das Netz.

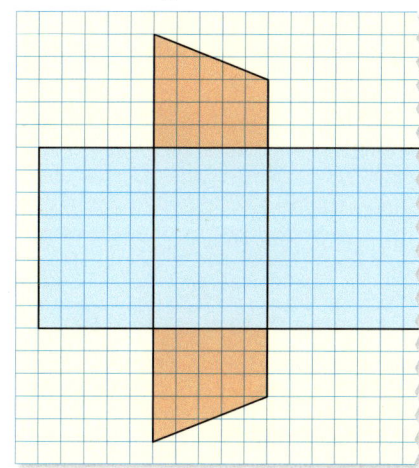

> **M** **Schrägbilder von liegenden Prismen**
>
> *Liegende* Prismen liegen auf einem der Rechtecke der Mantelfläche.
> Die senkrecht nach hinten verlaufenden Kanten werden unter einem **Winkel von 45°** und **um die Hälfte verkürzt** gezeichnet.
>
>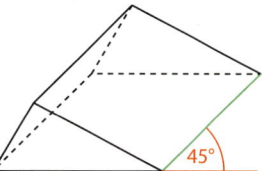
>
> Verdeckte Kanten zeichnet man gestrichelt.

3 Übertrage die angefangenen Netze in doppelter Größe in dein Heft und vervollständige sie.

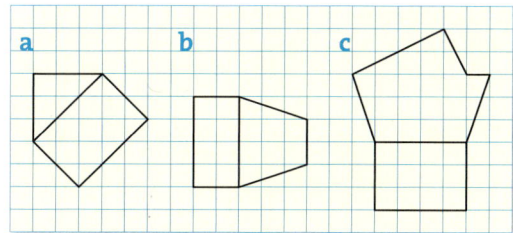

4 Zeichne die Netze der Kreiszylinder.
a $r = 1{,}5$ cm   b $d = 5$ cm
   $h = 3$ cm $h = 4{,}5$ cm

5 Übertrage die angefangenen Schrägbilder in dein Heft und vervollständige sie.

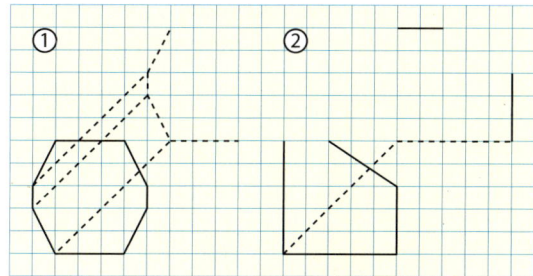

a Beschrifte alle Seiten mit ihrer wahren Länge.
b Notiere in deinem Heft, was beim Zeichnen von Schrägbildern beachtet werden muss.

6 Aus einem Würfel bzw. Quader werden neue Prismen ausgesägt.

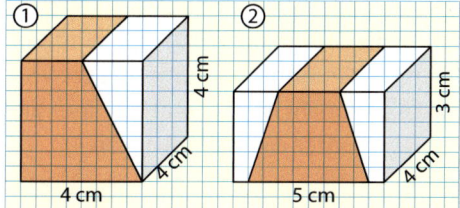

a Zeichne die Schrägbilder zu den neuen Körpern. Zeichne verdeckte Kanten gestrichelt.
b Das Prisma ① wird einmal nach links gekippt. Zeichne das zugehörige Schrägbild.

7 Zeichne zuerst die Grundfläche des Prismas. Vervollständige dann zum Netz und zum Schrägbild.
a Prisma mit allgemeinem Dreieck als Grundfläche:
   $c = 4$ cm, $a = 2{,}5$ cm, $b = 4{,}5$ cm, $h = 3$ cm
b Prisma mit gleichschenkligem Dreieck als Grundfläche:
   $c = 5$ cm, $a = b$, $\alpha = 55°$, $h = 4$ cm
c Prisma mit Parallelogramm als Grundfläche:
   $\alpha = 60°$, $a = 4$ cm, $b = 2{,}5$ cm, $h = 4{,}5$ cm
d Prisma mit symmetrischem Tapez als Grundfläche:
   $a = 5$ cm $\alpha = 60°$, $c = 2$ cm, $h = 4$ cm
e Dreieckprisma:
   $a = b$, $c = 5$ cm, $\alpha = 60°$, $h = 4$ cm
   Was ist an diesem Prisma besonders?

6.2 Netze und Schrägbilder von Prismen und Zylindern

8 Schrägbilder regelmäßiger Prismen
a Übertrage die Schrägbilder in dein Heft.
b Wie könnten die Schrägbilder ③ und ④ aussehen? Setze die Reihe fort und zeichne die Schrägbilder.

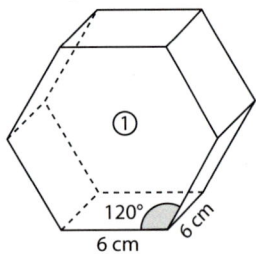
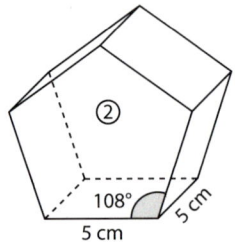

M Schrägbilder von stehenden Prismen

Stehende Prismen stehen auf ihrer Grundfläche. Für Schrägbilddarstellungen zeichnet man die Grundfläche in Originalgröße, halbiert die Grundflächenhöhe, die zur Vorderseite senkrecht ist (h_G), und zeichnet die halbe Höhe unter einem Winkel von 45°.

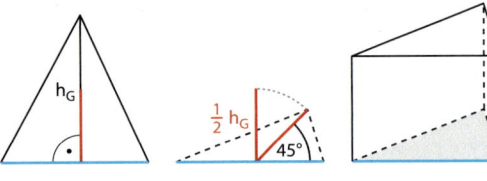

9 Zeichne im Koordinatensystem die Grundflächen von Prismen.
Zeichne dann jeweils das Schrägbild der auf der Grundfläche stehenden Prismen.
Die Höhe der Prismen beträgt 4 cm.
a A(0,5; 1); B(4; 1); C(3,5; 4)
b P(6; 2); Q(10; 2); R(6,5; 5)

10 Übertrage die Grundflächen in doppelter Größe in dein Heft. Zeichne auf der Grundfläche stehende Prismen mit h = 6 cm.

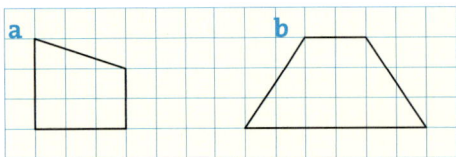

11 Lia hat zum Netz Schrägbilder erstellt.
a Welche Schrägbilder passen zum Netz?

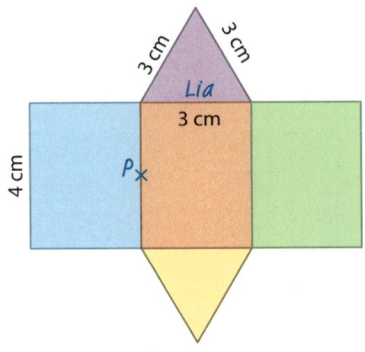
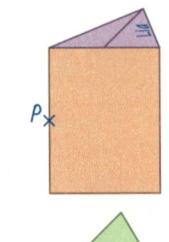

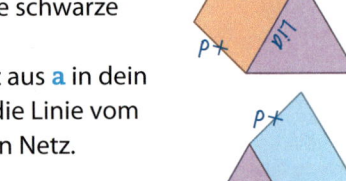

b Lia hat auf einem Schrägbild zwei Kantenmitten mit Q und R markiert und eine schwarze Linie gezeichnet.
Zeichne das Netz aus **a** in dein Heft. Übertrage die Linie vom Schrägbild in dein Netz.

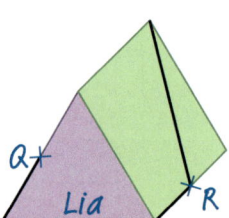

12 Der Sears Tower in Chicago besteht aus neun Quadern mit quadratischer Grundfläche, die je nach Anzahl der Stockwerke unterschiedlich hoch sind. Für eine Werbeveranstaltung soll eine Miniaturausgabe erstellt werden. Zeichne das Miniaturmodell in einem geeigneten Maßstab.

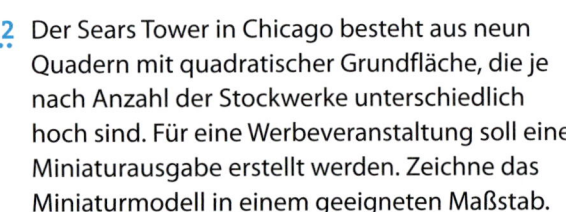

66	90	50
90	105	90
50	105	66

Die Zahlen geben die Anzahl der Stockwerke an.

6.2 Netze und Schrägbilder von Prismen und Zylindern

M **Zylinder-Schrägbilder**

auf der Mantelfläche liegend

① Zeichne die Grundfläche in Originalgröße. Ergänze beim Kreis den senkrecht stehenden Durchmesser d.

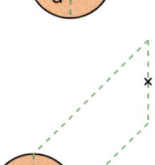

② Zeichne die Körperhöhe unter einem Winkel von 45° in halber Länge (Hilfslinien sind gestrichelt).

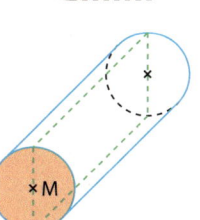

③ Zeichne am Ende der Körperhöhe wieder eine Kreisfläche. Radiere die Hilfslinien weg und zeichne Konturlinien.

auf der Grundfläche stehend

① Zeichne den Kreis der Grundfläche mit Durchmesser d. Halbiere den senkrechten Durchmesser. Verbinde die Eckpunkte. So entsteht eine Ellipse.

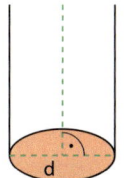

② Zeichne die Körperhöhe in Originallänge.

③ Zeichne die Deckfläche wieder als Ellipse wie in ①.

---

13 Zeichne jeweils drei Kreise mit unterschiedlichen Radien. Die Kreise sind die Grundflächen von Zylindern, die auf der Mantelfläche liegen. Zeichne jeweils ihre Schrägbilder.

14 Lukas stapelt seine Münzen zu Türmen.
a Dabei entstehen ein Turm aus zwölf 50-Cent-Stücken und ein Turm aus 18 2-Cent-Stücken. Zeichne die Münztürme als stehende Zylinder im Maßstab 1 : 1.

	50 Cent	2 Cent
Durchmesser	24,25 mm	18,75 mm
Höhe (Dicke)	2,38 mm	1,67 mm
Gewicht	7,80 g	3,06 g

b Denke dir zwei weitere Mathematikaufgaben zu diesen Münzen aus und löse sie.

15 Zeichne Schrägbilder dieser liegenden Körper:
a Einen Würfel (a = 4 cm), der genau in einen Zylinder passt.
b Einen Zylinder, der genau in einen Würfel (a = 4 cm) passt.
c Einen Zylinder, der genau in ein Sechseckprisma (a = 4 cm, h = 8 cm) passt.

16 Das Schrägbild zeigt ein regelmäßiges Dreieckprisma mit Kantenlänge 3 cm. Die Punkte R und T liegen auf den Kantenmitten.
Zwei Netze passen, eines ist falsch.
Zeichne zum falschen Netz ein passendes Schrägbild.

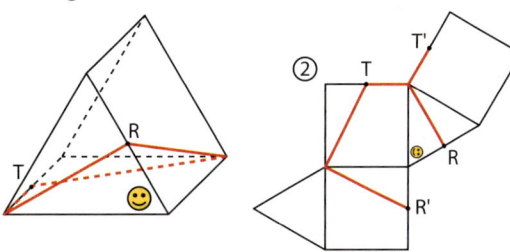

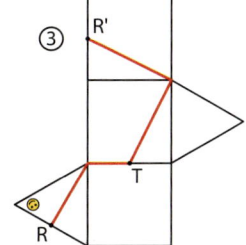

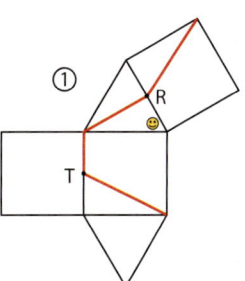

6.3 Oberflächeninhalt von Prismen

1 *Quinoa* ist der „Reis" der Inka, wohlschmeckend und gesund. Damit er bekannter und auch häufiger gekauft wird, soll er attraktiv und interessant verpackt werden.
a Entwirf eine außergewöhnliche Verpackung für *Quinoa*. Welche Überlegungen stellst du bei deinem Entwurf an?
b Fertige ein Netz deiner Verpackung an und baue die Kartonverpackung.

2 Lilli und Leon nehmen ein typisches Haus der Inka als Vorlage für die Verpackung, wie auf dem Foto. Die gesamte Verpackung wird anschließend mit einer Klebefolie versehen, die wie eine Granitmauer aussieht.

Berechne den Flächeninhalt von Grund- und Mantelfläche des Trapezprismas, das Lilli und Leon entworfen haben. Wie lässt sich daraus der Bedarf an Klebefolie berechnen?

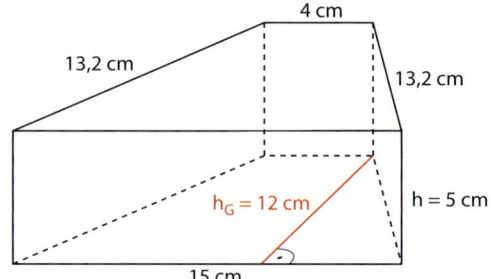

M Der **Oberflächeninhalt** (kurz: die Oberfläche) von **Prismen** setzt sich aus den Flächeninhalten von Grundfläche, Deckfläche und Mantelfläche zusammen.

So berechnet man die Oberfläche von Prismen:

$O_{Prisma} = 2 \cdot$ Flächeninhalt der Grundfläche + Flächeninhalt der Mantelfläche

$O_{Prisma} = 2G + M$

Oberfläche Dreieckprisma

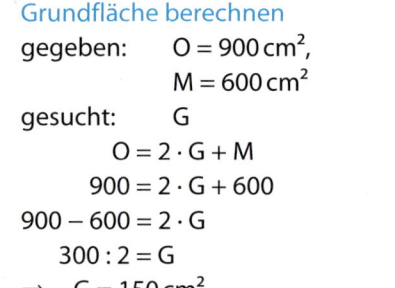

$O = 2 \cdot G + M$
$O = 2 \cdot 6 + 24 \Rightarrow O = 36\,cm^2$

Grundfläche berechnen

gegeben: $O = 900\,cm^2$, $M = 600\,cm^2$
gesucht: G

$O = 2 \cdot G + M$
$900 = 2 \cdot G + 600$
$900 - 600 = 2 \cdot G$
$300 : 2 = G$
$\Rightarrow G = 150\,cm^2$

Oberflächeninhalt von Prismen — 6.3

Übungsaufgaben

1 Ordne die Prismen aufsteigend nach der Größe ihrer Oberfläche. Wie heißt das Lösungswort?

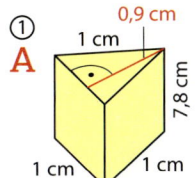
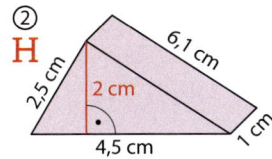
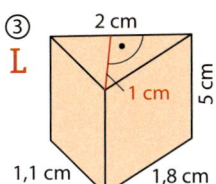
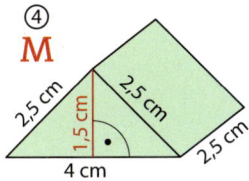

2 Zu Beginn der Badesaison wird das Kleinkindbecken eine Schutzschicht aus Kunstwachs erhalten. Der Bademeister verwendet zur Berechnung der Fläche die Oberflächenformel für Prismen:

$$O = 2 \cdot G + M$$

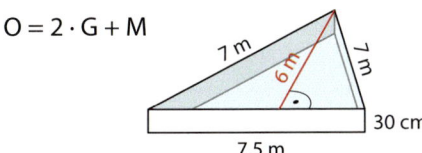

a Welchen Denkfehler begeht er?
b Berechne die Fläche, die mit Wachs beschichtet wird.

3 Zeichne die Netze in doppelter Größe in dein Heft. Berechne die Oberfläche. Entnimm die notwendigen Angaben deiner Zeichnung.

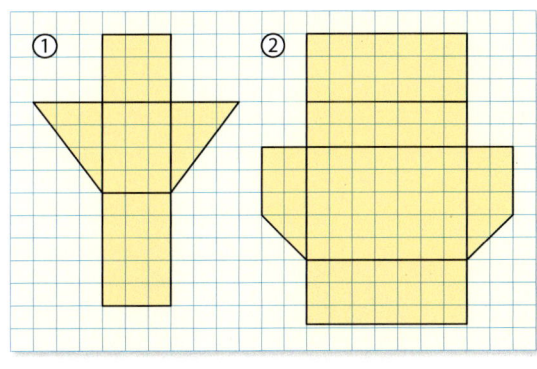

4 Bestimme die Oberfläche der Prismen mithilfe einer Zeichnung. Entnimm deiner Zeichnung die fehlenden Maße.

a Dreieckprisma mit $c = 6\,cm$, $a = b = 5\,cm$ und $h = 7\,cm$
b Parallelogrammprisma mit $a = 5\,cm$, $b = 4\,cm$, $\alpha = 45°$ und $h = 6\,cm$
c Trapezprisma mit den parallelen Seiten a und c: $a = 3{,}5\,cm$, $c = 2\,cm$, $d = 3\,cm$, $\alpha = \delta = 90°$, $h = 4\,cm$
d Dreieckprisma mit $a = c = 3{,}5\,cm$, $\beta = 90°$ und $h = 10\,cm$

5 Berechne die fehlenden Größen.

	u	h	M	G	O
a	23 cm	3 cm	…	31,5 cm²	…
b	…	4 dm	73,2 dm²	15 dm²	…
c	76 cm	…	912 cm²	…	1634 cm²
d	…	7 cm	…	24 cm²	188 cm²

6 Ein Holzblock hat die Grundfläche eines regelmäßigen Sechsecks.

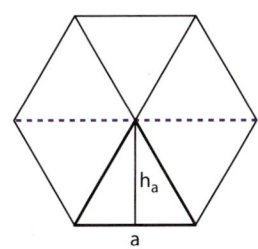
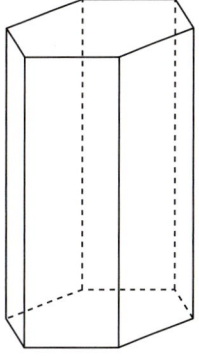

a Berechne die Oberfläche des Holzblocks, wenn gilt: $a = 30\,cm$, $h_a = 26\,cm$, $h = 80\,cm$
b Der Holzblock wird entlang aller Linien auf der Deckfläche zersägt. Die Einzelprismen werden zu einem langen Dreieckprisma zusammengelegt. Welche Oberfläche hat dieses Prisma?
c Der Holzblock wird nur an der gepunkteten lila Linie zersägt. Dabei entstehen zwei neue Prismen, die zu einem langen Trapezprisma zusammengelegt werden. Berechne die neue Oberfläche.

Körper darstellen und berechnen

6.4 Volumen von Prismen

1 Wer kann mehr Fische in seinem Aquarium halten?
Schätze zuerst den Rauminhalt der Aquarien, berechne ihn anschließend.

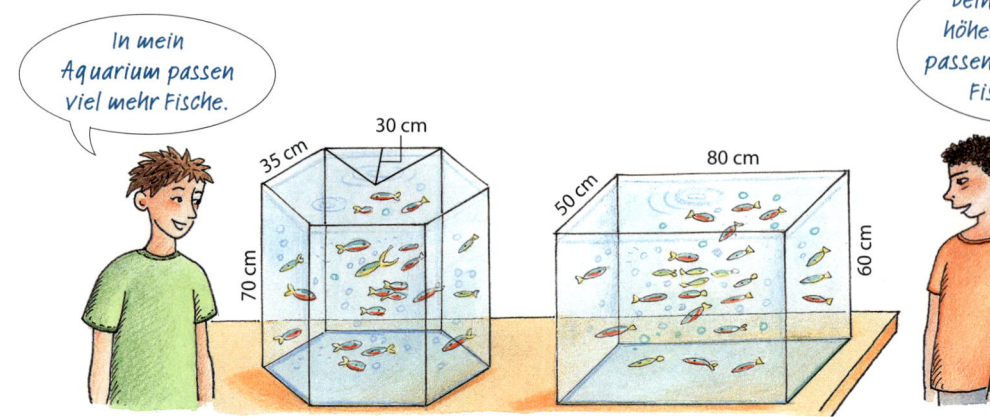

Prismen kann man als geschichtete Körper auffassen, die aus aufeinander gelegten Platten mit der gleichen Grundfläche bestehen.

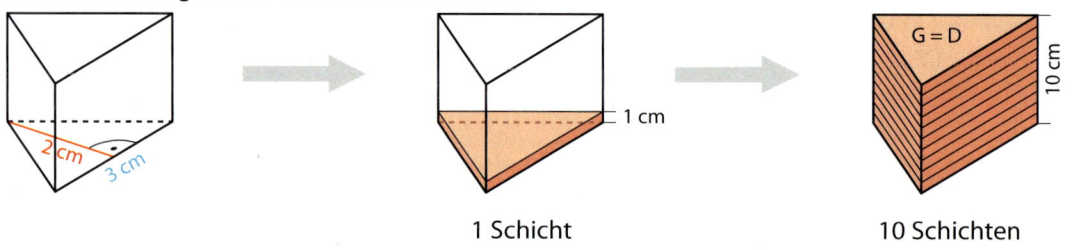

$G = \frac{1}{2} \cdot 3\,cm \cdot 2\,cm = 3\,cm^2$ $\qquad V_1 = 3\,cm^2 \cdot 1\,cm = 3\,cm^3$ $\qquad V_{gesamt} = 3\,cm^2 \cdot 10\,cm = 30\,cm^3$

> **M** Das **Volumen von Prismen** berechnet man, indem man den Flächeninhalt der Grundfläche mit der Höhe des Prismas multipliziert.
> $V = G \cdot h$

Beispiel 1 Volumen berechnen
gegeben: $G = 20\,cm^2$, $h = 8\,cm$
gesucht: V
$V = G \cdot h = 20 \cdot 8 \quad \Rightarrow \quad V = 160\,cm^3$

Beispiel 2 Grundfläche berechnen
gegeben: $V = 400\,cm^3$, $h = 25\,cm$
gesucht: G
$V = G \cdot h$
$400 = G \cdot 25 \quad \Rightarrow \quad G = 16\,cm^2$

Übungsaufgaben

1 Berechne das Volumen der Prismen im Kopf.

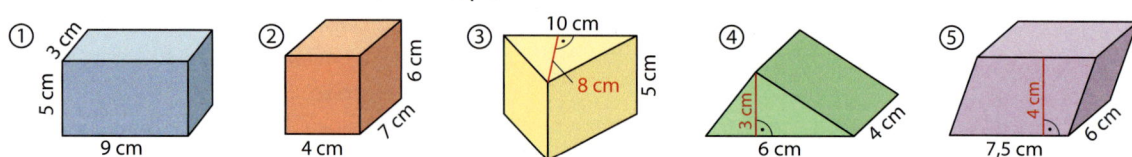

Volumen von Prismen 6.4

2 Noras Onkel, der Besserwisser, behauptet:
Von zwei Prismen hat das mit dem größeren Volumen auch immer die größere Oberfläche.
Überprüfe seine Behauptung hier:

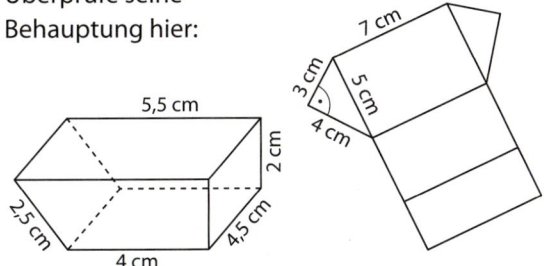

3 Berechne das Volumen eines 2,6 cm hohen Prismas mit den angegebenen Grundflächen.
a Parallelogramm mit $a = 12$ cm und $h_a = 7,5$ cm
b Trapez mit $a = 2,5$ cm, $c = 1,5$ cm und Trapezhöhe $h_K = 1,4$ cm (a liegt parallel zu c).
c Dreieck mit $b = 9$ cm und $h_b = 6,5$ cm

4 Berechne die fehlende Größe.

	G	h	V
a	35 mm²	1,4 cm	...
b	8 000 mm²	8 cm	...
c	...	10,5 m	945 m³
d	24 dm²	...	432 l

5 Beim Ausbau von zwei Häusern soll mit Dachgauben Wohnraum gewonnen werden.
a Berechne den bisherigen und den neuen Wohnraum unterm Dach. Erstelle die Figuren maßstabsgerecht zum Abmessen von Maßen, die du noch nicht kennst.
b Wie viel Prozent Wohnraum kam hinzu?

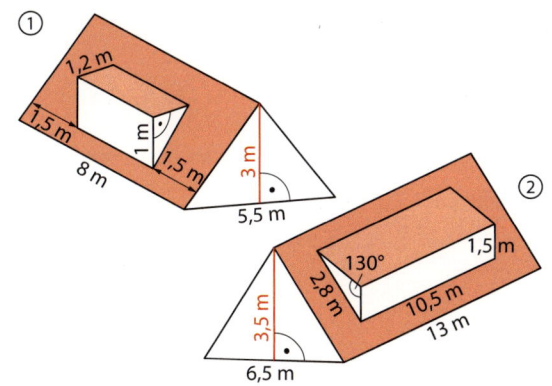

6 Bei Bramsche ist der Querschnitt des Mittellandkanals ein Trapez.

Wie viel Wasser fasst das Kanalbecken auf einem Kilometer Länge?

7 Die Abbildung zeigt die Seitenansicht eines Containers. Seine Breite beträgt 1,70 m.
a Wie viele Kubikmeter enthält der Container, wenn er auf 1 m Höhe befüllt ist?
b Stelle selbst eine Frage und löse sie.

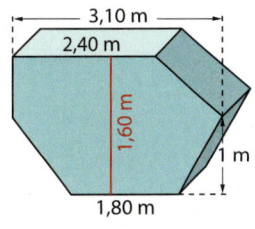

8 *Wer wird Käseweltmeister?*

Es gewinnt, wer das größte dreieckige Stück aus dem Käsequader ($a = 18$ cm, $b = 8$ cm und $c = 5$ cm) herausschneidet.
a Wer gewinnt? Welche Entdeckungen kannst du machen?
b Die Oberflächen der Käsequader sind gleich groß. Gilt das auch für die Oberflächen der herausgeschnittenen dreieckigen Käsestücke?

9 *Jeder Deutsche trinkt im Jahr eine Badewanne alkoholische Getränke – mehr als 135 Liter* (Deutsche Hauptstelle für Suchtfragen). Formuliere dazu eine Fragestellung und löse sie.

Körper darstellen und berechnen 157

6.5 Oberflächeninhalt von Zylindern

1 Für die goldene Hochzeit ihrer Großeltern hat Mia einen Geschenkekorb mit 50 lieb gewonnenen Alltagsgegenständen ihrer Großeltern zusammengestellt. Alle Gegenstände im Korb hat sie mit Goldfolie beklebt.
a Wie viele Quadratzentimeter Goldfolie hat Mia für die Gegenstände rechts ungefähr benötigt?
b Suche zylinderförmige Gegenstände in deiner Umgebung und berechne ihren Oberflächeninhalt.

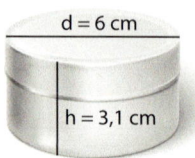
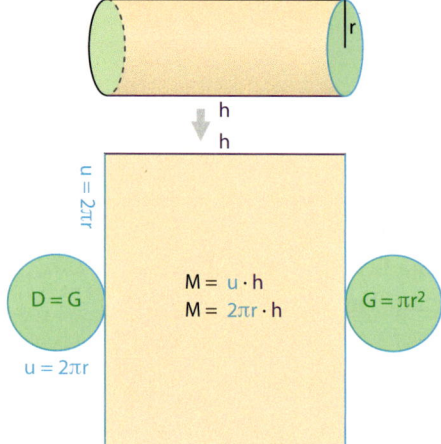

Wickelt man die Mantelfläche eines Zylinders ab, so entsteht ein Rechteck, für das gilt:

Mantelfläche = Umfang · Höhe
$M = u \cdot h$
$M = 2 \cdot \pi \cdot r \cdot h$

Grundfläche, Deckfläche und Mantelfläche bilden zusammen die Oberfläche eines Zylinders.
Also gilt für den Flächeninhalt der Zylinderoberfläche:

$O = 2 \cdot G + M$
$O = 2 \cdot \pi \cdot r^2 + u \cdot h$
$O = 2 \cdot \pi \cdot r \cdot r + 2 \cdot \pi \cdot r \cdot h$ | $2\pi r$ ausklammern
$O = 2\pi r(r + h)$

M Der **Oberflächeninhalt von Zylindern** setzt sich aus den Flächeninhalten der Grundfläche, der Deckfläche und der Mantelfläche zusammen.

So berechnet man die Oberfläche von Zylindern:

$O_{Zylinder} = 2G + M$
$O_{Zylinder} = 2\pi r^2 + 2\pi rh$

Beispiel 1   Oberfläche berechnen
gegeben: r = 5 cm, h = 7 cm
gesucht: O
$O = 2\pi r^2 + 2\pi rh = 2\pi \cdot 5^2 + 2\pi \cdot 5 \cdot 7$
$O = 377 \text{ cm}^2$

Beispiel 2   Radius berechnen
gegeben: M = 78,5 cm², h = 5 cm
gesucht: r
$M = 2\pi rh$
$78,5 = 2 \cdot \pi \cdot r \cdot 5$
$r = \frac{78,5}{2 \cdot \pi \cdot 5} \dots \Rightarrow r = 2,5 \text{ cm}$

Übungsaufgaben

1 Zeichne die Netze der Zylinder.
Berechne ihre Grundfläche, Mantelfläche und Oberfläche.
a r = 4 cm
   h = 5 cm
b d = 5 cm
   h = 8 cm
c d = 5 cm
   h = 3 cm
d r = 3,5 cm
   h = 6 cm

Oberflächeninhalt von Zylindern 6.5

2 Übertrage die Mantelfläche des Zylinders in dein Heft.

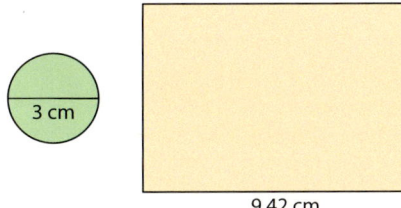

a Ergänze Grund- und Deckfläche an den passenden Seiten des Mantels.
b Berechne die Oberfläche des Zylinders.

3 Bestimme den Radius dieser vier Zylinder:
① $M = 1970{,}4\ cm^2$ ③ $M = 904{,}78\ mm^2$
   $h = 12{,}8\ cm$ $h = 8\ mm$
② $M = 143{,}26\ m^2$ ④ $M = 1005{,}31\ cm^2$
   $h = 3{,}8\ m$ $h = 16\ cm$

4 Berechne die fehlenden Maße der Zylinder auf eine Nachkommastelle genau.

	a	b	c	d
r	5 cm	...	...	...
h	10 cm	11 cm	8,2 cm	9,2 cm
u	...	47,1 cm	...	...
G	...	...	...	167,4 cm²
M	314 cm²	...	195,7 cm²	...
O	...	...	...	757,1 cm³

5 Die Werbefläche einer 2,5 m hohen Litfaßsäule beträgt 12,5 m².
a Wie groß ist der Durchmesser der Säule?
b Wie lang müsste eine gleich hohe rechteckige Plakatwand mit gleichem Flächeninhalt sein?

6 Lina färbt einen Rand einer Klopapierrolle rot und schneidet die Rolle dann am Klebefalz auf. Dabei entsteht ein Parallelogramm.

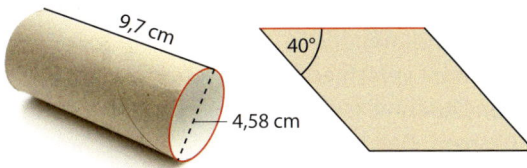

a Wie lang muss die rote Linie im Heft sein? Welcher Strecke im Parallelogramm entspricht die Höhe der Rolle?
b Vergleiche die Oberflächeninhalte von Zylindermantel und Parallelogramm rechnerisch.

7 Die Körper haben den gleichen Oberflächeninhalt. Wie groß ist der Radius des Zylinders?

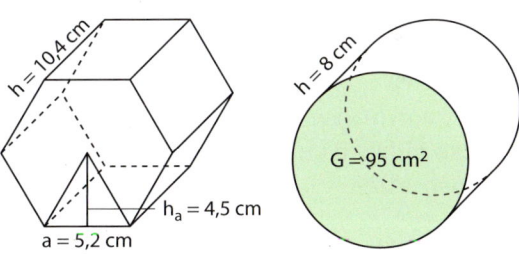

8 Drücke die Mantelfläche und die Oberfläche eines Zylinders in Abhängigkeit von e und π aus.
a $r = e;\ h = 2e$ c $d = 4e;\ h = 2e$
b $d = 4e;\ h = 3e$ d $r = 3e;\ h = \tfrac{1}{3}e$

9 Frau Michal ist 1,60 m groß. Die Tiefe des Strohballens beträgt drei Viertel seines Durchmessers. Wie viele Quadratmeter Folie sind zum Einpacken von 20 Ballen mindestens nötig?

6.6 Volumen von Zylindern

6.6 Volumen von Zylindern

1 *Mit Konservendosen experimentieren*

a Konservendosen gibt es für die unterschiedlichen Füllmengen.
Sammelt verschiedene Konservendosen. Messt den Durchmesser d und berechnet den Grundflächeninhalt G. Messt auch die Körperhöhe h und tragt die Werte in eure Tabelle ein.

Konservendose	1	2	3	4
Grundfläche G in cm²				
Körperhöhe h in cm				
Volumen V in cm³				

b Bestimmt nun das Volumen, indem ihr die Konservendosen mit Wasser füllt und die Wassermenge messt. Haltet eure Ergebnisse wieder fest.

c Erkennt ihr eine Gesetzmäßigkeit, nach der ihr das Volumen von Zylindern berechnen könnt?

Zylinder kann man wie eine Torte in gleich große Teilstücke zerlegen und diese zu einem neuen Körper zusammensetzen.

Verkleinert man die Teilstücke, so nähert sich die Form des neuen Körpers der eines Quaders an.

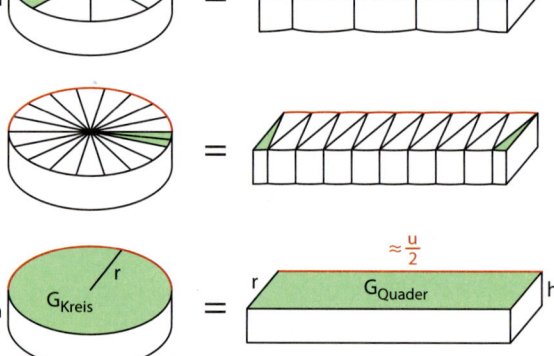

Deshalb können wir die Volumenformel des Quaders
$$V_{Quader} = G_{Quader} \cdot h$$
auch zur Berechnung des Volumen eines Zylinders verwenden: $V_{Zylinder} = G_{Kreis} \cdot h$

Somit gilt: $V_{Zylinder} = \frac{u}{2} \cdot r \cdot h = \frac{2\pi r}{2} \cdot r \cdot h = \pi r^2 h$

> **M** Das **Volumen eines Zylinders** berechnet man, indem man den Flächeninhalt der Kreisfläche mit der Zylinderhöhe multipliziert.
> $$V_{Zylinder} = G \cdot h$$
> $$V_{Zylinder} = \pi r^2 h$$

Beispiel   Zylindervolumen

$V = \pi \cdot r^2 \cdot h$
$V = \pi \cdot 7{,}5^2 \cdot 10{,}8$
$V = 1\,909 \text{ cm}^3$

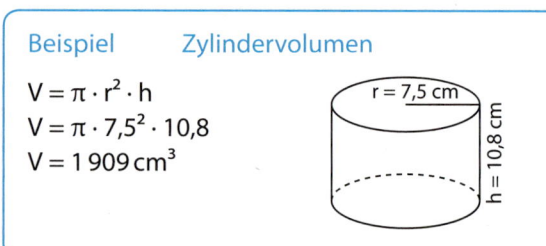

160 Körper darstellen und berechnen

Volumen von Zylindern 6.6

Übungsaufgaben

1 Überschlage zuerst das Volumen der Zylinder mit π ≈ 3. Kontrolliere mithilfe einer Rechnung und der Lösungsdosen.
a r = 7,1 cm; h = 8,9 cm
b d = 12,8 cm; h = 10,4 cm
c r = 10,4 cm; h = 24,8 cm
d d = 29,2 cm; h = 19,8 cm

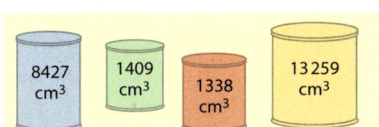

2 Berechne das Volumen des Zylinders.
a r = 3,2 cm; h = 10 cm
b d = 17,6 m; h = 22 m
c d = 1,8 cm; h = 4 mm
d r = 1,6 dm; h = 48 cm

3 Berechne die fehlenden Maße.

	r	h	V	M	O	G
a	3,4 cm	10,6 cm	…	…	…	
b	8 m	…	150,8 m³	…	…	
c	2,8 cm	…	14,78 cm³	…	…	

4 In welche Blumenvase passt ein Liter Wasser?

T 1 dm³ = 1 l

5 Wenn sich die Flächen um die rote Achse drehen, entstehen Zylinder. Berechne ihr Volumen.

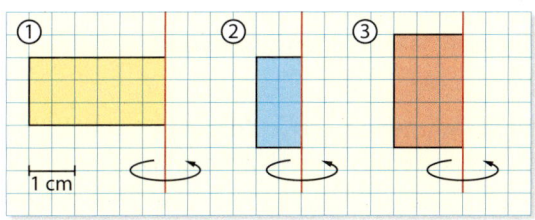

6 Aus einem Holzwürfel mit Kantenlänge 80 cm werden verschieden Formen herausgesägt.
a Wie groß ist das Volumen der dabei entstehenden Teilkörper?

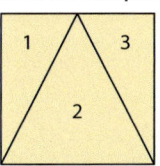 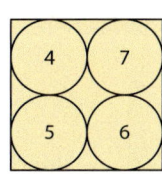 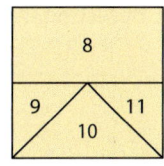

b Zeichne die Grundfläche des Würfels im Maßstab 1 : 10 und entwirf selbst verschiedene Formen zum Aussägen.
Berechne das Volumen und die Oberfläche der dadurch entstehenden Teilkörper.

7 Aus einem Holzklotz in Form eines Zylinders mit V = 2 020,6 cm³ und r = 7,5 cm wurde ein Teilkörper herausgesägt.
Um wie viel Prozent haben sich die Oberfläche und das Volumen verändert?

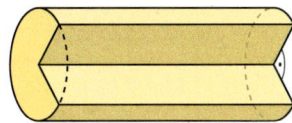

8 Wie viele Tage könnte dieser 3,50 m lange Tank eure Schule mit Milch versorgen?

Denke dir weitere Aufgaben zu diesem Milchtank aus und löse sie.

6.7 Zusammengesetzte Körper

6.7 Zusammengesetzte Körper

1 Rechts sind zwei unterschiedliche zusammengesetzte Körper in der Sicht von vorne und von oben gezeichnet.
a Aus welchen Einzelkörpern bestehen die beiden Körper?
b Berechne das Volumen der beiden Körper.
c Berechne ihre Oberflächen.

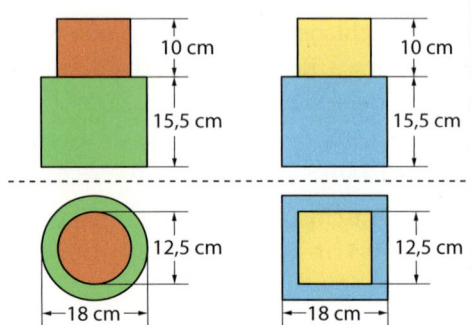

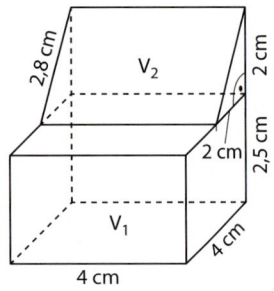

Um das Volumen eines zusammengesetzten Körpers wie links zu berechnen, hast du mehrere Möglichkeiten.

Du kannst den zusammengesetzten Körper …

… in Einzelprismen zerlegen …

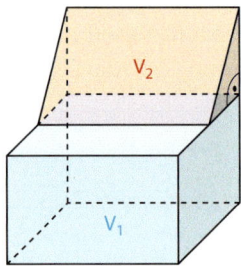

… und addierst dann: $V_{gesamt} = V_1 + V_2$
$V_1 = 4\,cm \cdot 4\,cm \cdot 2{,}5\,cm = 40\,cm^3$
$V_2 = \frac{1}{2} \cdot 2\,cm \cdot 2\,cm \cdot 4\,cm = 8\,cm^3$
$V_{gesamt} = 48\,cm^3$

… mit einem Prisma ergänzen …

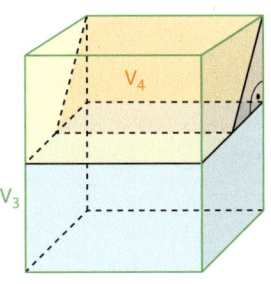

… und subtrahierst dann: $V_{gesamt} = V_3 - V_4$
$V_3 = 4\,cm \cdot 4\,cm \cdot 4{,}5\,cm = 72\,cm^3$
$V_4 = \frac{1}{2} \cdot (2\,cm + 4\,cm) \cdot 2\,cm \cdot 4\,cm = 24\,cm^3$
$V_{gesamt} = 48\,cm^3$

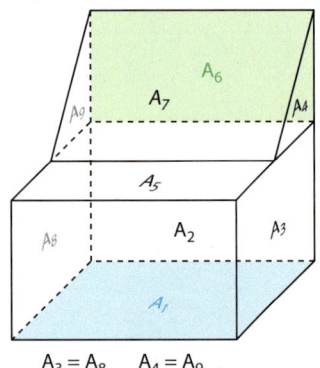

Für den Oberflächeninhalt des zusammengesetzten Körpers gilt:
$O_{gesamt} = A_1 + A_2 + 2 \cdot A_3 + 2 \cdot A_4 + A_5 + A_6 + A_7$
$O_{gesamt} = 16\,cm^2 + 10\,cm^2 + 20\,cm^2 + 4\,cm^2 + 8\,cm^2 + 18\,cm^2 + 11{,}2\,cm^2$
$O_{gesamt} = 87{,}2\,cm^2$

M Durch Zerlegen in einzelne Teilkörper oder durch Ergänzen eines weiteren Teilkörpers lässt sich das **Volumen zusammengesetzter Körper** berechnen.

Den **Oberflächeninhalt zusammengesetzter Körper** berechnet man, indem man alle außen liegenden Einzelflächeninhalte addiert.

Zusammengesetzte Körper 6.7

Übungsaufgaben

1 *Holzwürfelbauten*

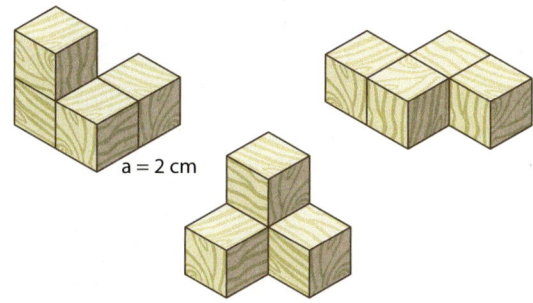

a = 2 cm

a Was haben die Würfelgebäude gemeinsam? Worin unterscheiden sie sich?
b Wie müssen die Würfel angeordnet werden, damit die Oberfläche so klein bzw. so groß wie möglich ist? Begründe deine Vermutung mithilfe einer Schrägbilddarstellung und einer Rechnung.

2 *Buchstabenkörper*

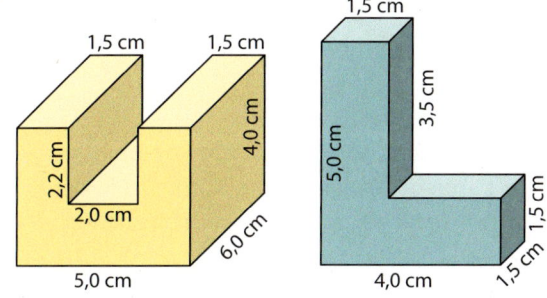

a Berechne das Volumen der zusammengesetzten Körper. Wie bist du vorgegangen?
b Berechne die Oberflächen.

3 Herrn Müllers neuer Gartenteich soll an jeder Stelle 80 cm tief sein.
Wie viel Wasser passt in den Teich?

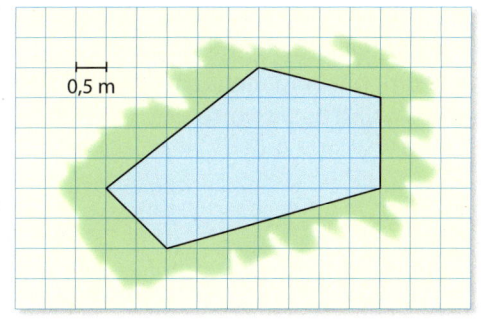

4 Übertrage die Grundflächen in doppelter Größe in dein Heft.

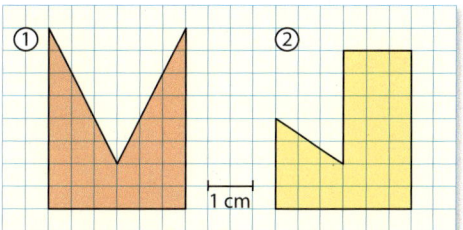

a Die zugehörigen Körper sind 8 cm hoch. Überlege, wie du die Körper so zerlegen oder ergänzen kannst, dass du das Volumen berechnen kannst.
b Berechne die Oberflächen. Nimm die Maße aus deiner Zeichnung.

5 *Blumenvasen*

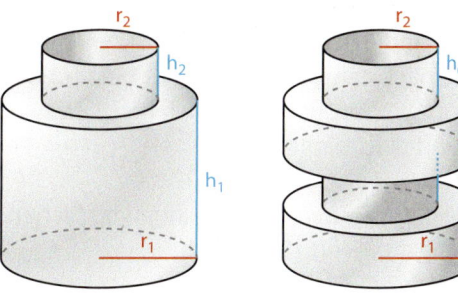

$r_1 = 5$ cm; $r_2 = 3{,}7$ cm
$h_1 = 15$ cm; $h_2 = 5$ cm; $h_3 = h_4 = h_5 = h_6 = 5$ cm

a In welche Vase passt mehr Wasser?
b Die Vasen werden gleichmäßig mit Wasser gefüllt. Welcher der vier Graphen passt zur linken Vase? Begründe deine Zuordnung.

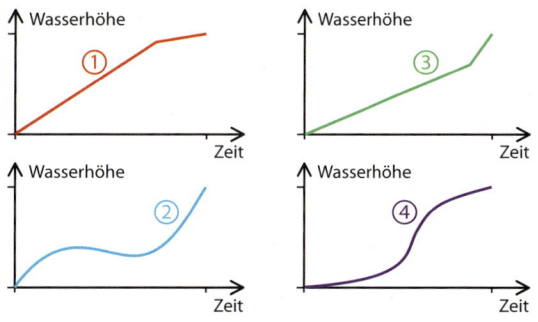

Skizziere den Graphen zur rechten Vase.

6.7 Zusammengesetzte Körper

6 *Drehkörper*
Bei welchem Drehkörper fällt dir die Berechnung seines Volumens eher schwerer? Begründe deine Einschätzung und berechne jeweils das Volumen.

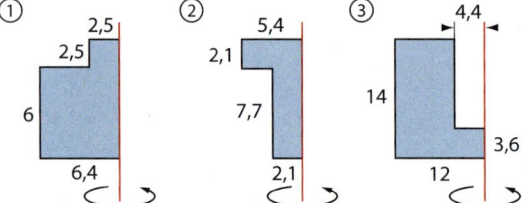

7 Hier wurde gebohrt.
a Berechne das Volumen der Zylinder vor und nach der Bohrung.

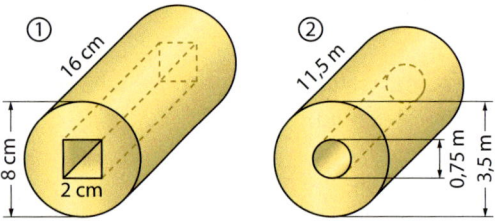

b Bestimme die neue Oberfläche der Zylinder.
c Bei der nächsten Bohrung soll nur bis zur Hälfte gebohrt werden. Berechne auch hierfür das Volumen und die Oberfläche.

8 Die beiden Vasen mit diesen ungewöhnlichen Grundflächen sind 18 cm hoch.

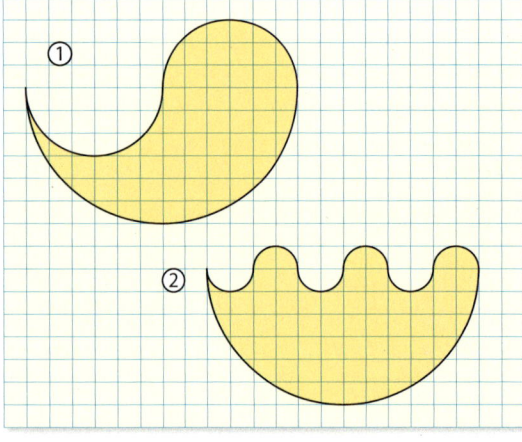

a Begründe, warum die beiden Vasen dasselbe Volumen haben.
b Wie groß ist das Volumen der Vasen, wenn ihre Grundflächen im Maßstab 1:3 abgebildet sind?

9 Berechne das Volumen und die Oberfläche der Werksstücke.

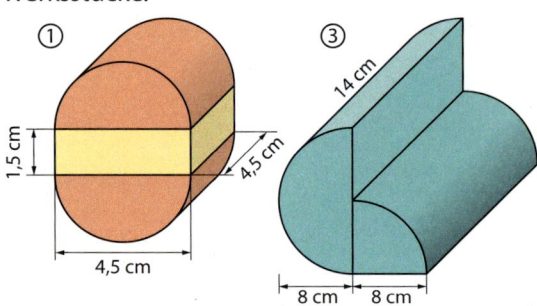

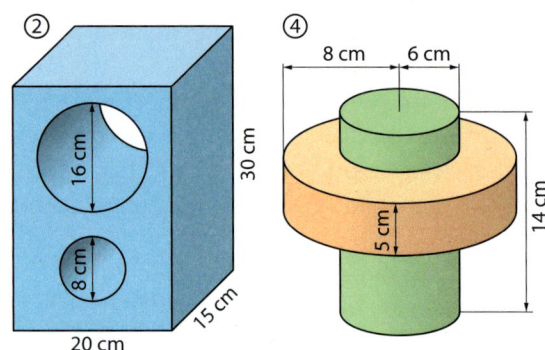

10 *Der Schein trügt*
Zwei Körper sind aus der Sicht von oben verkleinert abgebildet. Der grüne Körper ist in der Höhe 12 cm kürzer als der gelbe, 30 cm hohe Körper.

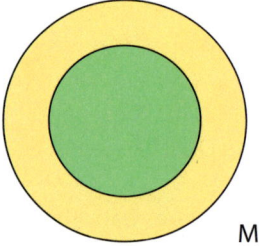

Maßstab 1:10

a Erstelle eine geeignete Zeichnung des zusammengesetzten Körpers und trage die Maße von r und h beider Teilkörper ein.
b Überlege dir zwei Aufgaben zu deinen Darstellungen aus **a** und beantworte sie.

164 Körper darstellen und berechnen

6.8 Grundlagentraining

Netze und Schrägbilder

1. *Hast du den 3-D-Blick?*
   Das Schrägbild des Körpers passt nicht zu seinen Maßen.
   Ersetze das fehlerhafte Schrägbild in deinem Heft durch ein neues.
   Ergänze die verdeckten Kanten.

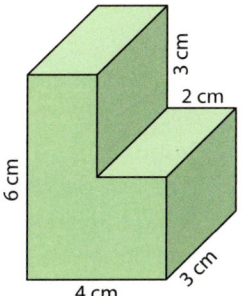

2. *Prismennetze*
   a Leon behauptet, die Prismen hätten die gleiche Höhe. Überprüfe seine Behauptung!

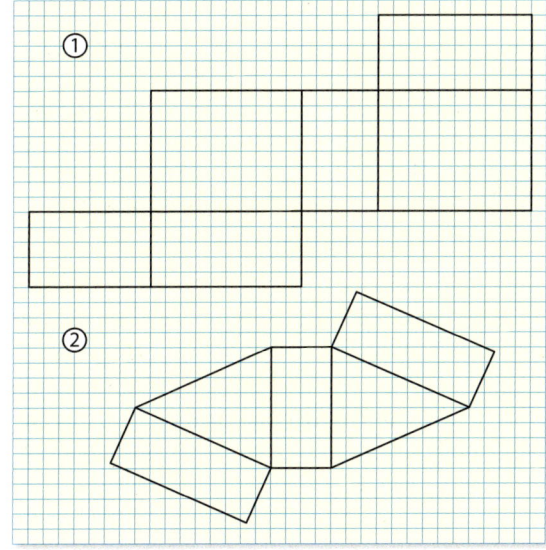

   b Zeichne zu jedem Netz ein Schrägbild.

3. Übertrage das Netz in doppelter Größe in dein Heft. Zeichne zu dem Netz ein passendes Schrägbild mit den farbigen Markierungen. Tausche zur Kontrolle der Lösungen das Heft mit deinem Nachbarn.

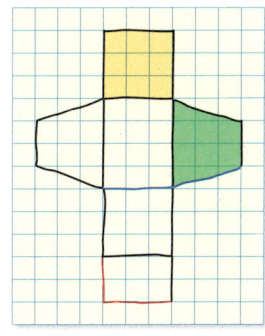

4. *Netze von Dreieckprismen erkunden*
   Es gibt verschiedene Möglichkeiten, ein Netz zu zeichnen.

   Achte auf die blauen Mantelflächen:
   ① Alle Mantelflächen hängen zusammen.
   ② Zwei Mantelflächen hängen zusammen.
   ③ Alle Mantelflächen voneinander getrennt.
   Skizziere für jeden der drei Typen eine oder mehrere weitere Netzdarstellungen.

Oberflächeninhalt und Volumen von Prismen und Zylindern

5. Suche jeweils die richtige Formel für die Oberfläche und das Volumen eines Prismas sowie eines Zylinders heraus.
   Formuliere die Formeln in Worten.

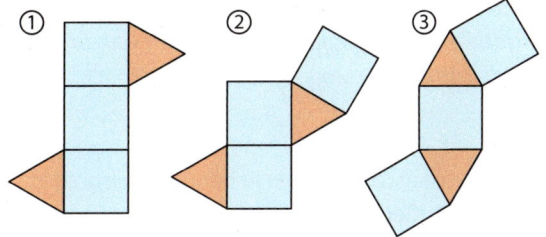

6. Berechne das Volumen und den Oberflächeninhalt des 8,5 cm hohen Dreieckprismas.
   a $a = 4\,cm$; $b = 5\,cm$; $c = 4{,}1\,cm$; $h_a = 4\,cm$
   b $a = 8\,cm$; $b = 5{,}8\,cm$; $c = 4{,}2\,cm$; $h_a = 3\,cm$
   c $a = c = 3{,}6\,cm$; $b = 6\,cm$; $h_b = 2\,cm$

7. Berechne das Volumen und den Oberflächeninhalt des Zylinders.
   a $h = 7{,}4\,cm$; $r = 3{,}3\,cm$
   b $h = 2{,}8\,cm$; $d = 54\,mm$
   c $h = 1{,}8\,dm$; $r = 95\,mm$

6.8 Grundlagentraining

8 Entschlüssle Violas Botschaft.
*Liebe Nele,
die $V = a^3$ sind gefallen. Meine Geburtstagsparty findet im Haus der Jugend statt!
Könntest du bitte die Vase, die die Form eines $V = \frac{a+c}{2} \cdot h_a \cdot h$ hat, zur Dekoration mitbringen? Ich habe etliche Süßigkeiten eingekauft und in die $O = 2ab + 2ac + 2bc$-förmige Kiste gepackt.
Liebe Grüße, Viola*

9 Umzugskartons gibt es je nach Transportgut (Bücher, Kleider …) in verschiedenen Größen. Berechne das Volumen der Umzugskartons.

Umzugskartons	Innenmaße (L × B × H in mm)
Standard	525 × 310 × 335
Compact	500 × 350 × 370
Bücher Standard	400 × 318 × 328
Bücher Profi	492 × 288 × 334

10 Bei der Berechnung der Oberflächen wurden Fehler gemacht. Finde die Fehler und bestimme die Oberfläche der beiden Prismen.

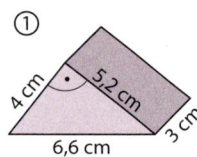
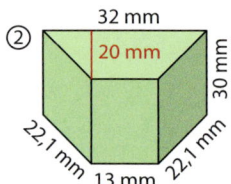

①
$O = 2 \cdot \frac{1}{2} \cdot 6{,}6 \cdot 4 + 3(5{,}2 + 4 + 6{,}6)$
$O = 63{,}3 \text{ cm}^2$

②
$O = \frac{1}{2}(32 + 13) \cdot 30 + 13 \cdot 30 + 44{,}2 \cdot 30 + 32 \cdot 30$
$O = 33{,}51 \text{ cm}^2$

11 Der Radius verdoppelt sich jeweils.

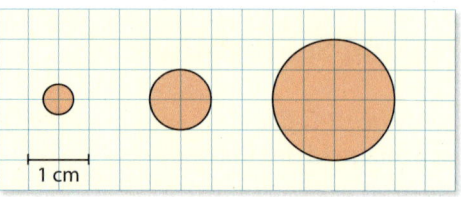

a Zeichne die abgebildeten und zwei weitere Grundflächen in dein Heft.
b Berechne das Volumen und die Oberfläche der Zylinder mit den Grundflächen aus **a**, wenn diese eine Höhe von 5 cm haben.

Zusammengesetzte Körper

12 Diese Körper sind aus Holzwürfeln mit 2 cm Kantenlänge gebaut und massiv.

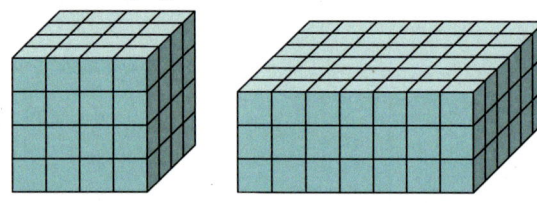

a Wie muss man den Würfel durchschneiden und die Teile neu zusammenfügen, damit die Oberfläche um 64 cm² größer wird? Zeichne ein passendes Schrägbild.
b Leon ordnet die Würfel des Quaders um. Er errechnet für die neue Oberfläche $O = 1224 \text{ cm}^2$. Wie lang, wie breit und wie hoch kann ein solcher Quader sein?

13 Die Schwimmbecken sollen zu Beginn der Badesaison wieder randvoll gefüllt werden. Wie viele Liter Wasser werden jeweils benötigt?

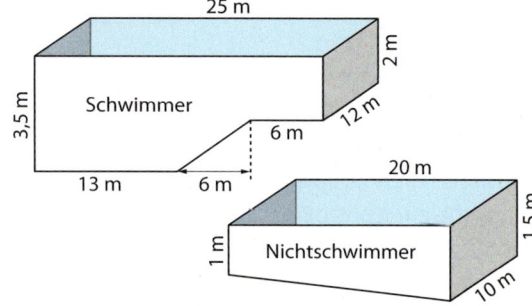

6.9 Mach dich fit!

Netze und Schrägbilder

1 *Zwei Körper – zwei Darstellungen*
a Vervollständige Schrägbild und Netz in deinem Heft.
b Zeichne ein mögliches Netz zum Prisma ①.
c Zeichne das Prisma ② auf der blauen Mantelfläche liegend als Schrägbild.
d Zeichne das Prisma ② auf der gelben Grundfläche stehend als Schrägbild.

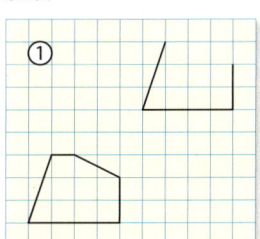
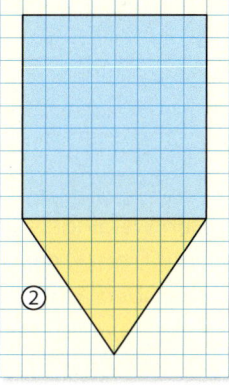

2 Der blaue Kreis hat den Radius $r = 4\,\text{cm}$.
a Welchen Radius haben die grünen und roten Kreise?
b Zeichne das Schrägbild eines Zylinders, der auf seiner Mantelfläche liegt und eine rote Grundfläche hat. Die Höhe des Zylinders ist 8 cm.
c Erstelle ein Schrägbild wie in **b**. Dieses Mal hat der Zylinder eine grüne Grundfläche und ist 10 cm hoch.
d Zeichne zum Kreiszylinder mit roter Grundfläche ein stehendes Schrägbild. Der Zylinder ist 3 cm hoch.
e Zeichne das Netz eines Zylinders mit grüner Grundfläche und das Netz eines Zylinders mit blauer Grundfläche. Wähle die Zylinderhöhen selbst.

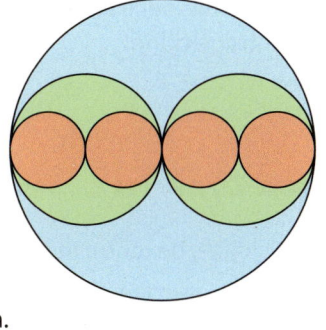

3 Übertrage die Darstellungen in dein Heft.

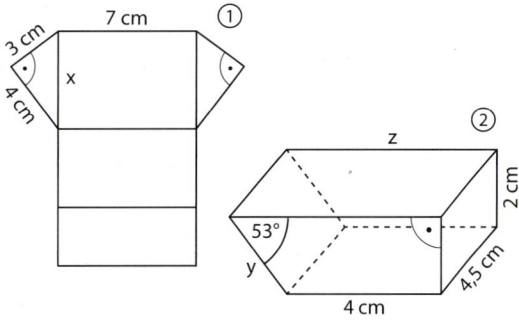

a Welche Längen haben die Seiten x, y und z?
b Zeichne zum Netz ① ein passendes Schrägbild.
c Zeichne zum Schrägbild ② ein passendes Netz.
d Zeichne Netz und Schrägbild eines Zylinders, für den du Radius und Höhe selbst wählst.

4 *Spannende Bänder*
Zeichne das Netz der Streichholzschachtel ins Heft und ergänze den Verlauf des roten Gummibandes.

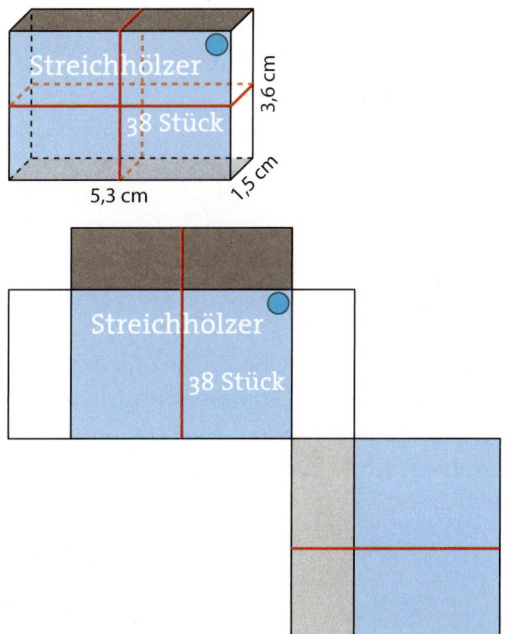

6.9 Mach dich fit!

5 Lina hat bei ihrer Streichholzschachtel die Seitenmitten und Ecken so eingeritzt, dass sie Gummibänder spannen kann.
Zeichne das Schrägbild der Streichholzschachtel (Maße wie bei Aufgabe 4) in dein Heft und übertrage die Gummibandverläufe in dein Schrägbild.

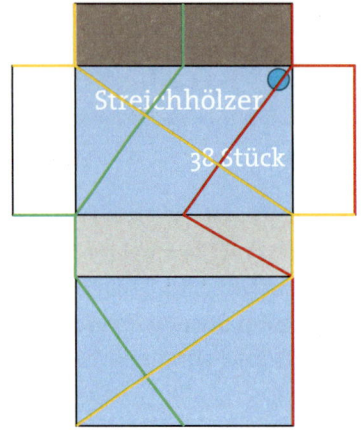

8 Der Holzblock soll von oben nach unten zersägt werden. Finn Waldinger will die Säge so ansetzen, dass beim Durchsägen zwei gleich große Teile entstehen. Er skizziert einige Möglichkeiten:

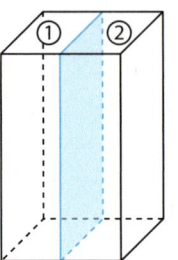 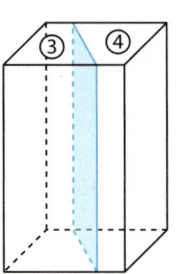 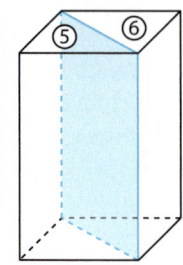

Herr Waldinger behauptet, dass alle Holzteile von ① bis ⑥ das gleiche Volumen und die gleiche Oberfläche haben werden.
Sein vorlauter Sohn Martin meint, dass das Volumen gleich wäre, die Oberfläche jedoch kleiner oder größer sein kann, je nachdem wie die Säge angelegt wird.
Schlichte den Familienstreit und begründe deine Entscheidung!

Oberflächeninhalt und Volumen von Prismen

6 Berechne Oberfläche und Volumen der Prismen mit diesen Grundflächen.

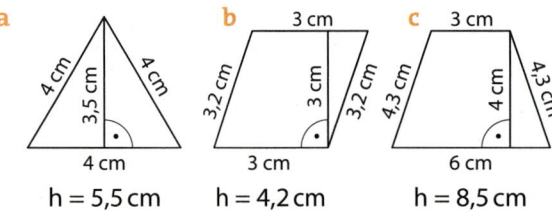

Oberflächeninhalt und Volumen von Zylindern

9 Schätze, bevor du rechnest!

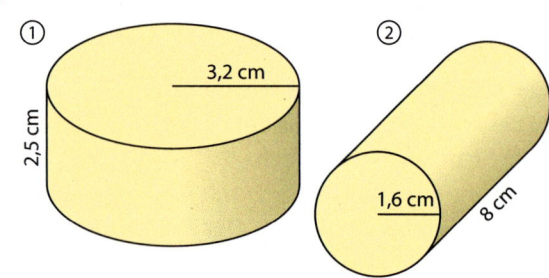

a Welcher Zylinder hat das größere Volumen?
b Welcher Zylinder hat die größere Oberfläche?

7 Zur Bestimmung der Oberfläche und des Volumens der drei Prismen unten musst du die Grundfläche zeichnen, um alle benötigten Längen abmessen zu können.

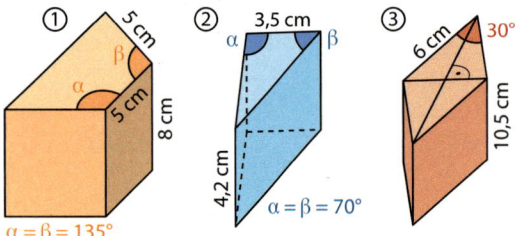

168 Körper darstellen und berechnen

Mach dich fit! 6.9

10 Die rechteckige Regentonne ist zu drei Vierteln mit Wasser gefüllt.

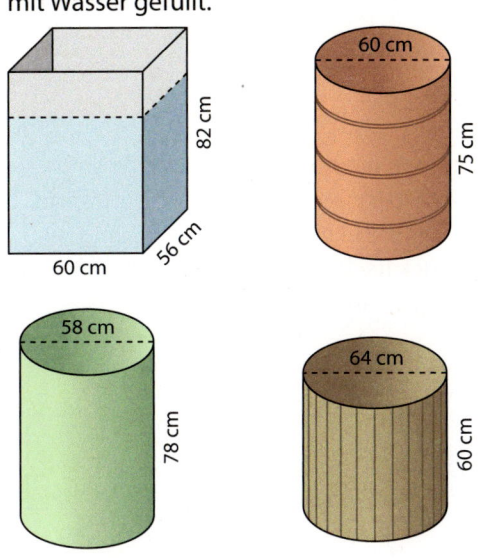

a In welche Tonnen passt das Wasser aus der rechteckigen Tonne?
b Wie muss bei der kleinsten der drei Regentonnen die Höhe verändert werden, damit sie das Wasser aufnehmen kann?
c Bei der roten Regentonne verdoppelt sich der Durchmesser, die Hälfte bleibt gleich. Wie verändert sich das Volumen?
d Die Tonnen sollen außen gestrichen werden. Für welche braucht man am meisten Farbe?

11 Die kürzeren Seiten eines DIN-A4-Blattes werden mit Klebeband so zusammengeklebt, dass eine Papierrolle entsteht. Die Höhe dieses Zylinders entspricht der Länge der kürzeren Seite des DIN-A4-Blattes.

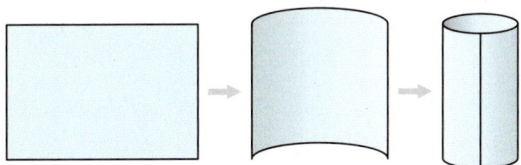

a Hat der Papierzylinder ein Volumen von mehr als einem Liter? Schätze zunächst!
b Welches Volumen hat der Zylinder, wenn man die längeren Seiten des DIN-A4-Blattes zusammenklebt? Schätze zuerst wieder.

Zusammengesetzte Körper

12 Berechne Volumen und Oberfläche der zusammengesetzten Körper.

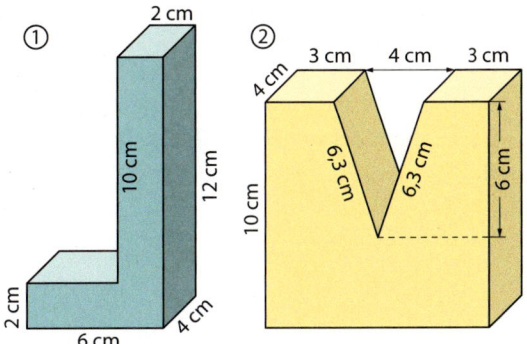

13 Übertrage die Grundflächen der zusammengesetzten Körper in doppelter Größe in dein Heft. Die Körperhöhe ist 6 cm. Fehlende Längen kannst du zeichnerisch oder rechnerisch ermitteln.

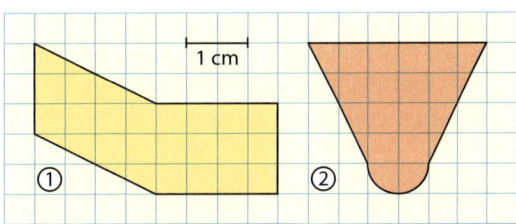

a Bestimme das Volumen.
b Berechne die Oberfläche.

14 Der Quader soll durchbohrt werden. Rechne für die Lochdurchmesser $d = 3$ cm, $d = 4{,}5$ cm und $d = 6$ cm.

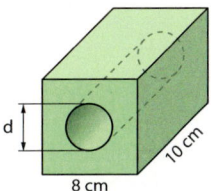

a Bei welchem Lochdurchmesser d ist die Oberfläche des ausgebohrten Quaders um 24,46 % größer als die Oberfläche des nicht ausgebohrten Quaders?
b Wie groß ist das Volumen des ausgebohrten Quaders?

6.10 Grundwissen

Prismen und Zylinder

Eigenschaften

Prismen und Zylinder sind Körper mit mindestens einem Paar **deckungsgleicher** und **paralleler Flächen**: **Grundfläche** und **Deckfläche**.

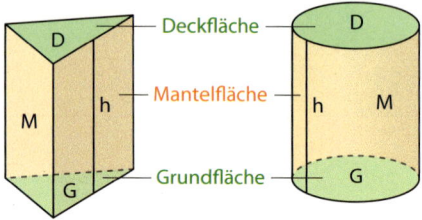

Sind Grund- und Deckfläche **Vielecke**, dann nennt man den Körper ein **Prisma**. Die Mantelfläche besteht aus Rechtecken.

Sind Grund- und Deckfläche **Kreise**, dann nennt man den Körper einen **Zylinder** (oder Kreiszylinder). Die Mantelfläche besteht aus einem Rechteck.

Der Abstand zwischen Grundfläche und Deckfläche heißt **Körperhöhe** h.

Darstellung

Körper kann man sehr verschiedenartig beschreiben:

- Schrägbild
- Netz
- Modell
- Allstagsgegenstand
- in Textform
- Foto

Netze und Schrägbilder von Prismen und Zylindern

Netzdarstellung

Wenn man die Außenflächen von Prismen und Zylindern an den Kanten so auftrennt, dass man sie in einem zusammenhängenden Stück flach auf den Tisch legen kann, erhält man ein **Netz**.

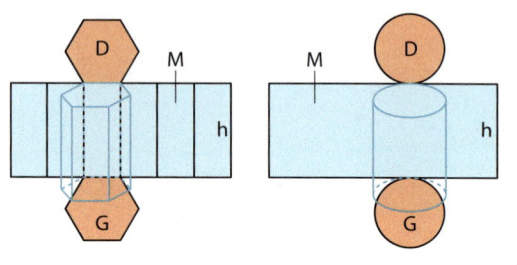

Schrägbilder von liegenden Prismen und Zylindern

① Grund- und Deckfläche werden in Originalgröße und unverzerrt dargestellt.
② Die senkrecht nach hinten laufenden Kanten werden unter einem **Winkel von 45°** und **um die Hälfte verkürzt** gezeichnet.
③ Verdeckte Kanten zeichnet man gestrichelt.

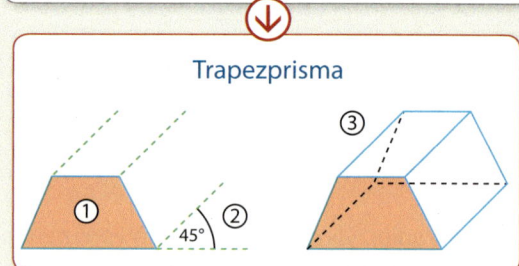

Trapezprisma

Körper darstellen und berechnen 6.10

Oberfläche und Volumen von Prismen und Zylindern

Oberflächeninhalt

Der Oberflächeninhalt (kurz: die Oberfläche) von Prismen und Zylindern setzt sich aus den Flächeninhalten von Grundfläche, Deckfläche und Mantelfläche zusammen.

$$O = 2G + M$$

Volumen

Das Volumen von Prismen und Zylindern berechnet man, indem man den Flächeninhalt der Grundfläche mit der Körperhöhe multipliziert.

$$V = G \cdot h$$

Zylinder

$O_{Zylinder} = 2G + M$ | $V_{Zylinder} = G \cdot h$
$O_{Zylinder} = 2\pi r^2 + 2\pi rh$ | $V_{Zylinder} = \pi r^2 h$
$O_{Zylinder} = 2\pi r(r + h)$

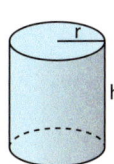

Oberfläche und Volumen zusammengesetzter Körper

Oberflächeninhalt

Den Oberflächeninhalt zusammengesetzter Körper berechnet man, indem man alle außen liegenden Einzelflächen addiert.

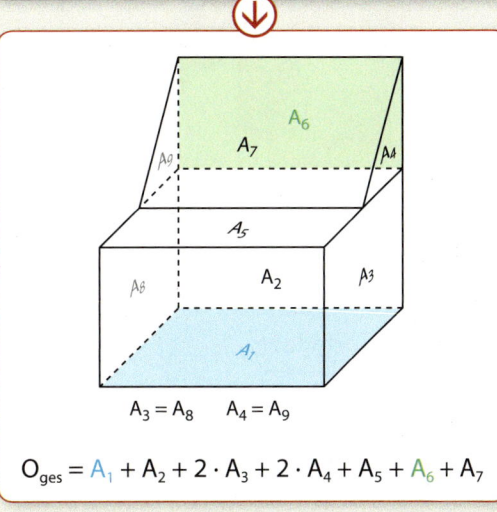

$$O_{ges} = A_1 + A_2 + 2 \cdot A_3 + 2 \cdot A_4 + A_5 + A_6 + A_7$$

Volumen

Durch Zerlegen in einzelne Teilkörper oder durch Ergänzen eines weiteren Teilkörpers lässt sich das Volumen zusammengesetzter Körper berechnen.

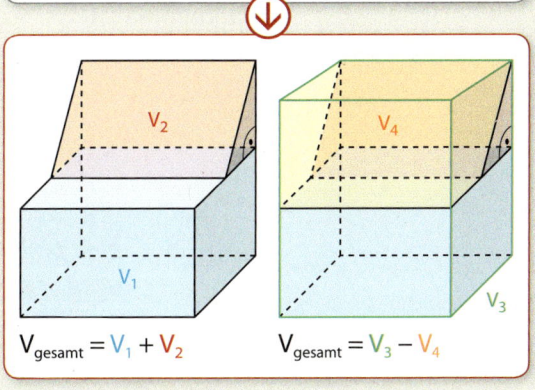

$V_{gesamt} = V_1 + V_2$ $V_{gesamt} = V_3 - V_4$

6.11 Mehr zum Thema: Aus 3D mach 2D

Ihr kennt bereits Netze und Schrägbilder als Darstellungsweise für Körper. Eine weitere in der Technik sehr gebräuchliche Darstellungsweise für Körper kombiniert die direkte Sicht von drei Seiten auf den Körper. Stellt euch vor, dass ein Körper von vorne, von der Seite und von oben beleuchtet wird. Dabei entstehen Schattenflächen, die dann auf einem Blatt Papier zusammengefasst werden können.

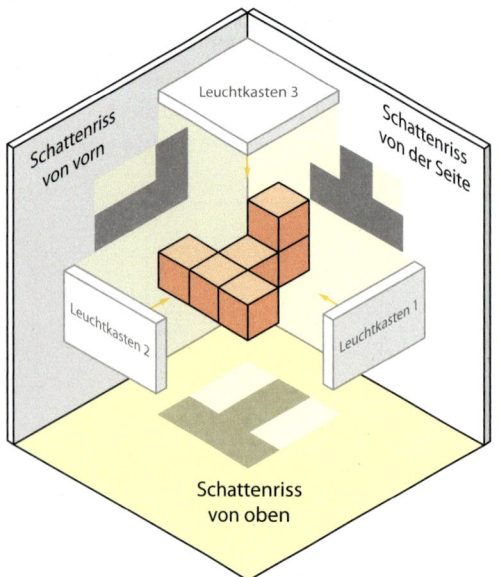
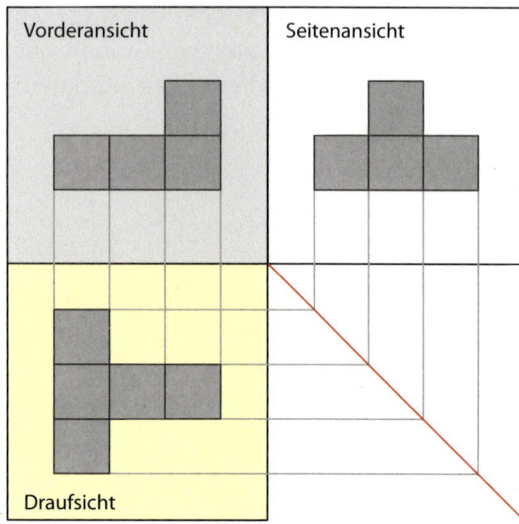

Die drei Schattenflächen zeigen die Draufsicht, die Vorderansicht und die Seitenansicht von links. Dieses Verfahren nennt man **Dreitafelprojektion**.

Wie es zu diesem Begriff gekommen ist, verstehst du fast von selbst, wenn du folgendermaßen vorgehst:

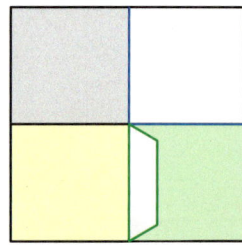

Nimm ein qudratisches Blatt, falte und schneide es wie in der Skizze links. Dann zeichnest du entsprechend der Dreitafelprojektion drei Ansichten des Körpers unten. Lege seine Kantenlänge selbst fest.
Das Resultat überprüfst du, indem du das Blatt so wie rechts zusammenfaltest.

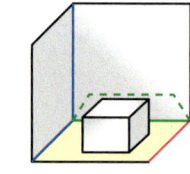

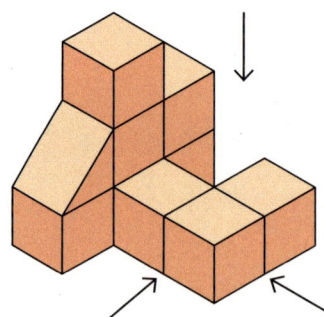

7

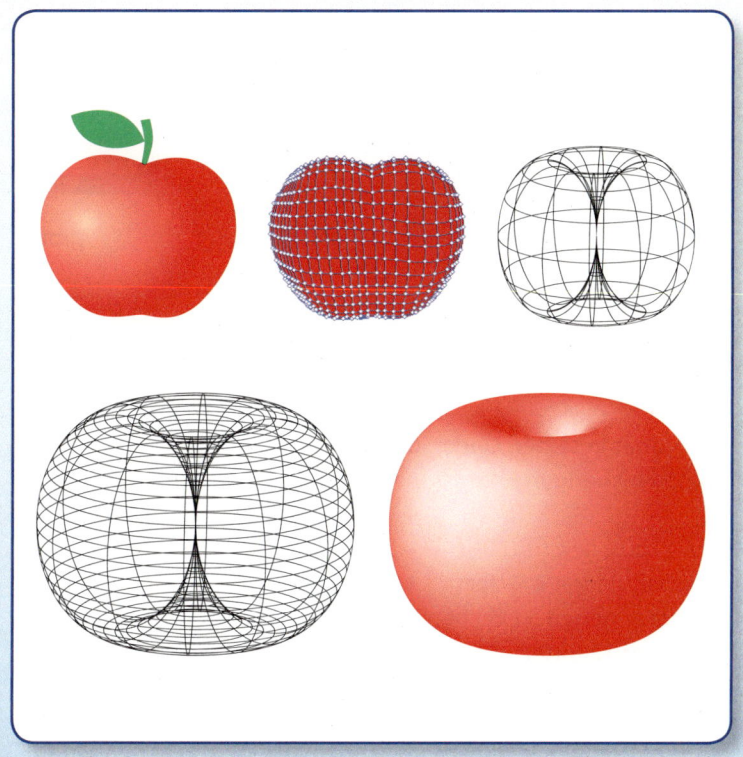

Mathematik im Alltag anwenden

7.1 Vom Alltag zur Mathematik und zurück

Andreas sammelt Fantasy-Karten, die es für einen Euro pro 4er-Packung zu kaufen gibt. Es gibt drei Gruppen von Karten:

gibt es häufig   kommen weniger oft vor   gibt es selten

Andreas hätte gerne Ramonas Zauberer Gundolf, den Ramona gegen zwei Drachen und sechs Ritter tauschen würde.

Andreas ordnet in seinen Gedanken den Wert der Bilder nach seinen bisherigen Erfahrungen.

Er überlegt: *Meistens tausche ich …*
     1 Drachen gegen 4 Ritter   1 D = 4 R
     1 Zauberer gegen 3 Drachen   1 Z = 3 D
… also muss ich für 1 Zauberer 12 Ritter *geben!*   1 Z = 12 R

Ramona will für 1 Zauberer 2 Drachen und 6 Ritter.   1 Z = 2 D + 6 R

Wegen 1 D = 4 R …   1 Z = 2 · 4 R + 6 R
… wären das für   1 Zauberer   8 Ritter + 6 Ritter: 1 Z = 14 R

Ramona will für einen Zauberer 14 Ritter, also 2 Ritter mehr, als es normalerweise üblich ist!

Andreas ist sich sicher, dass sein Rechenverfahren zu einem nachvollziehbaren Ergebnis geführt hat.

Andreas kann nun entscheiden, ob ihm der Zauberer, den er sehr gerne hätte, zwei Ritter mehr als üblich wert ist.

Lebenswelt

↓

Wie kann die Mathematik helfen?

↓

Gleichungen (mathematisches Modell)

↓

Mathematische Lösung

↓

Vergleich mit der Wirklichkeit (Lebenswelt)

↓

Überprüfen der mathematischen Vorgehensweise

↓

Bewertung des Ergebnisses

Vom Alltag zur Mathematik und zurück 7.1

Übungsaufgaben

Tauschgeschäfte

1 Die Schüler der 8a sammeln und tauschen Autobilder. Neben den normalen Pkw gibt es Bilder von Sportwagen und von Oldtimern.
Gestern sahen die Tauschkurse so aus:

 für

 für

a Wie steht der Tauschkurs zwischen Oldtimern und Sportwagen? Ergänze dazu den Satz:
Für drei Oldtimer erhalte ich … Sportwagen.
b Wie ist der Kurs für den Tausch von normalen Autos und Oldtimern?
c Lasse hat vier Oldtimer-Bilder.
Gib drei Möglichkeiten an, wie er sie gegen andere Autobilder eintauschen könnte.

2 Nuri sammelt WM-Karten von Fußballspielern. Der Kurs der deutschen 🇩🇪, spanischen 🇪🇸 und brasilianischen 🇧🇷 Mannschaft liegt höher als der Kurs anderer Nationen, daher sind diese Karten beim Tauschen mehr wert. In den letzten Tagen hat Nuri folgende Tauschkurse beobachtet:

a Gib drei Möglichkeiten an, was Nuri für zehn Karten sonstiger Nationen eintauschen könnte.
b Wie ist der aktuelle Tauschkurs zwischen deutschen und brasilianischen Karten?
c Wie ist der aktuelle Tauschkurs zwischen spanischen und brasilianischen Karten?
d Welche Möglichkeiten hätte Nuri, vier seiner Karten mit deutschen Spielern einzutauschen? Gib mindestens drei Möglichkeiten an, wenn nicht alle vier Karten getauscht werden müssen.

3 *Tierische Tausche*

Bauer Hausmann will auf dem Viehmarkt eine Ziege und ein Schwein gegen Hühner eintauschen. Bevor er in den Handel einsteigt, macht er sich zunächst ein Bild davon, wie der hier üblicherweise abläuft.
Er beobachtet folgende Tauschgeschäfte:

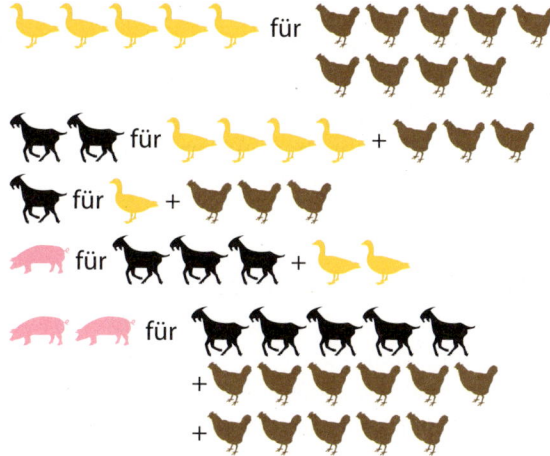

a Wie viele Hühner sollte Bauer Hausmann für seine Ziege verlangen?
Wie bist du zu deiner Meinung gekommen?
b Für sein Schwein werden ihm zwei Ziegen, drei Gänse und ein Huhn angeboten. Er überlegt, ob er darauf eingehen soll, um die Tiere teilweise weiterzutauschen.
Welchen Rat könntest du ihm geben? Begründe deine Antwort!

Mathematik im Alltag anwenden

7.1 Vom Alltag zur Mathematik und zurück

Bewegungen

4 *Unterwegs zur Schule*

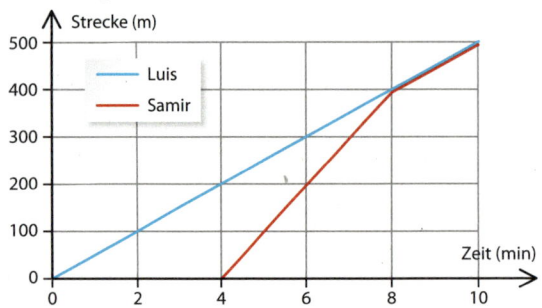

a *Luis* braucht für seinen 500 m langen Schulweg zehn Minuten. Er geht langsam und in gleichmäßigem Tempo.
Welche Beschreibung passt zu *Samirs* Weg?
① Samir hat einen kürzeren Weg als Luis. Er geht langsamer als Luis und trifft ihn am Berliner Platz. Von dort gehen sie gemeinsam weiter.
② Samir startet für die gleiche Strecke vier Minuten später, er geht schneller als Luis und holt ihn nach 400 m ein. Die letzten 100 m gehen sie gemeinsam.
③ Samir hat auf Luis einen Vorsprung von vier Minuten, geht aber langsamer und wird daher nach vier Minuten von Luis eingeholt. Die letzten 100 m gehen sie gemeinsam.

b Verfasse eine kurze Geschichte, die die Schulwege der beiden Mädchen beschreibt.
Beachte dabei:
- Wann und wo laufen sie los?
- Ändert sich ihre Geschwindigkeit?
- Treffen sie sich unterwegs?
- Wann kommen sie an?

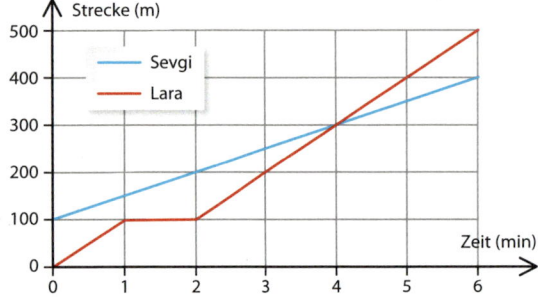

5 Welche Situationen passen zu der Gleichung $y = 20x + 10$?
① Levin spielt mit seinem Modellflugzeug. Es fliegt mit einer Geschwindigkeit von 20 m/s und ist bereits seit 10 min unterwegs.
② Lara fährt mit ihrem Fahrrad 20 km/h schnell und hat bereits 10 km zurückgelegt.
③ Eine Antilope flüchtet mit einer Geschwindigkeit von 20 m/s. Sie hat anfangs 10 m Vorsprung vor ihrem Verfolger.
④ Fabian läuft beim 4 x 400-m-Staffellauf mit einem Tempo von 20 km/h und hat 10 s Vorsprung vor dem nächsten Läufer.

6

Schreibe eine Reportage über den Rennverlauf. Erwähne dabei das Fahrverhalten der drei Radrennfahrer, ihre Überholvorgänge und die Zwischenzeiten bei 60 km.

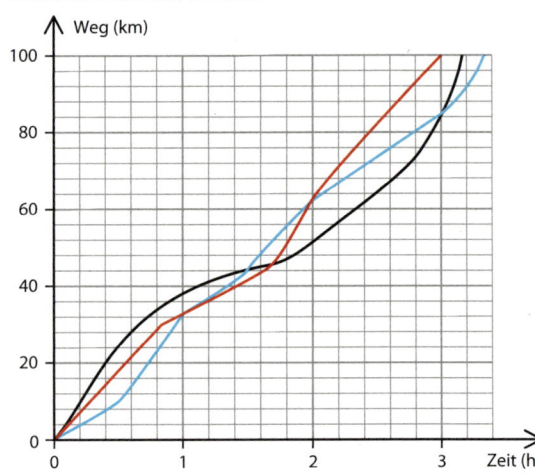

Vermischtes

7 Aus dem BMI (Body-Mass-Index) $BMI = \frac{G}{L^2}$ kann man bei Erwachsenen angeblich Übergewicht ablesen.
G ist das Gewicht einer Person in Kilogramm und L ihre Größe in Metern.

a Carlas Mutter wiegt 55 kg und ist 1,60 m groß. Alinas Mutter hat den gleichen BMI, sie ist aber 12 cm größer. Wie viel wiegt Alinas Mutter?

b Marcs Vater wiegt 88 kg und ist 170 cm groß. Wie viele Kilogramm muss er abnehmen, um einen „normalen" BMI von 25 zu erreichen?

c Die Einschätzung der BMI-Werte in der Tabelle ist nicht unumstritten.
Welche sonstigen Umstände könnten für eine Einschätzung des BMI eine Rolle spielen?

Einschätzung	BMI (kg/m²)
kritisches Untergewicht	< 16
Untergewicht	16 – 20
Normalgewicht	20 – 25
Übergewicht	25 – 30
kritisches Übergewicht	> 30

8

In das Kino *Lupe* kommen am ruhigen Montag üblicherweise nur etwa 15 bis 20 Besucher, die jeweils 7 € Eintritt bezahlen. Der Kinobesitzer möchte an diesem Tag mehr Kunden anlocken. Was könnte er unternehmen?

9 Ein Verein hat 350 Mitglieder. 200 davon sind Jugendliche, die bisher im Monat 4 € Mitgliedsbeitrag bezahlen. Erwachsene bezahlen 6 €. Die Jahreseinnahmen sollen auf insgesamt mindestens 25 000 € erhöht werden. Wie sollen die neuen Monatsbeiträge festgesetzt werden?

10

Sina: *Mich nervt es, dass die erste Kerze am vierten Advent bereits abgebrannt ist.*
Mutter: *Dann besorge doch einfach längere Kerzen.*
Sina: *Die sind dann dünner und noch schneller abgebrannt.*
Mutter: *Meinst du wirklich?*

Sina findet heraus, dass die dicke, 6 cm hohe Kerze mit 0,4 cm pro Stunde abbrennt. Die 15 cm lange dünne Kerze wird jede Stunde um 1,1 cm kürzer.

a Kannst du Sina dabei helfen, ihr Kerzenproblem zu lösen? Beschreibe deine Vorgehensweise.

b Gibt es weitere Möglichkeiten zur Problemlösung, die vielleicht zu einem genaueren Ergebnis führen?

11 Die Bahnstrecke München-Lindau ist ungefähr 180 km lang. Der Fahrplan ab München Hbf:

> **16:33** EC 192 **Zürich HB**
> Buchloe 17:17 – Lindau Hbf 18:54
>
> **17:13** ALX 84142 **Lindau Hbf**
> München-Pasing 17:20 – Kaufering 17:50 – Buchloe 18:02 – Kaufbeuren 18:32 – Kempten (Allgäu) Hbf 19.05 – Immenstadt 19:24 – Oberstaufen 19:37 – Röthenbach (Allgäu) 19:50 – Heimenkirch 19:54 – Hergatz 20:05 – Lindau Hbf 20:20

a Mit welcher durchschnittlichen Geschwindigkeit legen der EC 192 und der ALX 84142 diese Strecke zurück?

b Wann würde der EC den ALX einholen, wenn man ihre Abfahrtszeiten vertauschen würde?

7.2 Vermischte Anwendungsaufgaben

Geometrische Aufgaben systematisch lösen

Beispiel

Verkürzt man die 6 cm lange Seite eines Rechtecks um 2 cm und verlängert die andere Seite um 3 cm, so vergrößert sich der Flächeninhalt um 8 cm².

① Fertige eine Skizze an, um dir den Sachverhalt zu veranschaulichen.

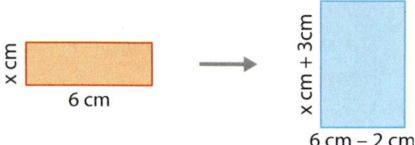

② Das Zusammenstellen der Informationen in einer Tabelle kann beim Aufstellen einer Gleichung helfen.

	vorher	nachher
1. Seite	6 cm	6 cm − 2 cm = 4 cm
2. Seite	x cm	(x + 3) cm
Flächeninhalt	6 · x cm²	4 · (x + 3) cm² bzw. (6 · x + 8) cm²

③ Stelle die Gleichung auf.

$6 \cdot x + 8 = 4 \cdot (x + 3)$
$6x + 8 = 4x + 12$
$2x = 4$
$x = 2$

④ Übertrage die Lösung auf den Sachverhalt:

Die ursprünglichen Seitenlängen des Rechtecks betrugen 6 cm und 2 cm.
Die neuen Seiten sind 4 cm und 5 cm lang.

---

1 Ein Rechteck ist um 8 cm länger als breit. Verkürzt man die Länge um 3 cm und verlängert gleichzeitig die Breite um 1 cm, so hat das neue Rechteck den gleichen Flächeninhalt wie das ursprüngliche Rechteck.
Welche Längen haben die Seiten des ursprünglichen Rechtecks?

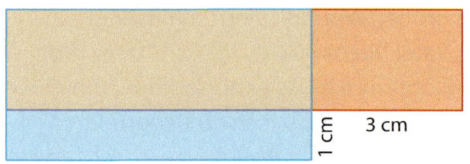

2 Verlängert man die 8 cm lange Seite eines Rechtecks um 4 cm und die andere Seite um 4,5 cm, so verdreifacht sich der Flächeninhalt.

3 Im rechtwinkligen Dreieck ist die Seite a um 2 cm länger als die Seite b. Verlängert man a und b jeweils um 3 cm, dann vergrößert sich der Flächeninhalt um 16,5 cm².
Bestimme die Längen der Seiten a und b.

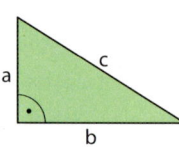

4 Ein Parallelogramm hat einen Umfang von 104 cm. Verkürzt man eine Seite um 7 cm und verdoppelt die andere Seite, so nimmt der Umfang um 8 cm zu.
Berechne den Flächeninhalt des ursprünglichen Parallelogramms, wenn darin die Höhe auf die längere Seite 7,5 cm lang ist.

5 Herr Goll besitzt im Bauerwartungsland seiner Gemeinde ein rechteckiges Grundstück. Im Zuge der Erschließungsmaßnahmen soll die Länge verkürzt und die Breite verlängert werden, ohne dass sich der Flächeninhalt ändert.
Welche ganzzahligen Möglichkeiten findest du?

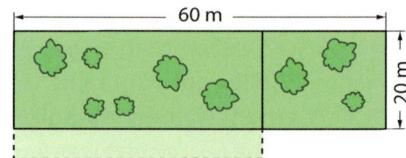

Vermischte Anwendungsaufgaben 7.2

6 Wie verändern sich der Umfang und der Flächeninhalt eines Rechtecks, wenn sich die beiden Seiten jeweils verdoppeln bzw. halbieren?

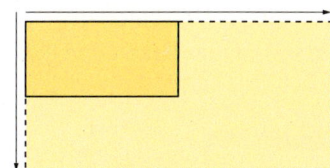

Formuliere eine Regel und zeige ihre Gültigkeit an einem Zahlenbeispiel.

7 Frau Reger möchte in ihrer Wohnung einen neuen Holzboden in allen Zimmern außer dem Bad verlegen lassen. Sie entscheidet sich für Parkett Buche und informiert sich bei den Handwerkern über die Preise.

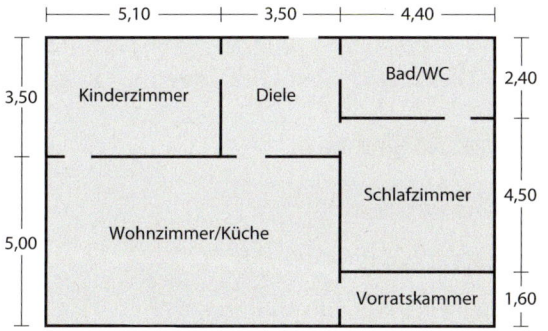

Leibiger & Sohn
Parkettpreis Buche: 71 €/qm
Arbeitslohn: 49 €/h
Fußleisten: 11 €/qm

Handwerkergemeinschaft Klingert & Co
Gesamtpreis ohne Fußleisten: 8924 €
Die Fußleisten werden pauschal mit 16 €/qm berechnet.
Parkettpreis Buche: 68 €/qm

Die Türöffnungen werden bei der Berechnung der Fußleisten nicht berücksichtigt.
Unter welchen Bedingungen sollte sie sich für Leibiger & Sohn entscheiden, wann für die Handwerkergesellschaft?

Aufgaben selbst erstellen

① Entscheide dich für eine bestimmte Figur und gib ihr konkrete Maße:

$a = 1\,\text{cm}$ A_1 $b = 8\,\text{cm}$

② Verändere die Figur:

$1{,}5\,\text{cm}$ A_2 $6\,\text{cm}$

③ Berechne die Flächeninhalte …
$A_1 = 1 \cdot 8$ $A_2 = 1{,}5 \cdot 6$
$A_1 = 8\,\text{cm}^2$ $A_2 = 9\,\text{cm}^2$
… und vergleiche sie: $A_1 + 1\,\text{cm}^2 = A_2$

④ Formuliere eine Aufgabe und entscheide dich für eine Variable:
Verlängere ich die 1 cm lange Seite a eines Rechtecks um 0,5 cm und verkürze die Seite b um 2 cm, so ==vergrößert sich der Flächeninhalt um 1 cm²==.

⑤ Stelle zur Probe die Gleichung auf und löse sie:

$1 \cdot b + 1 = (1 + 0{,}5) \cdot (b - 2)$
$b = 8$

---

8 Stelle mithilfe der angegebenen Größen eigene Aufgaben und lasse sie von deinem Sitznachbarn lösen.
Vergleicht anschließend eure Ergebnisse.
a Rechteck: $a = 4\,\text{cm}$, $b = 7{,}5\,\text{cm}$
b Dreieck: $c = 8\,\text{cm}$; $h_c = 3{,}1\,\text{cm}$
c Parallelogramm: $a = 6{,}5\,\text{cm}$; $h_a = 3{,}8\,\text{cm}$

9 Stelle eine eigene Aufgabe zu einem rechtwinkligen Trapez und lasse sie von deinem Sitznachbarn lösen. Bestimme die Maße des Trapezes nach deinen eigenen Vorstellungen.

7.2 Vermischte Anwendungsaufgaben

Bewegungsaufgaben systematisch lösen

David und Philipp wohnen **32 km voneinander entfernt** und fahren sich jeden Morgen mit ihren neuen Rollern entgegen, um gemeinsam den restlichen Weg zur Schule zurückzulegen. Sie starten gleichzeitig um 7.00 Uhr. **David** fährt eine Durchschnittsgeschwindigkeit von **27 $\frac{km}{h}$**; **Philipp** fährt **21 $\frac{km}{h}$**. Wann treffen sie sich?

Daten sammeln

① Schreibe geordnet auf, was gegeben ist.

geg.: Gesamtstrecke: 32 km
Davids Geschwindigkeit: 27 $\frac{km}{h}$
Philipps Geschwindigkeit: 21 $\frac{km}{h}$

② Schreibe auf, was gesucht ist, und lege die Variablen fest.

ges.: Fahrzeit zum Treffpunkt: x Stunden

③ Erstelle evtl. eine Skizze.

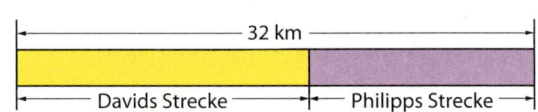

Zusammenhänge in die Mathematik übertragen

④ Forme bei Bedarf die Formel um.

Geschwindigkeit = $\frac{\text{Strecke}}{\text{Zeit}}$ oder kurz: $v = \frac{s}{t}$

→ Strecke = Geschwindigkeit · Zeit oder: $s = v \cdot t$

⑤ Forme den Text in mathematische Terme um.

Davids Strecke: 27 $\frac{km}{h}$ · x (in h)
Philipps Strecke: 21 $\frac{km}{h}$ · x (in h)

⑥ Stelle die Gleichung auf und löse sie.

27 $\frac{km}{h}$ · x + 21 $\frac{km}{h}$ · x = 32 km
⇒ x = $\frac{2}{3}$ h; dies entspricht 40 Minuten.

⑦ Übertrage deine Lösung auf die jeweilige Situation und formuliere einen Antwortsatz.

David und Phillip treffen sich nach 40 min.

⑧ Zusatzfrage: Wie viele Kilometer haben sie jeweils zurückgelegt?

David: 27 $\frac{km}{h}$ · $\frac{2}{3}$ h = 18 km
Phillip: 21 $\frac{km}{h}$ · $\frac{2}{3}$ h = 14 km

---

10. Lena und ihre jüngere Freundin Annika wohnen 12 km voneinander entfernt. Sie fahren genau um 15 Uhr mit ihren Fahrrädern los und möchten sich treffen.
Lena fährt mit durchschnittlich 18 $\frac{km}{h}$, Annika mit 12 $\frac{km}{h}$.
Nach wie vielen Minuten bzw. zu welcher Uhrzeit treffen sie sich?

11. Kiras Schwester Nicole und ihr Freund Felix starten zur gleichen Zeit in 225 km entfernten Orten mit ihren Motorrollern.
a Nach wie vielen Stunden treffen sie sich, wenn Nicole mit einer durchschnittlichen Geschwindigkeit von 80 km/h und Felix mit 70 km/h unterwegs ist?
b Wie viele Kilometer haben Nicole und Felix jeweils zurückgelegt?

7.2 Vermischte Anwendungsaufgaben

2 Stefan aus Karlsruhe möchte sich mit seinem Onkel Gianluca im 56 km entfernten Heidelberg treffen. Er fährt zusammen mit seinen Eltern um 9.30 Uhr los. Mit ihren Rädern fahren sie mit einer durchschnittlichen Geschwindigkeit von 16 km/h. Um 10.30 Uhr fährt ihnen Gianluca von Heidelberg aus mit einer durchschnittlichen Geschwindigkeit von 14 km/h entgegen. Wann treffen sie sich?

3

Die anderen Mädchen sind vor einer Viertelstunde losgefahren!

a Wann wird Ramona die Gruppe, die 20 km/h schnell fährt, einholen, wenn sie selbst durchschnittlich 24 km/h fährt?
b Wann hätte sie die Gruppe eingeholt, wenn sie fünf Minuten früher gekommen wäre?

4

Sandro und Achim starten um 10 Uhr mit ihrem Kanu auf dem Bodensee. Sie paddeln durchschnittlich 6 km/h. 20 Minuten später startet Achims Vater von der gleichen Stelle mit seinem Motorboot, das mit 18 km/h fahren kann. Wann und wo holt er die beiden Jungs ein?

15 Robert, der 400 m in 60 s laufen kann, übernimmt als Schlussläufer seiner 4 x 400-m-Staffel den Stab. Er hat 30 m Rückstand auf Hussein. Hussein läuft die 400 m in 72 s.

16 Der griechische Philosoph Zeno von Elea (490 – 430 v. Chr.) hat behauptet:
*Achilles, der schnellfüßigste Held der griechischen Sage, kann das langsamste Tier, die Schildkröte, niemals einholen, falls diese beim Beginn des Laufes einen Vorsprung hat!
Während Achilles den Vorsprung der Schildkröte durchläuft, legt die Schildkröte eine weitere Strecke zurück. Und immer wenn Achilles diese weitere Strecke durchläuft, legt die Schildkröte abermals eine bestimmte (wenn auch kleinere) Strecke zurück, ist also immer schon weg, wenn Achilles ankommt.
Da dies immer so weiter geht, kann Achilles die Schildkröte nicht einholen.*

Was meinst du dazu?
Begründe deine Meinung mithilfe eines Diagramms oder einer Rechnung. Es wird einfacher, wenn du für Achilles und die Schildkröte jeweils eine Geschwindigkeit festlegst.

Mathematik im Alltag anwenden

7.3 Prozente und Zinsen

1. Jörg, Sabine, Taifun und Jasmin rechnen auf unterschiedliche Weise aus, wie viele Euro sie bei einem T-Shirt sparen, das ursprünglich 18,99 € gekostet hat.

$\frac{15}{100} \cdot 18{,}99 = ?$ $P = G \cdot p\,\%$

Preis	Anteil
18,99 €	100 %
0,1899 €	...
...	15 %

a Ordne die Rechnungen den Jugendlichen zu.
b Vervollständige die Rechnungen und berechne den reduzierten Preis.
c Welchen Rechenweg würdest du verwenden?
d Gibt es Gemeinsamkeiten bei den Rechenwegen?

2. Ordne den Begriffen die richtigen Abkürzungen und Erklärungen zu und vervollständige die Tabelle in deinem Heft. Gib jeweils Beispiele aus dem Alltag an.
Du kannst die Kärtchen unten als Anregung nutzen oder eigene Ideen verwenden.

Begriff	Prozentsatz	Prozentwert	Grundwert
Abkürzung	...	...	...
Erklärung	...	...	...
Beispiel	...	...	...

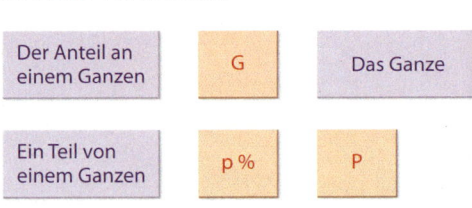

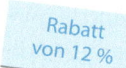

Prozente und Zinsen — 7.3

Übungsaufgaben

1. Berechne die jeweils fehlende Größe. Überschlage zuerst und schreibe hinterher deinen Lösungsweg auf. Kontrolliere so, ob du richtig gerechnet hast.
   a. 121 000 der 900 000 Todesfälle im Jahr 2013 sind auf das Rauchen zurückzuführen.
   b. Im Jahr 2015 gab es in Deutschland ungefähr 700 000 Bienenvölker. Im Winter 2015/2016 sind davon 22,5 % eingegangen.
   c. Der Landessportverband Baden-Württemberg hatte im Jahr 2015 11 000 Mitglieder weniger als im Vorjahr. Das sind gerundet 0,3 %.

2. Überlege dir, in welchen Alltagssituationen du die Prozentrechnung einsetzen kannst. Stelle dazu Aufgaben mit Lösungen.

3. Bei der Wahl zum Klassensprecher wurden 33 gültige Stimmen abgegeben.

   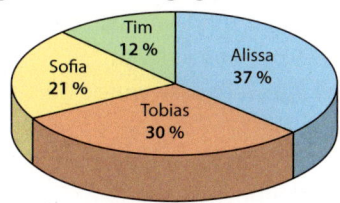

   a. Wie viele Stimmen erhielten die Kandidatinnen und Kandidaten?
   b. Warum erhältst du keine ganzen Zahlen als Ergebnis?

4. 2015 betrug das Abfallaufkommen in Baden-Württemberg ca. 47 Millionen Tonnen. Die Industrie erzeugte davon 35 450 000 Tonnen. Wie viel Prozent des Mülls wurde nicht von der Industrie erzeugt?

5. *Plastik, unvergänglich …*

   Etwa 322 Millionen Tonnen Plastik werden jedes Jahr weltweit hergestellt. Davon landen laut Schätzungen etwa 30 Millionen Tonnen als Abfall im Meer. Wie viel Prozent sind das?
   Überlege dir, wie Plastikmüll ins Meer gelangt, und wie man ihn vermeiden kann!

T	**Prozentrechnung** und **Zinsrechnung**	
	Grundwert G	→ Kapital K
	Prozentwert P	→ Zinsen Z
	Prozentsatz p %	→ Zinssatz p %

6. Berechne die jeweils fehlende Größe.
   a. Auf ihrem Sparbuch hat Katharina 1 563 €. Der Zinssatz beträgt 0,8 %.
   b. Ihr Geburtstagsgeld spart Charlotte auf der Bank. Für die bereits gesparten 870 € hat sie 6,09 € Zinsen erhalten.
   c. Max hat in diesem Jahr für sein Erspartes 4,03 € Zinsen bekommen. Der Zinssatz betrug 0,65 %.

7. Im Jahr 2016 sind die Bauzinsen mit durchschnittlich 1,3 % pro Jahr extrem niedrig gewesen. In den 80er-Jahren lag der Zinssatz bei 8,7 %. Vergleiche die Zinsen im ersten Jahr für einen Baukredit von 300 000 €.

8. Ein Bluetooth-Lautsprecher kostet nach der Preissenkung um 20 % noch 60 €. Was kostete er ursprünglich?
   Nach einer Preiserhöhung um 15 % bezahlt Felix für einen Kopfhörer 39,99 €. Welchen Preis hatte der Kopfhörer vor der Preiserhöhung?

Mathematik im Alltag anwenden

7.3 Prozente und Zinsen

9 Bernd spart auf sein neues Mountainbike. Er hat bereits 260 € gespart, das sind etwa 45 % des Preises. Was kostet das Fahrrad?

10 Wie hoch ist die Mehrwertsteuer für die Taxifahrt?

11 Wer hat den höheren Zinssatz?

> Karl hatte 732 € auf seinem Sparbuch. Am Ende des Kalenderjahres bekam er dafür 18,30 € Zinsen.

> Klara hat auf ihrem Sparkonto 1258 €. Nach der Zinsgutschrift zum Jahresende sind es 1288,19 €.

> Sebastians Konto kostet jährlich 2,50 € Gebühren. Nachdem am 1. Januar die Zinsen und die Kontogebühr verbucht wurden, hatte er 361,64 € statt 357 € auf dem Konto.

12 Familie Kranz nimmt für die Renovierung ihres Hauses einen Kredit von 10 000 € auf. Herr Kranz sagt, er könne den Kredit in drei Jahren abzahlen, wenn er jedes Jahr 3 500 € an die Bank zahlt. Frau Kranz sagt, dass das nicht ausreiche und sie mindestens 3 600 € monatlich abzahlen müssten. Die Bank berechnet jährlich einen Zinssatz von 3,79 %.
Zeige rechnerisch, wer Recht hat.

13 Ein Fahrradhändler erhöht den Preis eines Fahrrades um 12 %. Nachdem du ihm sagst, dass dir der erhöhte Preis zu teuer ist, antwortet er: „Dann gebe ich dir auf den erhöhten Preis eben 12 % Rabatt, damit du den ursprünglichen Preis bezahlst."
Was antwortest du? Begründe deine Antwort.

14 Der Ölpreis ist ständigen Schwankungen unterworfen. Im Zusammenhang damit stehen häufig weltpolitische Ereignisse.
Die Grafik unten zeigt, wie sich der Ölpreis von 1990 bis 2016 entwickelt hat.
a Durch welche Ereignisse wurde der Ölpreis stark beeinflusst?
b Um wie viel Prozent unterscheiden sich der niedrigste und der höchste Wert?
c Um wie viel Prozent ist der Ölpreis zwischen 1998 und 2001 gestiegen?
d Wo liegt der Ölpreis heute? Gib die prozentuale Steigerung oder Senkung des Ölpreises im Vergleich zum letzten Wert des Diagramms an.
e Überlege dir zwei Aufgaben zum Diagramm, die dein Sitznachbar beantworten kann.

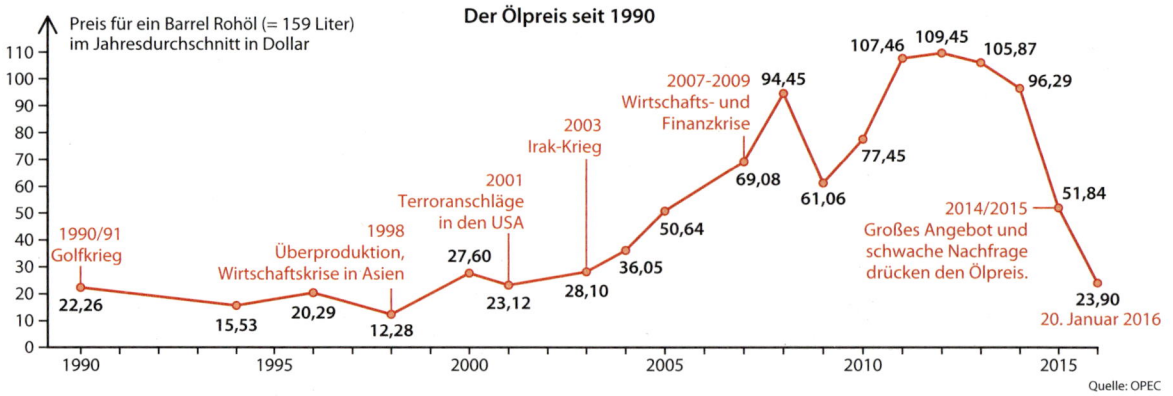

184 Mathematik im Alltag anwenden

Prozente und Zinsen 7.3

15 Das statistische Landesamt gibt folgende Schülerzahlen (5. – 10. Klasse) in den Schularten an:

	2013/14	2014/15	2015/16
HS/WRS	127 068	114 048	99 771
Sonderschulen	52 176	52 492	49 175
RS	239 350	231 631	224 720
GY	317 073	313 524	307 897
GMS	8 564	20 294	35 623
andere Schulen	27 875	27 719	27 633

a Wie ist die prozentuale Verteilung der Schüler auf die einzelnen Schularten im Schuljahr 2015/16?
b Stelle die Verteilung in einem geeigneten Diagramm dar und begründe die Auswahl des Diagrammtyps.
c Bei welcher Schulart gab es wenig, bei welcher Schulart große Schwankungen?
d Vergleiche die Haupt-/Werkrealschule mit der Gemeinschaftsschule in den drei angegebenen Schuljahren mithilfe eines Diagramms. Gib die prozentualen Veränderungen in den beiden Schularten an.

16 Einige dieser Kreditangebote sind in bestimmten Fällen günstig.
Für wen lohnt sich welches Angebot?

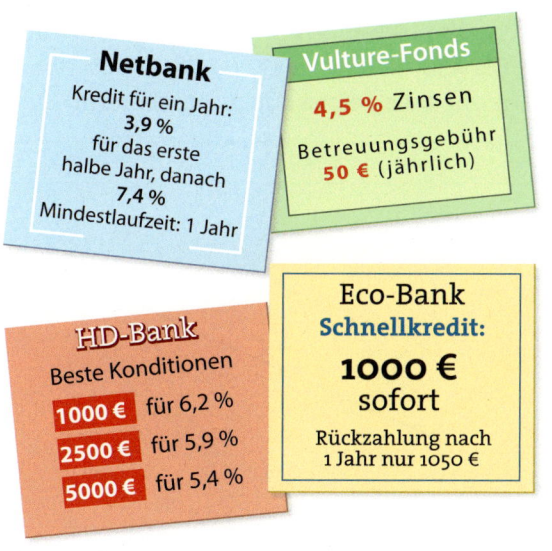

17 Das Untersuchungslabor in Sigmaringen hat heute diese vier Zuckergehalte bestimmt:

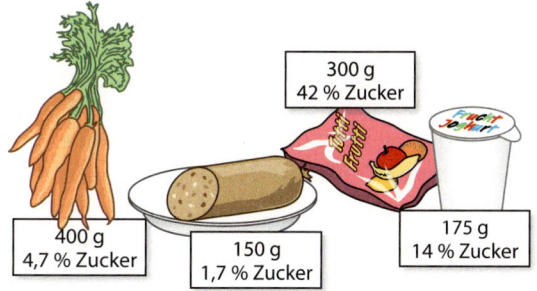

a Wie viele Gramm Zucker enthalten die Nahrungsmittel jeweils?
b Wie viele Stücke Würfelzucker sind das jeweils? Ein Würfelzucker-Stück wiegt 3 g.
c Gesundheitsorganisationen empfehlen für Jugendliche und Erwachsene, nicht mehr als 50 g Zucker pro Tag zu konsumieren. Stelle ein „Menü" aus den vier Produkten zusammen, bei dem die empfohlene tägliche Zuckermenge nicht überschritten wird.
d Überprüfe deinen täglichen Zuckerkonsum. Informiere dich dazu im Internet über den Zuckeranteil in den Lebensmitteln und Getränken, die du zu dir nimmst.

18

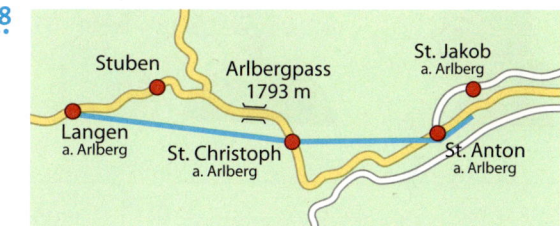

Der Arlbergtunnel (in der Karte blau) hat eine Länge von 15,5 km. Fährt man die Straße über den Arlbergpass (in der Karte gelb), so überwindet man von der östlichen Tunneleinfahrt aus betrachtet ca. 500 Höhenmeter.
Die Passhöhe liegt etwa in der Mitte zwischen Einfahrt und Ausfahrt des Tunnels.
Welche durchschnittliche Steigung hat die Straße zum Pass ungefähr?

Mathematik im Alltag anwenden 185

7.4 Die Tabellenkalkulation sinnvoll nutzen

Textdarstellung
Vom Baden Airport fliegt um 16.00 Uhr eine zweimotorige Cessna mit einer durchschnittlichen Geschwindigkeit von 360 km/h zum 300 km entfernten Düsseldorfer Flughafen. 30 Minuten später fliegt eine A300 mit einer durchschnittlichen Geschwindigkeit von 600 km/h ebenfalls nach Düsseldorf.

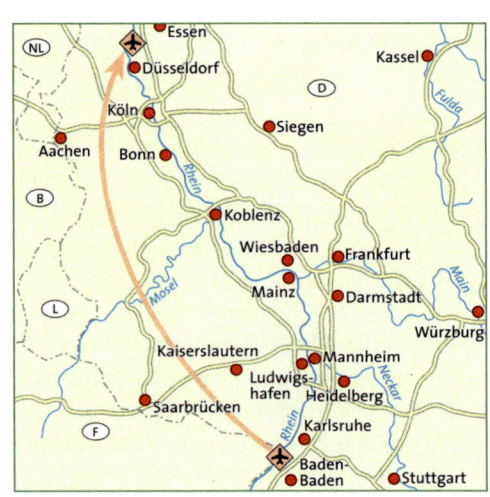

Wird die A300 das langsamere Flugzeug einholen? Damir, Leni und Henri lösen die Aufgabe auf unterschiedliche Weise, indem sie den Text jeweils in eine andere Darstellungsform übertragen, wobei die Tabellenkalkulation sehr hilfreich sein kann:

In der Tabelle kann ich die beiden Flüge vergleichen.

In meinem Diagramm kann ich die Flüge veranschaulichen.

Mithilfe der Funktionsgleichungen kann ich die Ankunftszeiten ausrechnen.

Funktionsgleichung
Cessna: $y = 360x$
$300 = 360x$
$x = \frac{300}{360}$

`=300/360`

$\Rightarrow$ Flugzeit $\frac{5}{6}$ h = 50 min

Die Cessna landet um 16.50 Uhr in Düsseldorf.

A300: $300 = 600x$
$x = \frac{300}{600}$

`=300/600`

$\Rightarrow$ Flugzeit $\frac{1}{2}$ h = 30 min

Die A300 kommt um 17.00 Uhr in Düsseldorf an, holt die Cessna also nicht mehr ein.

	A	B	C
1		Cesna	A300
2	16:00	0	
3	16:10	60	
4	16:20	120	
5	16:30	180	0
6	16:40	240	100
7	16:50	300	200
8	17:00		300

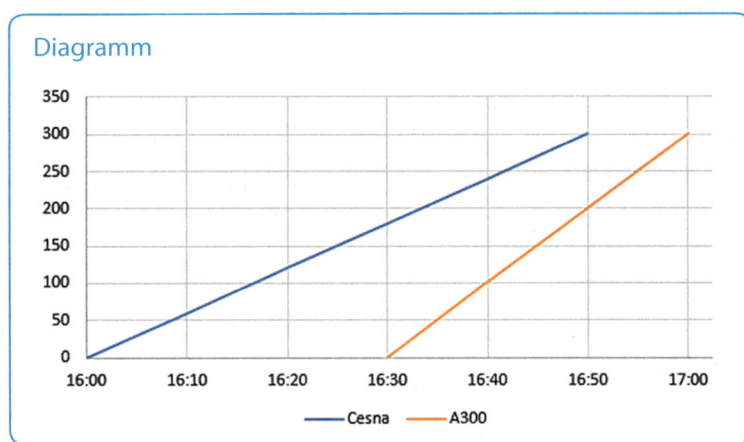

Diagramm

Die Tabellenkalkulation sinnvoll nutzen — 7.4

Übungsaufgaben

1 Der Abstand zwischen Fahrzeugen soll außerhalb geschlossener Ortschaften mindestens die halbe Tachoanzeige in Metern betragen.

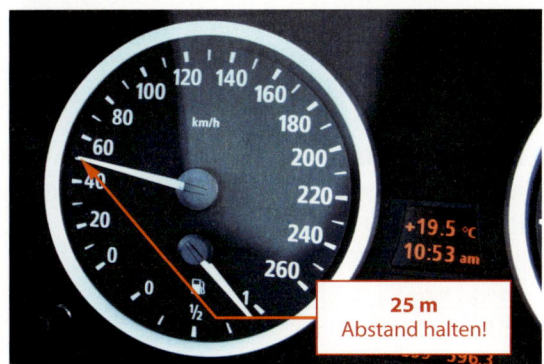

a Erstelle mit deinem Tabellenkalkulationsprogramm eine Wertetabelle für die Funktion *Geschwindigkeit → Sicherheitsabstand*.

	A	B	C	D
1	Geschwindigkeit (km/h)	0	10	20
2	Sicherheitsabstand (m)	=B1/2	5	10

b Markiere die Werte in der zweiten Zeile deiner Tabelle und lass dir ein Säulendiagramm anzeigen. Formatiere das Diagramm.

c Mit dem Diagrammtyp *Punkt (XY) – Punkte mit geraden Linien* kannst du dir die Gerade zeichnen lassen.
Vergleiche beide Darstellungen und beurteile sie.

> **T** **Die Skalierung der Achsen formatieren**
> Lege für das Hauptintervall einen passenden Wert fest und trage sinnvolle Werte für Minimum und Maximum ein.

d Lies aus deinem Diagramm ab:
Wie groß sollte der Sicherheitsabstand bei einer Geschwindigkeit von 50 km/h, 70 km/h und 90 km/h gewählt werden?

2

Bei optimalem Zustand von Reifen und Bremsanlage sowie bei guten Straßenverhältnissen kann der Bremsweg eines Fahrzeuges bei einer Gefahrbremsung mit dieser Faustregel berechnet werden:

$$\text{Bremsweg (m)} = \left(\frac{\text{Geschwindigkeit (km/h)}}{10}\right)^2 : 2$$

a Erstelle eine Tabelle für die Funktion *Geschwindigkeit (km/h) → Bremsweg (m)*.
Gib in Zelle B2 die Formel `=B1/10*B1/10/2` ein und kopiere die Formel anschließend in die benachbarten Zellen.

	A	B	C	D
1	Geschwindigkeit (km/h)	0	10	20
2	Bremsweg (m)	=B1/10*B1/10/2	0,5	2

b Stelle den Sachverhalt in einem geeigneten Diagramm dar.

c Der *Anhalteweg* eines Fahrzeugs setzt sich aus *Reaktionsweg* und *Bremsweg* zusammen. Der Reaktionsweg lässt sich für die normale Reaktionszeit von einer Sekunde so berechnen:

$$\text{Reaktionsweg (m)} = \left(\frac{\text{Geschwindigkeit (km/h)}}{10}\right) \cdot 3$$

Ergänze deine Tabelle mit je einer Zeile für den Reaktions- und den Anhalteweg.

Geschwindigkeit (km/h)	0	10	20
Bremsweg (m)	0	0,5	2
Reaktionsweg (m)	0	3	6
Anhalteweg (m)	0	3,5	8

d Erzeuge ein geeignetes Diagramm und lies daraus ab, bei welcher Geschwindigkeit man einen 25 m oder 50 m langen Anhalteweg hat.

Mathematik im Alltag anwenden

7.4 Die Tabellenkalkulation sinnvoll nutzen

3.

Der deutsche Radrennfahrer Tony Martin war mehrfacher Zeitfahrweltmeister. Bei diesem Wettbewerb starten die Athleten in einem bestimmten zeitlichen Abstand voneinander. Im Jahr 2016 fuhr Tony die 40 km lange Strecke in Katar mit einer Durchschnittsgeschwindigkeit von 54 km/h.

a Gib für diese Fahrt die Gleichung der Funktion *Zeit (min) → Strecke (km)* an.

b Erstelle mithilfe der Funktionsgleichung eine Tabelle:

	A	B	C
1	Zeitfahren in Katar		
2	Zeit in min	0	1
3	T.Martin Strecke in km	=0,9*B2	0,9

c Welche Strecke hatte er nach $10\frac{1}{2}$ Minuten zurückgelegt?

d Erstelle ein Diagramm und lies daraus ab, wie lange Tony Martin bis zum Kontrollpunkt 15 km unterwegs war.

e Der Kolumbianer Walter Vargas startete 3 min vor Tony Martin und fuhr die Strecke mit einer Geschwindigkeit von 48 km/h.
Ergänze deine Tabelle mit dem zweiten Fahrer und bestimme mithilfe eines Diagramms, wann Walter von Tony überholt wurde.

	A	B	C
1	Zeitfahren in Katar		
2	Zeit in min	0	1
3	T.Martin Strecke in km	0	0,9
4	W.Vargas Strecke in km	=0,8*(B2+3)	3,2

4. Bei einem Familienspaziergang fordert Marco seine jüngere Schwester Diana zu einem Wettrennen über 40 m heraus. Er gibt ihr einen Vorsprung von 10 m. Marco läuft mit einer Geschwindigkeit von 6 m/s, Diana mit 4 m/s.

a Mit der Funktionsgleichung $y = 4x + 10$ kann Dianas Strecke nach x Sekunden berechnet werden. Gib die Funktionsgleichung für Marcos Strecke an.

b Erstelle diese Tabelle in deinem Tabellenkalkulationsprogramm und vervollständige sie, bis einer der beiden die 40 m erreicht hat.

Zeit in s	0	1	2	3
Strecke Marco	0	6		
Strecke Diana	10	14		

c Erzeuge mithilfe der Tabelle ein Punktediagramm mit geraden Linien.
Wie groß ist Dianas Vorsprung nach der Hälfte der Strecke?

5. Familie Schuster und Familie Fischer aus Freiburg wollen ihre Ferien im 600 km entfernten Passau verbringen. Die Schusters fahren mit einer Durchschnittsgeschwindigkeit von 100 km/h. Die Fischers starten eine halbe Stunde später und fahren durchschnittlich 110 km/h.
Erstelle ein Diagramm mithilfe deines Tabellenkalkulationsprogramms und lies daraus ab, welche der beiden Familien früher in Passau ankommt.

7.4 Die Tabellenkalkulation sinnvoll nutzen

6 Die Formel $T_C = \frac{5}{9}(T_F - 32)$ rechnet die Temperatur von Grad Fahrenheit (T_F in °F) in Grad Celsius (T_C in °C) um.

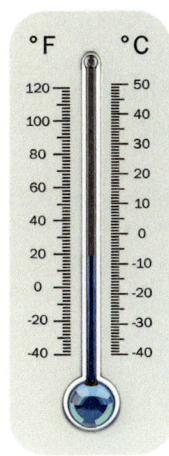

a Erstelle mithilfe des Programms eine Tabelle in 20er-Schritten von 12 °F bis 252 °F mit den zugehörigen Temperaturwerten in C°.

b Erstelle ein geeignetes Diagramm. Lass dir ein Hilfsgitternetz anzeigen und lies folgende Werte in der jeweils anderen Skala ab:
50 °F; 100 °F; 200 °F; 0 °C; 50 °C; 100 °C

c Im „Tal des Todes" (Death Valley) wurde mit 143 °F die höchste Schatten-Temperatur der Erde gemessen. Lies in deinem Schaubild ab, welchem °C-Wert dies entspricht, und prüfe durch Rechnung nach.

7

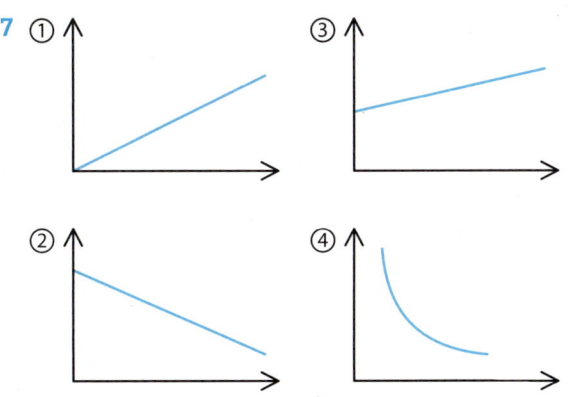

a Beschreibe zu jedem Diagramm eine dazu mögliche Sachsituation.

b Erstelle zu jedem dieser Beispiele eine passende Funktionsgleichung.

c Verwende die Funktionsgleichungen, um mit deinem Programm zugehörige Tabellen zu erzeugen.

d Überprüfe deine Beispiele, indem du aus jeder Tabelle ein Diagramm erstellst. Passe die Funktionsgleichungen ggf. entsprechend an.

8

Gazellen können Höchstgeschwindigkeiten von etwa 65 km/h erreichen. Der Gepard ist mit maximal 120 km/h das schnellste Landtier. Dennoch misslingt die Jagd auf Gazellen häufig, da sie immer wieder geschickt die Richtung ändern und Geparden im Laufe der Verfolgung langsamer werden.

a Wie verläuft die Jagd, wenn ein Gepard mit 20 m/s eine Gazelle verfolgt, die mit 16 m/s flüchtet und 60 m Vorsprung hat?
Erstelle dazu eine Tabelle und ein Diagramm, um die Verfolgungsjagd zu veranschaulichen.

	A	B	C
1	Zeit in Sekunden	0	5
2	Weg Gazelle in m	60	=$B$2+C1*16
3	Weg Gepard in m	0	100

b Die Situation ändert sich, wenn man berücksichtigt, dass Geparden alle fünf Sekunden um 1 m/s langsamer werden.
Fülle die Tabelle weiter aus und erkläre, wie die Formel in Zelle D3 zustande kommt:

	A	B	C	D
1	Zeit in Sekunden	0	5	10
2	Weg Gazelle in m	60	140	220
3	Weg Gepard in m	0	100	=$C$3+C3-C1

c Erstelle ein Diagramm und entnimm daraus, ob der Gepard die Gazelle einholt.

d Wie nah muss sich der Gepard mindestens unentdeckt an die Gazelle heranpirschen, um sie auf der Verfolgungsjagd einholen zu können?

7.5 Mehr zum Thema: Weltbevölkerung

Verteilung der Weltbevölkerung

Auf der Erde lebten im Jahr 2010 circa sieben Milliarden Menschen. In der Grafik sind die Verteilung der Weltbevölkerung auf die Kontinente und eine Prognose der Bevölkerungsentwicklung dargestellt.

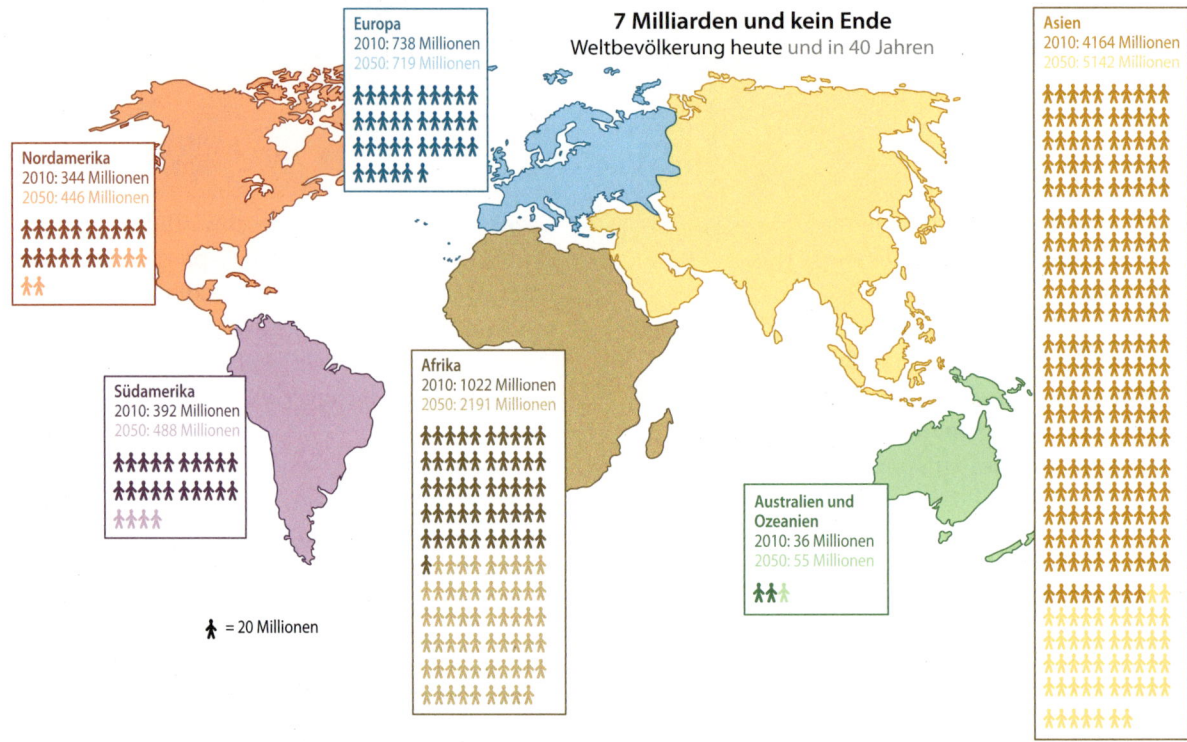

Um wie viel Prozent wächst die Bevölkerung laut Prognose in den nächsten 40 Jahren in den einzelnen Kontinenten an? Überschlage zuerst und rechne dann zur Kontrolle nach. Was stellst du bei Europa fest?

Platzmangel?

Bei sieben Milliarden Menschen könnte man davon ausgehen, dass es auf der Erde bald keinen Platz mehr gibt.
Wenn jedoch alle Menschen ganz eng beieinander stehen würden, dann würden sie auf die Fläche von Moskau (2 511 km²) passen.

Überprüfe diese Aussage.
Welche Aussagekraft hat dein Ergebnis?

Lösungen zu den Aufgaben in der Rückschau

Rationale Zahlen

1 a 4 b 10 c −2050 d 30 e −17,2 f $\frac{7}{8}$

2 a +25; −1; −12,5; +200 b +90; +124,2; −18000; −6

3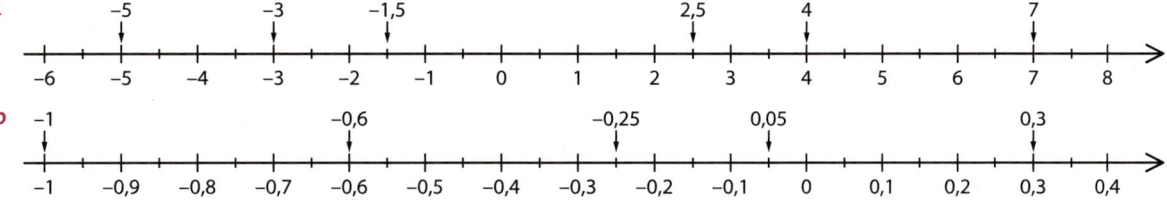

4 a 121 b −121 c 1 000 000 000 d −32 e 49 f 160

5 a −1 b 30 c −190

6 A(4|0); B(3|2,5); C(1|2,5); D(−1|1); E(−2|0); F(−3,5|1,5); G(−3,5|−1,5); H(0|−2); I(3,5|−2)

7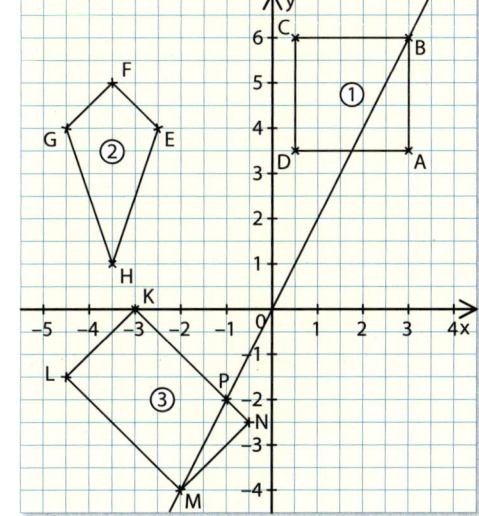

a Viereck ② ist ein Drachen.
b M(−2|−4) und P(−1|−2)

Terme

1 a k + 2m b −5a c 2x + 11y d 3x − y e −1,7a + 13,8b f 2e + 7f

2 a 19a b 24x + 7y

Lösungen zu den Aufgaben in der Rückschau

3 a 21gh   b 80n²   c 3rs   d a²b³c   e 240tu²v²   f 4,5x³y

4 a 6a − 8   b −3b − 2   c −4x − 4y   d −7c + d   e 27p + 17q   f 4,7 − g + 8h

5 $a^2 + ab = a \cdot b + a \cdot a = a \cdot (a + b)$
 $2b + (4b + a) = a + 6b = 8b − (−a + 2b)$
 $8a + 2b − 4a = 4a + 2b = 2 \cdot (2a + b)$

6 a 10v + 70w   b −6ab + 18a   c 2k² + 4kn
 d 21xz − 24yz   e 40a + 72b − 8z   f 8e² − 10ef + 12e

7 a 5(3p − 10q)   b x(9 + 4y)   c $\frac{3}{8}$(d + e + f)
 d 2g(−4 + 7h)   e xy(13 − 5z)   f 4,5c(2ab + b + 3)

8

	−10	−2	0	1	5
4 − x	14	6	4	3	−1
3x + 1	−29	−5	1	4	16
x² − 7	93	−3	−7	−6	18

Gleichungen

1 a Paket x wiegt so viel wie vier Gewichtssteine.
 b Paket y wiegt so viel wie zwei Gewichtssteine.
 c Paket z wiegt so viel wie ein halber Gewichtsstein.

2 a 28 + 13 = 41   b −5 + 22 = 17   c 4 · 5,5 = 22
 d **6** : 5 = 1,2   e 3 · **25** − 10 = 65   f **0,5** + 4,8 + **0,5** = 5,8

3 a q − 10,5 = 4,3 | + 10,5   c 12a = −132 | : 12   e −2,2 + n = −5,5 | + 2,2
     q = 14,8   a = −11   n = −3,3
 b x : 8 = 12,5 | · 8   d 0,5e = 10 | : 0,5 oder | · 2   f $\frac{1}{5}$y = 6 | · 5 oder | : $\frac{1}{5}$
     x = 100   e = 20   y = 30

4 a x = −9; L = {−9}   b x = 9; L = {9}   c x = 507; L = {507}
 d x = 1,25; L = {1,25}   e x = 7; L = {7}   f x = 2,1; L = {2,1}

5 a x + 5,8 − 7,1 = 2   b x : 2 + 8 = 11,3   c (x + 3,9) · 12 = 60
         x = 3,3   x = 6,6   x = 1,1

Lösungen zu den Aufgaben in der Rückschau

6 a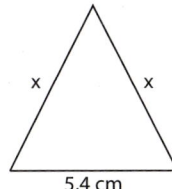

b 2x + 5,4 cm = 18,6 cm
c x = 6,6 cm
Die beiden anderen Seiten des Dreiecks sind 6,6 cm lang.

7 a x = −2; L = {−2}   **b** x = 4; L = {4}   **c** x = 11; L = {11}

Proportionalität

1 a Proportional. Für die halbe Menge zahlt man den halben Preis.
b Nicht proportional. Ab einem bestimmten Alter werden Pferde nicht mehr größer und schwerer, auch wenn sie älter werden. Außerdem ist beispielsweise nicht jedes zweijährige Pferd gleich schwer.
c Proportional. Der zehnfache Betrag in Euro entspricht dem zehnfachen Betrag in Schweizer Franken.

2 a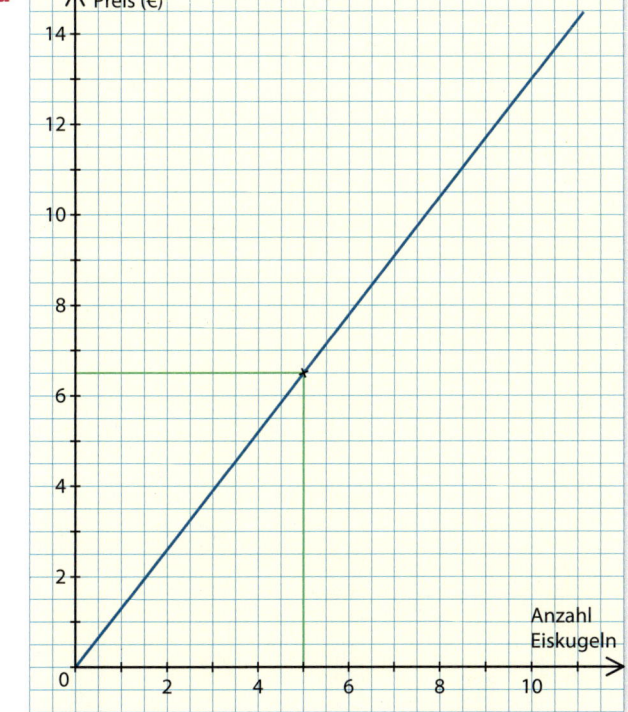

b Drei Kugeln kosten 3,90 €, sechs Kugeln kosten 7,80 €.
c Robin bekäme zehn Kugeln.
d 3 · 1,30 € = 3,90 €
6 · 1,30 € = 7,80 €
13 € : 1,30 € = 10

3 a

Anzahl	1	2	3	4	5	10
Preis (€)	4,90	9,80	14,70	19,60	24,50	49,00

b

Weg (km)	20	60	80	100	240	500
Zeit (min)	15	45	60	75	180	375

Lösungen 193

4 a Sarah verdient 28,50 €. **b** Noah bezahlt 102 €. **c** Fred schafft 22,5 km.

5 Zum Schaubild passt die obere Tabelle (*Euro → Dollar*).

a

Euro	Dollar
100	105,74
1	1,0574
99	104,68

Euro	Britische Pfund
50	42,59
10	8,518
20	17,04

b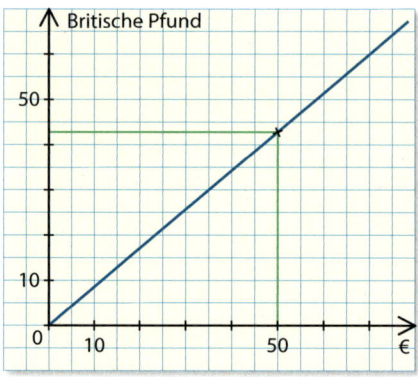

Prozent- und Zinsrechnung

1 a $0,2 = 20\%$ **c** $\frac{5}{7} < 75\%$ **e** $\frac{3}{8} = 37,5\%$
  b $60\% = \frac{3}{5}$ **d** $30\% < \frac{1}{3}$ **f** $0,01 > \frac{1}{1000}$

2 Mats hat eine Trefferquote von $\frac{18}{25} = 72\%$ und Jerome von $\frac{21}{30} = 70\%$.
Mats hat im relativen Vergleich gewonnen.

3 a 30 % **b** 60 % **c** 38 %

4 a 288 Kinder **b** 9 Schüler **c** 6 696 000 000 Menschen

5 a 940 Räder wurden kontrolliert.
  b 75 000 Zuschauer passen ins Stadion.
  c 24 Schüler sind in der Klasse 8d.

6 Die Angabe –15 % stimmt nicht.
Der Fernseher wurde nur um 12,5 % reduziert.
Bei 15 % Rabatt müsste er 339,15 € kosten.

7 a 725 Schüler nahmen an der Umfrage teil.
  b Laternen-Nachtwanderung: 58 Schüler,
  Faschingsumzug: 290 Schüler,
  Freibad-Event: 116 Schüler.
  c Abbildung rechts.

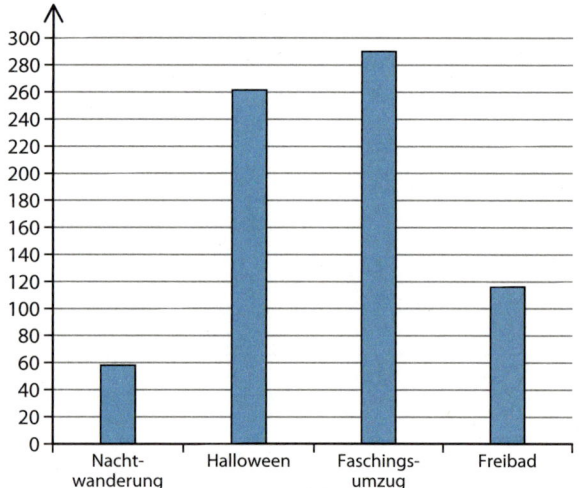

Lösungen zu den Aufgaben in der Rückschau

8 a Zucker 48 %, Palmöl 22 %, Haselnüsse 13 %, Kakao 10 %, Magermilchpulver 7 %
b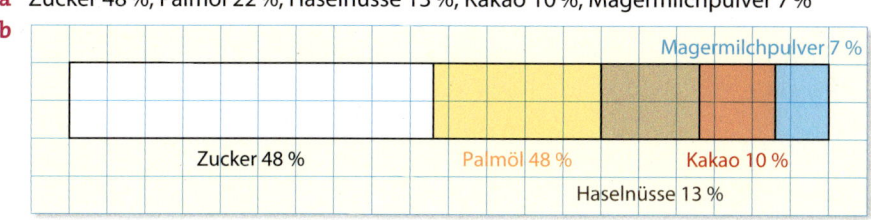
c Das Glas enthält 120 Stück Würfelzucker und 32,5 Haselnüsse.

9 a 1 500 €   **b** 2,2 %   **c** 15 000 €

10

	Kapital	Zinssatz	Zeit	Zinsen
a	9 500 €	0,5 %	¼ Jahr	**11,88 €**
b	1 300 €	**1,1 %**	5 Monate	5,96 €
c	**5 800 €**	0,8 %	100 Tage	12,89 €
d	2 700 €	1,2 %	**½ Jahr**	16,20 €

11 a 2 163 €   **c** 239 €
  b 7,98 €   **d** 15,8 %

12 a 249,90 €   **b** 202,42 €

Dreiecke und Vielecke

1 a ① Nebenwinkel: α und β; β und γ; γ und der angegebene Winkel 20°; α und der angegebene Winkel 20°
   Scheitelwinkel: α und γ; β und der angegebene Winkel 20°
   α = 160°; β = 20°; γ = 160°
   ② Nebenwinkel: α und δ; δ und der angegebene Winkel 79°; α und β; β und der angegebene Winkel 79°
   Scheitelwinkel: β und δ; α und der angegebene Winkel 79°
   α = 79°; β = 101°; δ = 101°
b Stufenwinkel: $β_1$ und $β_2$; der angegebene Winkel 33° und $γ_2$; $δ_1$ und $δ_2$
   Wechselwinkel: $β_1$ und $δ_2$; der angegebene Winkel 33° und $α_2$; $δ_1$ und $β_2$
   $α_1 = 33°$; $α_2 = 33°$; $β_1 = 147°$; $β_2 = 147°$; $γ_2 = 33°$; $δ_1 = 147°$; $δ_2 = 147°$

2 a falsch. Gegenbeispiel:
b richtig. Wenn alle Seiten gleich lang sind, sind auch alle Winkel gleich groß.
   Bei einer Winkelsumme von 180° ergibt sich für jeden Winkel: 180° : 3 = 60°
c falsch. Entscheidend ist die Winkelsumme von 180°
   Ein Dreieck mit den Winkeln α = 165°, β = 10° und γ = 5° wäre beispielsweise möglich.

3 a α = 48°   **b** γ = 70°   **c** γ = 112°   **d** γ = 124°

Lösungen 195

4 a α = 90°; γ = 49° **b** α = 90°; β = 45°; γ = 45°

5 a (1) spitzwinklig
$C_1(x|4)$ liegt zwischen $x = -3$ und 3
ohne $x = 0$ wegen Teil (4)

(2) gleichschenklig
$C_2(0|4)$ oder $C_2'(-8,2|4)$ oder $C_2''(8,2|4)$

(3) stumpfwinklig
$C_3(x|4)$ mit $x < -3$ oder $x > 3$
(keine Abbildung im Koordinatensystem)

(4) rechtwinklig
$C_4(0|4) = C_2(0|4)$ oder $C_4'(-3|4)$ oder $C_4''(3|4)$

b $C(0|6,2)$ oder $C(0|-4,2)$
(keine Abbildung im Koordinatensystem)

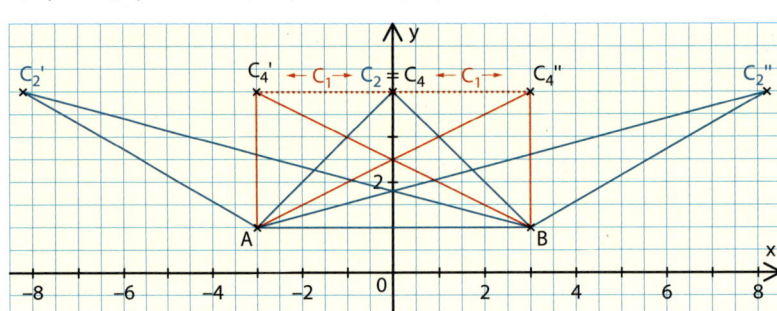

Flächen berechnen

1 ① spitzwinklig; $A = 4\,\text{cm}^2$
② stumpfwinklig; $A = 2\,\text{cm}^2$
③ gleichschenklig, stumpfwinklig; $A = 3\,\text{cm}^2$
④ stumpfwinklig; $A = 1,5\,\text{cm}^2$
⑤ gleichschenklig, spitzwinklig; $A = 1,5\,\text{cm}^2$

2 a $A = 7,5\,\text{cm}^2$; $u = 12,4\,\text{cm}$ **b** $A = 21\,\text{cm}^2$; $u = 21\,\text{cm}$

3 a Raute: $A = 10\,\text{cm}^2$ **c** Drachen: $A = 1,5\,\text{cm}^2$
b Drachen: $A = 18\,\text{cm}^2$ **d** Quadrat: $A = 4\,\text{cm}^2$

4 a $A = 84\,\text{cm}^2$; $u = 41,6\,\text{cm}$
b $A = 337,5\,\text{dm}^2$; $u = 80,3\,\text{dm}$
c $A = 12,3\,\text{mm}^2$; $u = 15,3\,\text{mm}$
d $A = 1365\,\text{m}^2$; $u = 181\,\text{m}$

5 $A = A_{\text{Trapez}} + A_{\text{Dreieck}} = 27\,\text{cm}^2 + 9\,\text{cm}^2 = 36\,\text{cm}^2$

6 a $h_a = 16\,\text{cm}$ **b** $a = 12\,\text{cm}$ **c** $f = 8\,\text{cm}$ **d** $b - 3\,\text{cm}$ **e** $a = 5\,\text{cm}$

Lösungen zu den Aufgaben in der Rückschau

Körper

1 ① Prisma; Grund- und Deckfläche sind parallele, deckungsgleiche Rechtecke, die Mantelfläche besteht aus vier Rechtecken. Dieses Prisma nennt man auch Quader.
② kein Prisma sondern Zylinder; Grund- und Deckfläche sind keine Vielecke sondern Kreise.
③ Sechseckprisma; Grund- und Deckfläche sind parallele, deckungsgleiche Sechsecke, die Mantelfläche besteht aus sechs Rechtecken.
④ kein Prisma; Grund- und Deckfläche sind keine Vielecke sondern zusammengesetzte Flächen aus einem Rechteck und einem Halbkreis.
⑤ kein Prisma, sondern Pyramide: dieser spitze Körper hat keine Deckfläche.
⑥ kein Prisma, sondern ein Viertel einer Kugel; keine parallelen Vielecke als Deck- und Grundfläche und keine Mantelfläche, die aus Rechtecken besteht.

2 ① Zylinder   ③ Quader   ⑤ Kegel   ⑦ Dreieckprisma
② quadratische Pyramide   ④ Würfel   ⑥ Sechseckprisma

3 a

Maßstab 1 : 5 000

b A = 2 · Grundfläche + Mantelfläche = 2 · 16,5 cm² + 270 cm² = 303 cm²

4 Die Höhe des Quaders beträgt 9 cm.

5 a mögliche Lösungen:
Maßstab 1 : 2 000 (a = 3 cm; h = 24,2 cm)
Maßstab 1 : 4 000 (a = 1,5 cm; h = 12,1 cm)
Maßstab 1 : 6 000 (a = 1 cm; h = 8 cm)
b O = 1 233,6 cm²; V = 1 742,4 cm³

Lösungen zu den Grundlagentraining-Aufgaben

Kapitel 1

Seite 33

1 a x + 3y + 2x + y = 3x + 4y   b 2a + c + 2b + c + 2a = 4a + 2b + 2c

2 a 8b   b 9v   c 22d   d 9m
   e 11j + 3k   f 40s − 22t   g 2e + 12   h 27x − 12y

3 a 6xy   b 8de

4 a 12c   b 16ab   c 9s   d −4p   e 18xy   f $12c^2$ g −45q   h $2x^3$

5 a 6m + 5m + 3m = 14m   b 10s + 12s − 9s = 13s
   c 15a − 3a − 2a = 10a   d 8d − 6d + 14d = 16d
   e 12x + 26y + 18x = 30x + 26y   f 13v − 24 − v = 12v − 24
   g −2t − 13t + 6r = −15t + 6r   h 6q − 12r − 8q = −2q − 12r

6 ① 12x + 4y − 6x − 2y = 6x + 2y ⑨
   ② 8x − 2y = 6x − (2y − 2x) ⑧
   ③ 18x : 3 + 4y = 6x + 4y ⑤
   ④ y · 2 + 10x − 2x = 8x + 2y ⑥
   ⑦ 4x + (4y + 4x) = 8x + 4y ⑩

7 a 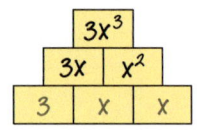   b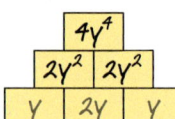

8 a 19g − 5h   b 20bc − 12c   c −3c + 6d − 2   d 30k − 24l
   e −6m + 6n   f −2s + 14t − 6   g $5r + 12s^2$ h 9w + 16

9 a 5b − 3b + **16b** = 18b   b 24x − **6x** − 13x = 5x
   c 5s · **7** = 35s   d 48h : **6** = 8h
   e **3f** · 12 = 36f   f 2ab + **7ab** − 3 = 9ab − 3
   g 4x · **x** + x = $4x^2$ + x   h 7a − (b + **5a**) = 2a − b

10 Bei **b**, **c**, **e** und **h** hat Antonia richtig gerechnet.
    Ihre Fehler:
    a 4a + 5b = **4a + 5b**; sie hat Terme zusammengefasst, die nicht gleichartig sind.
    d 12a − 12 = **12(a − 1)**; sie hat von einem Vielfachen einer Variablen eine Zahl subtrahiert, was nicht möglich ist. Sie könnte nur die Zahl 12 ausklammern.
    f x · x = x^2; sie hat die Variablen addiert, anstatt sie zu multiplizieren.
    g −2a · 3b = **−6ab**; sie hat einen Vorzeichenfehler gemacht („minus mal plus ergibt minus").

11 a 4s − 1,5t   b −4x   c 6,2a − 2b   d 3,5m − 2,5n
    e $\frac{1}{4}$x + y   f 2s + 3q   g $-3\frac{1}{2}$w + $\frac{1}{3}$v   h $12\frac{1}{10}$d − 2

12 4 · 2x + 4x + 4y = 12x + 4y

Lösungen zu den Grundlagentraining-Aufgaben

Seite 34

13 a $10 \cdot 9 = 90$; $5 \cdot 9 = 45$; $3 \cdot 9 = 27 \rightarrow 90 + 45 + 27 = 162$
  b $(10 + 5 + 3) \cdot 9 = 18 \cdot 9 = 162$

14 a $30 \cdot 6x + 30 \cdot 12x + 30 \cdot 18x = 180x + 360x + 540x = 1080x$
  b Alternative: $30(6x + 12x + 18x) = 30 \cdot 36x = 1080x$

15 korrekte Terme zur Berechnung des Flächeninhaltes des Rechtecks:
  $25x(4 + 12) + 15x(4 + 12)$ $(25x + 15x) \cdot 16$ $25x \cdot 4 + 25x \cdot 12 + 15x(4 + 12)$

16 a $8a + 6b$ **b** $10c - 20d$ **c** $21y + 35z$ **d** $8a + ab$
  e $34p + 6t$ **f** $9x + 9y - 18z$ **g** $12a - 36b + 72c$ **h** $20x^2 + 50xy - 70xz$

17 a $3a + 2b$ **b** $6g - 5h$ **c** $b + 2c$ **d** $3 + 5x$
  e $7p + 4q$ **f** $6x - 4z$ **g** $4 - b$ **h** $2 + 6y$

18 ① $8(x + 2y - 3z)$ = ④ $8x - 24z + 16y$ = ⑨ $4(4y - 6z + 2x)$ = ⑪ $2(8y - 12z + 4x)$
  ② $6(x + 3y - 4z)$ = ⑤ $3(6y + 2x - 8z)$ = ⑦ $6x + 18y - 24z$ = ⑩ $2(3x + 9y - 12z)$
  ③ $4(2x + 3y - 8z)$ = ⑥ $-32z + 12y + 8x$
  ⑧ $6(x + 4y - 3z)$ = ⑫ $2(3x - 9z + 12y)$

19 a $2(3x + 5y)$ **b** $6(-2a - 3b)$ **c** $5(3s + 9t)$ **d** $a(2 + b + c)$
  e $8(3a - 4b + 11c)$ **f** $3a(7 + 5b)$ **g** $-5x(15y + 16)$ **h** $-1(3x + 15xy - 1)$

20 a $8 \cdot (2a + 9b) = 16a + 72b$ **b** $4b \cdot (-1 + 2a) = -4b + \mathbf{8ab}$
  c $5(\mathbf{3} - 11a) = 15 - \mathbf{55a}$ **d** $7a \cdot (b + \mathbf{9}) = \mathbf{7ab} + 63a$
  e $2a(\mathbf{5} + 2a + 6b) = 10a + \mathbf{4a^2} + \mathbf{12ab}$ **f** $-1 \cdot (3a - 12b + c) = \mathbf{-3a} + \mathbf{12b} - c$

Kapitel 2

Seite 58

1 a $x = 5$ **b** $x = 11$ **c** $x = 3$ **d** $x = 30$
  e $x = 0$ **f** $x = 4$ **g** $x = -12$ **h** $x = -5$

2 a $x = 5$; $L = \{5\}$ **b** $x = 9$; $L = \{9\}$ **c** $x = 0$; $L = \{0\}$ **d** $x = -1$; $L = \{-1\}$

3 a $x = -2$; $L = \{-2\}$ **b** $x = \frac{1}{4}$; $L = \left\{\frac{1}{4}\right\}$ **c** $x = 0{,}6$; $L = \{0{,}6\}$
  d $x = 1{,}1$; $L = \{1{,}1\}$ **e** $x = \frac{2}{3}$; $L = \left\{\frac{2}{3}\right\}$ **f** $x = 4{,}8$; $L = \{4{,}8\}$

4 a $x = 3$ **b** $x = 2$ **c** $x = 0$ **d** $x = 3$

5 a $x = 4$ **b** $x = 10$ **c** $x = 6$ **d** $y = 0$ **e** $y = 2$ **f** $y = 8$

6 Beispielgleichung mit der Lösung 10: $5(x - 5) = 3x - 5$

7 a $x = 7$ **b** $x = -6$ **c** $x = 1$ **d** $x = -9$ **e** $x = -16$ **f** $x = 16$

Lösungen zu den Grundlagentraining-Aufgaben

8 Multipliziert man in der ersten Zeile mit dem Faktor 4, dann muss man nicht mit Brüchen rechnen. Man muss dabei darauf achten, dass jeder Summand mit dem Faktor multipliziert wird.

9 Finn hat in der 2. Zeile nicht richtig ausmultipliziert.

$$\frac{1}{2}(x+9) = \frac{1}{4}(5x-11)+2 \quad |\cdot 4$$
$$2(x+9) = (5x-11)+8$$
$$2x+18 = 5x-3 \quad |-2x$$
$$18 = 3x-3 \quad |+3$$
$$21 = 3x \quad |:3$$
$$7 = x \rightarrow L = \{7\}$$

Er sollte darauf achten, dass jeder Summand in der Klammer mit dem Faktor multipliziert wird.

Emilia hat in der letzten Zeile die Variable nicht richtig addiert. Es ist durchaus möglich, dass die Variablen in der Gleichung wegfallen, nämlich dann, wenn es für die Gleichung unendlich viele Lösungen oder keine Lösung gibt.

richtige Rechnung Emilia:
$$-2(x+7) = 3(3+x) - 5x$$
$$-2x - 14 = 9 + 3x - 5x$$
$$-2x - 14 = 9 - 2x \quad |+14$$
$$-2x = 23 - 2x \quad |+2x$$
$$0 = 23 \rightarrow L = \{\}$$

Seite 59

10

Subtrahiere	−
Multipliziere	·
Die Differenz der Zahl und 5	x − 5
Das Produkt der Zahl und 7	x · 7
Der vierte Teil der Zahl	x : 4
Das Doppelte der Zahl	2x
Der Quotient aus der Zahl und 6	x : 6
Das Quadrat der Differenz aus der Zahl und 3	(x − 3)²

11 Die Gleichung ② passt zum Text: $(x-8):10 = 2x - 54$

12 Gleichung: $5x - 10 = 3x + 2 \Rightarrow x = 6$ \quad Die Zahl ist 6.

Lösungen zu den Grundlagentraining-Aufgaben

13 Gleichung zu Charlottes Zahl: $5x - 24 = 2x \Rightarrow x = 8$ — Charlottes ausgedachte Zahl ist 8.
Gleichung zu Johannes Zahl: $(\frac{x}{2} + 4) \cdot 3 + 6 = 3x \Rightarrow x = 12$ — Johannes ausgedachte Zahl ist 12.

14 Gleichung: $x + (x + 1) + (x + 2) = 528$ — Die Zahlen sind 175, 176 und 177.

15 Gleichung: $x + (x + 2) + (x + 4) + (x + 6) = 408$ — Die Zahlen sind: 99, 101, 103 und 105.

16 Gleichung: $3x + x + (x + 6) = 31 \Rightarrow x = 5$ — Mia ist 5 Jahre, Maike 11 Jahre und Max 15 Jahre alt.

17 Gleichung: $4x + x = 55 \Rightarrow x = 11$ — Marius ist 11 Jahre alt, seine Mutter 44.

18 Gleichung: $4x + 2x + x + 15 = 36 \Rightarrow x = 3$ — Jana ist 3 Jahre, Nina 6 Jahre und Mischa 12 Jahre alt.

19 Gleichung: $2 \cdot 48 + x = 180 \Rightarrow x = 84$ — Der dritte Winkel hat 84°.

20 Gleichung blaue Figur
$5x + 3 \cdot 3x + 2 \cdot 2x + 2 \cdot x = 60$
$\Rightarrow x = 3$

Gleichung rote Figur
$4x + x + 9 + 3{,}5x = 60$
$\Rightarrow x = 6$

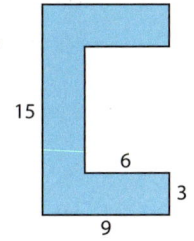
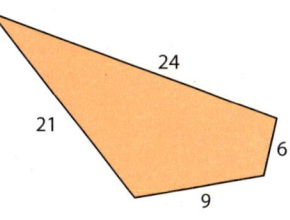

Seite 60

21 a Apfelsaft zu Sprudelwasser = 1 : 1
b Himbeersirup zu Orangensaft = 10 : 150 = 1 : 15
c Tore zu Gegentore = 28 : 20
d Länge zu Breite = 20 : 15 = 4 : 3
e Männer zu Frauen = 4 : 1

22 Zeichnen individuell; Beispiele in Klammer: Verhältnis Länge zu Breite
Rechteck ③: 4 : 1 (10 cm, 2,5 cm)
Rechteck ②: 2 : 1 (10 cm, 5 cm)
Rechteck ①: 5 : 1 (10 cm, 2 cm)
Rechteck ④: 10 : 3 (10 cm, 3 cm)

23 Verhältnisgleichung: $\frac{60}{40} = \frac{x}{280} \Rightarrow x = 420$ — Die Statue enthält 420 g Kupfer.

24 a Nicht richtig aufgestellt.   Richtig wäre: 100 m : 75 m = 4 : 3
b Richtig aufgestellt: 48 cm : 32 cm = 3 : 2
c Richtig aufgestellt: 95 t : 38 t = 5 : 2
d Nicht richtig aufgestellt.   Richtig wäre: $\frac{222\,m^2}{55\,m^2} = \frac{222}{55}$ oder $\frac{242\,m^2}{55\,m^2} = \frac{22}{5}$
e Richtig aufgestellt: $\frac{450\,€}{250\,€} = \frac{9}{5}$
f Richtig aufgestellt: $\frac{750\,ml}{125\,ml} = \frac{6}{1}$

25 a $x = 20$ b $x = 40$ c $x = 60$ d $y = 210$ e $y = 105$
f $y = 315$ g $z = 20$ h $z = 2$ i $z = 4$

26 a $x = 8$ b $x = 200$ c $x = 4$ d $y = 132$ e $y = 100$
f $y = 350$ g $z = 60$ h $z = 16$ i $z = 24$

Lösungen zu den Grundlagentraining-Aufgaben

27 a $\dfrac{1}{4\,000\,000} = \dfrac{3\,\text{cm}}{120\,\text{km}}; \quad \dfrac{1}{4\,000\,000} = \dfrac{0{,}03\,\text{m}}{120\,000\,\text{m}}$ ✓

b $\dfrac{1}{4\,000\,000} = \dfrac{1{,}8\,\text{cm}}{40\,\text{km}}; \quad \dfrac{1}{4\,000\,000} \neq \dfrac{0{,}018\,\text{m}}{40\,000\,\text{m}}$

c $\dfrac{1}{4\,000\,000} = \dfrac{2\,\text{cm}}{80\,\text{km}}; \quad \dfrac{1}{4\,000\,000} = \dfrac{0{,}02\,\text{m}}{80\,000\,\text{m}}$ ✓

Kapitel 3

Seite 92

1 a

Menge (kg)	2	3	4	5	10
Preis (€)	3	4,50	6	7,50	15

b

Zeit (h)	Weg (km)
2	6,4
1	3,2
3	9,6

c

Länge (m)	Preis (€)
4	14,00
1	3,50
6	21,00

2 a

Personen	2	3	4	6	10
Anteil (€) pro Person	60	40	30	20	12

b

Anzahl der Pumpen	Fülldauer (h)
3	8
1	24
4	6

c

Anzahl der Personen	Kosten (€) pro Person
15	10
1	150
20	7,50

3 a Neun Fahrten kosten 36 €.
b Drei Gärtner brauchen vier Stunden.
c Fünf Pizzaschnitten kosten 10,50 €.
d Die Maschine braucht zwölf Stunden.

4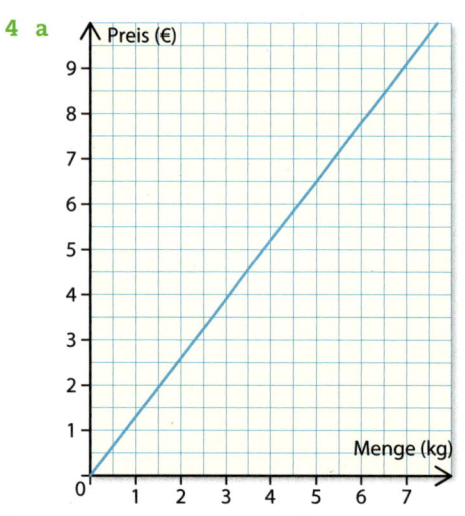

5 a

Menge (g)	100	200	300	400	600
Preis (€)	1,25	2,50	3,75	5,00	7,50

b

Anzahl der Arbeiter	3	4	6	12	18
Stunden pro Arbeiter	24	18	12	6	4

Nein, im Alltag werden keine 18 Arbeiter gleichzeitig für einen Arbeitseinsatz von nur vier Stunden eingesetzt.

Lösungen zu den Grundlagentraining-Aufgaben

6 a In einer 175-g-Packung sind 14 g Honig.
  b In zwei Honigwaffeln sind ungefähr 4,67 g Honig.
  c drei Packungen: 4,35 €; vier Packungen: 5,80 €; fünf Packungen: 7,25 €

7 Wenn Herr Nagel vier Platten auflegt, dann muss er 15-mal fahren. Bei fünf Platten muss er zwölfmal fahren.

8 a

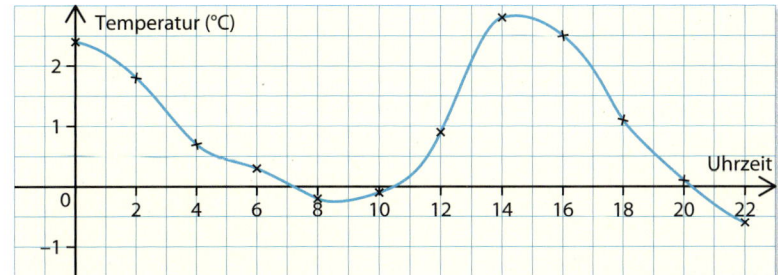

  b Die höchste Temperatur wurde um 14 Uhr gemessen, die niedrigste Temperatur um 22 Uhr.
  c Die Temperatur ist zwischen 12 Uhr und 14 Uhr um 1,9 °C auf 2,8 °C angestiegen. Ab 14 Uhr fielen die Temperaturwerte: um 0,3 °C bis 16 Uhr und zwischen 16 Uhr und 18 Uhr um 1,4 °C auf 1,1 °C.

Seite 93

9 y = 1,60 · x + 4,90

Anzahl der Leibchen	5	8	10	15	20
Gesamtkosten (€)	12,90	17,70	20,90	28,90	36,90

0 a Toms Schulweg ist 2 km lang.
  b Tom musste $2\frac{1}{2}$ min auf den Bus warten und ist anschließend $2\frac{1}{2}$ min mit dem Bus gefahren.
  c Tom hat von 07.15 Uhr bis 07.20 Uhr auf Max gewartet. Sie sind anschließend 500 m zusammen gegangen.
  d Nein, das Tempo der beiden hat sich nicht verändert.

1 a

x	−3	−2	−1	0	1	2	3
y	−9	−6	−3	0	3	6	9

b

x	−3	−2	−1	0	1	2	3
y	10	8	6	4	2	0	−2

2

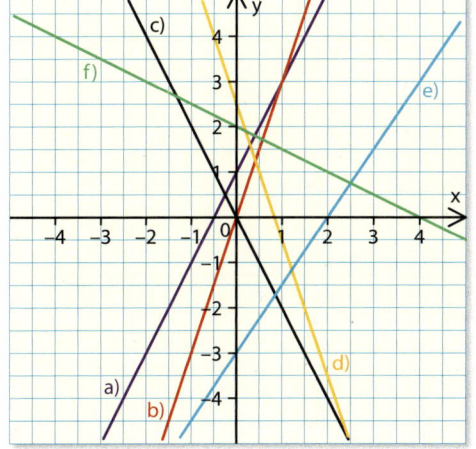

Ja, y = 3x und y = −2x sind Gleichungen von proportionalen Funktionen.

Lösungen 203

Lösungen zu den Grundlagentraining-Aufgaben

13 a) → ③; b) → ⑤; c) → ①; d) → ②

14 a Beide Geraden verlaufen durch den Koordinatenursprung. Die Gerade zu y_1 steigt steiler an als die Gerade zu y_2.
  b Die beiden Geraden sind zueinander parallel. Die Gerade zu y_1 liegt zwei Einheiten unterhalb der Geraden zu y_2.
  c Die Gerade zu y_1 steigt steiler an als die Gerade zu y_2. Beide Geraden verlaufen durch den Punkt (0|1).
  d Beide Geraden fallen von links oben nach rechts unten. Die Gerade zu y_1 fällt stärker als die Gerade zu y_2 und schneidet die y-Achse unterhalb der Geraden zu y_2.

15 Der Punkt A(2|2) liegt auf der Geraden.

16 P(3|−3); Q(−1|5); R(1,5|0); S(2|−1)

17 a N(−4|0)   b N(3|0)   c N($\frac{1}{2}$|0)   d N(4|0)

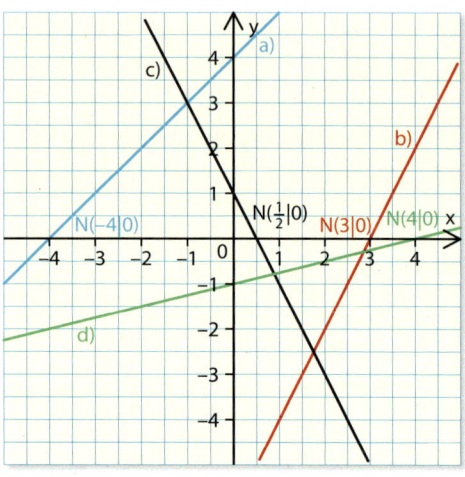

Kapitel 4

Seite 118

1 a ②   b ③   c ④   d ①

2 a S(3|−2,5)

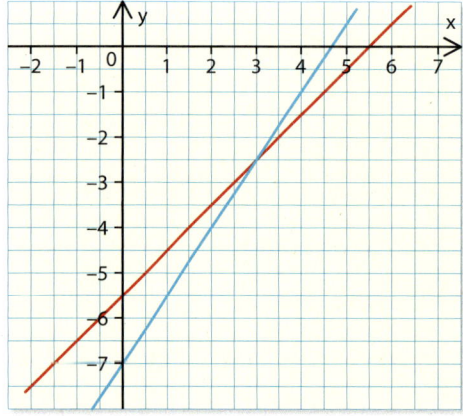

  b S(2|5)

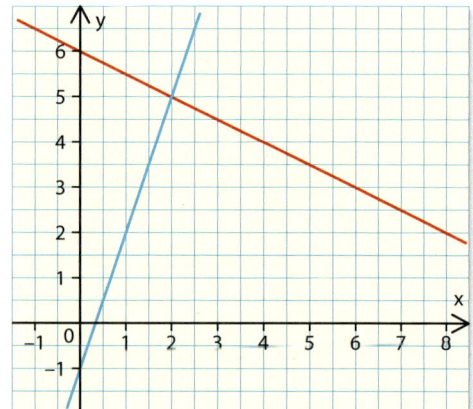

c S(−1|1)

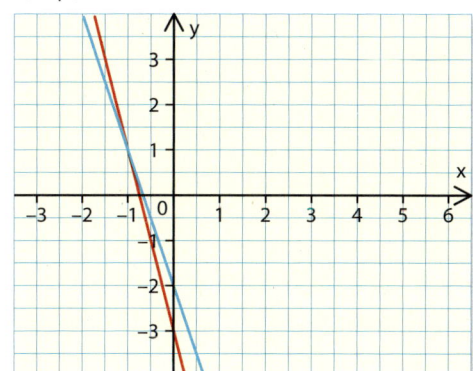

d S(1|2)

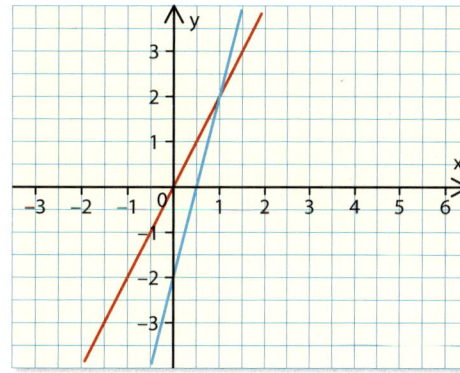

3 a S(1|6)

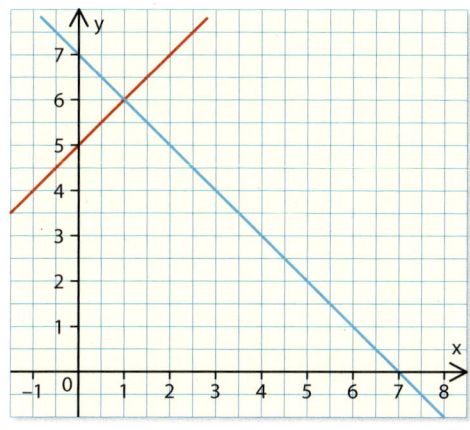

(I) $6 = 1 + 5$; (II) $6 = -1 + 7$

b S(2|3,5)

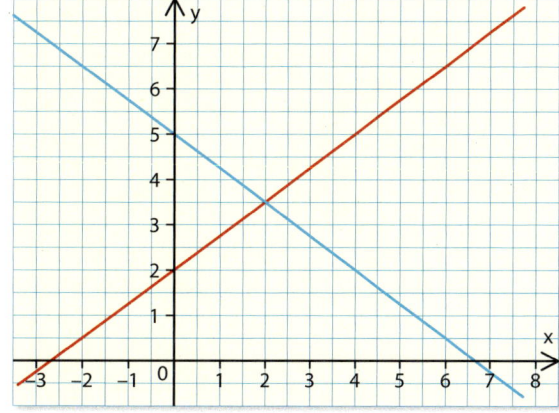

(I) $3{,}5 = \frac{3}{4} \cdot 2 + 2$; (II) $3{,}5 = -\frac{3}{4} \cdot 2 + 5$

c S(−1|2)

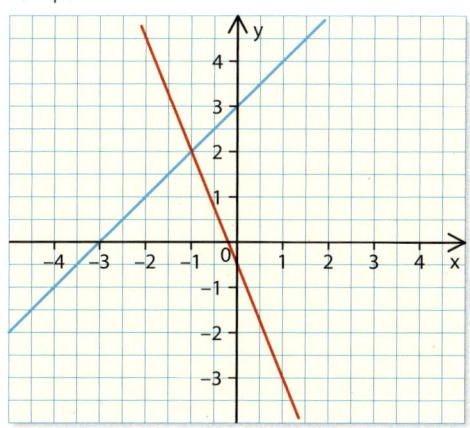

(I) $2 = -2{,}5 \cdot (-1) - \frac{1}{2}$; (II) $2 = -1 + 3$

Lösungen zu den Grundlagentraining-Aufgaben

4 (I) $y = \frac{1}{2}x + 2$; individuelle Beispiellösungen:

a (II) $y = -\frac{1}{2}x + 1$ (II) $y = -3x + 2$ (II) $y = x + 4$

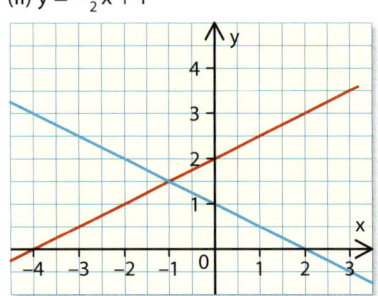 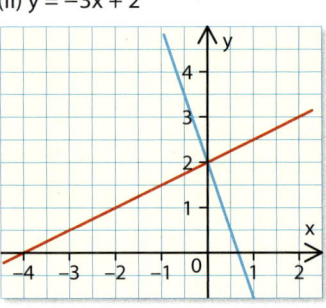 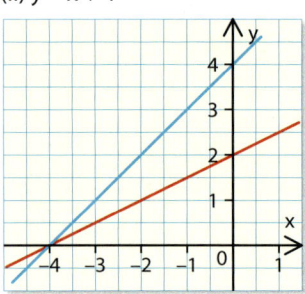

5 a (I) $y = 4 - 2x$; (II) $y = 3x - 3{,}5$
S(1,5|1)

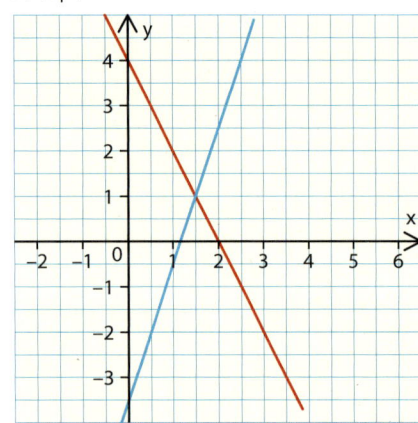

b (I) $y = \frac{1}{2}x - 3$; (II) $y = 1 - \frac{3}{2}x$
S(2|−2)

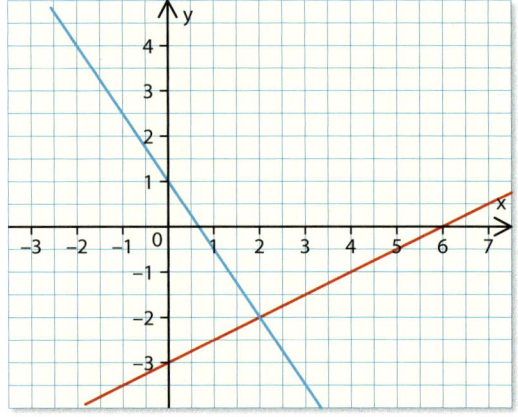

c (I) $y = 3{,}5 - x$; (II) $y = 1{,}5x - \frac{3}{2}$
S(2|1,5)

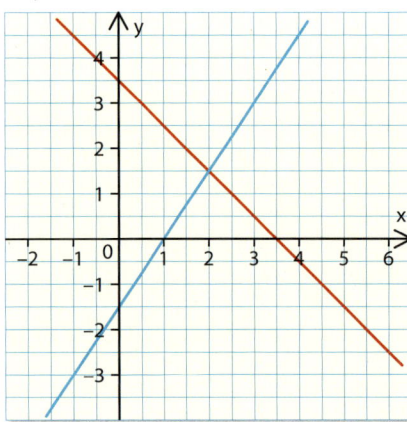

d (I) $y = 2x + 3$; (II) $y = -4x$
S(−0,5|2)

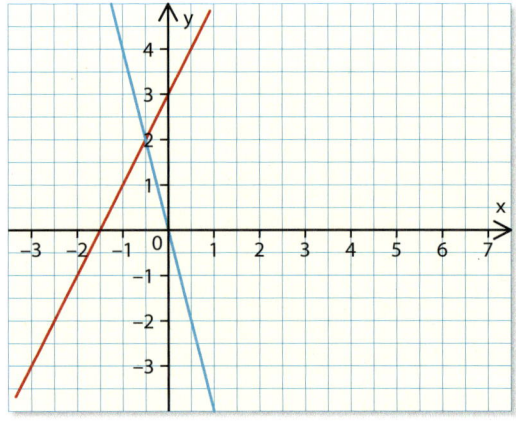

Lösungen zu den Grundlagentraining-Aufgaben

6 Frau Müller: 9 = 3x + 2y → y = −1,5x + 4,5
Herr Mayer: 14 = 2x + 4y → y = −0,5x + 3,5
Eine Bockwurst kostet 1 € und ein Steak 3 €.

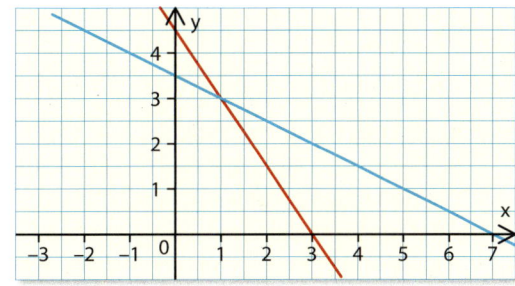

Seite 119

7 a L = {(−2; 1)}

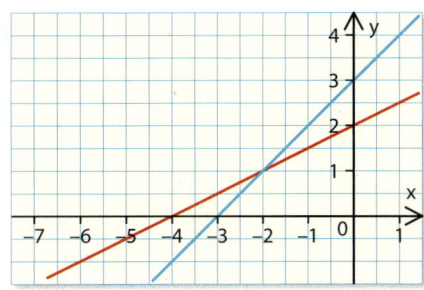

c L = {(9; 2)}

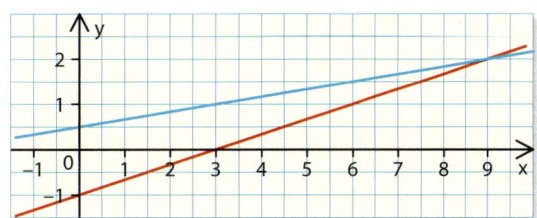

b L = {(2; 2)}

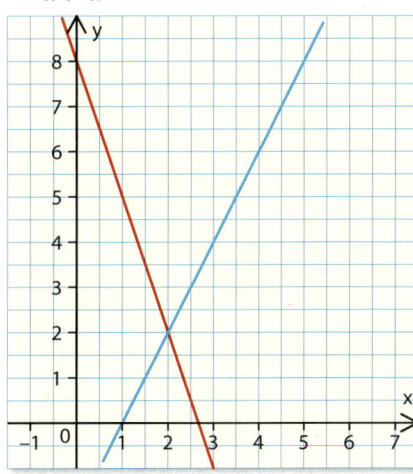

d L = (−3; −4)

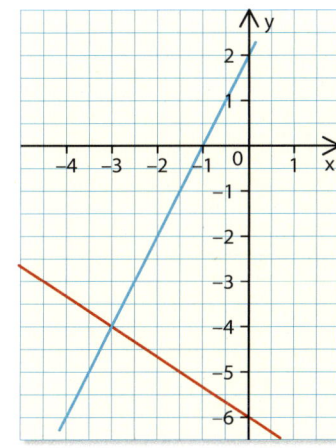

8 a L = {(15; −3)} **b** L = {(5; 4)} **c** L = {(3; 3)} **d** L = {(3; 3)}
e L = {(11; 2)} **f** L = {(1,5; 1)}

9 a (I) 3x + 20 = 5y; (II) x = −5 L = {(−5; 1)}
b (I) 10x = 44 + 7y; (II) 7y + 23 = 3x L = {(3; −2)}
c (I) y = 12x − 3 (II) 2y = 13x + 16 L = {(2; 21)}

10 a L = {(−12; 24)} **b** L = {(−40; −9)} **c** L = {(34; 17)}

11 (I) y = x + 5 (II) 2x + 2y = 26 ⇒ x = 4; y = 9 Das Spielfeld ist 9 m lang und 4 m breit.

Lösungen zu den Grundlagentraining-Aufgaben

12 (I) 2(x + y) = 20   (II) x = 6 + y   Die eine Seite ist 2 cm lang, die andere 8 cm.

13 (I) 7 − x = y   (II) 4x − 2y = 4   Die beiden Zahlen lauten 3 und 4.

14 geg.: Kosten für Strecke 1 mit 10 km Länge: 12,50 €
Kosten für Strecke 2 mit 18 km Länge: 19,70 €
Der Gesamtpreis ergibt sich aus
– der Grundgebühr y und
– dem Kilometerpreis x mal der Anzahl der gefahrenen Kilometer.
mathematische Terme: (I) 10x + y = 12,50
                             (II) 18x + y = 19,70 ⇒ x = 0,9; y = 3,5
Die Grundgebühr des Taxis beträgt 3,50 €. (Und der Kilometerpreis 0,90 €.)

Seite 120

15 Anzahl der ausgewachsenen Tiere: a; Lämmer: b
 (I) a + b = 32
(II) a = 3b
⇒ a = 24; b = 8   Es sind 24 ausgewachsene Schafe und acht Lämmer auf der Weide.

16 ① (I) y = −2x − 3   (II) y = 3x + 2   L = {(−1; −1)}
② (I) y = $\frac{4}{5}$x − 3   (II) y = $\frac{4}{5}$x − 3   L = ℚ
③ (I) y = $\frac{2}{3}$x − 3   (II) y = $\frac{2}{3}$x + 2   L = { }

17 **a** L = {(−3; −2)}   **b** L = { }

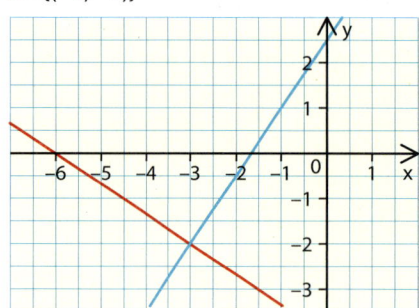 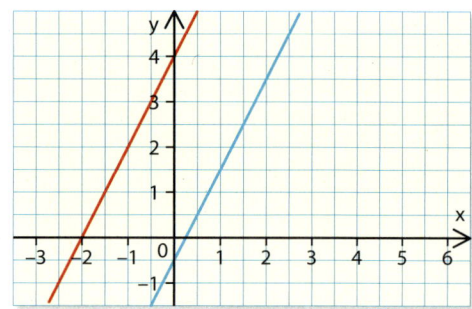

 c L = { }   **d** L = { }

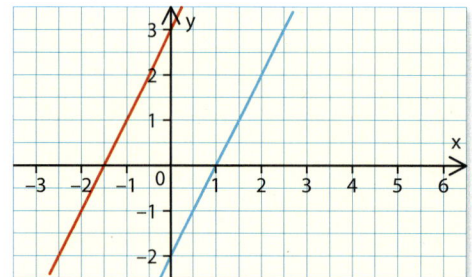 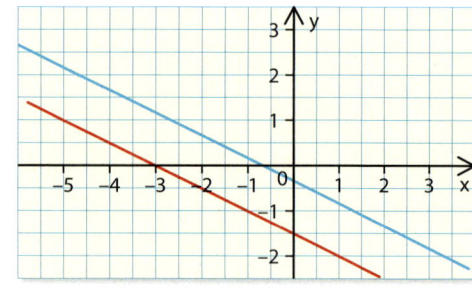

Lösungen zu den Grundlagentraining-Aufgaben

18 a Beim Lösen des Gleichungssystems fallen x und y weg und eine falsche Aussage bleibt stehen.
Grafisch bedeutet das, dass die beiden Geraden parallel liegen.
L = { }

b Beim Lösen des Gleichungssystems fallen x und y weg und eine falsche Aussage bleibt stehen.
Grafisch bedeutet das, dass die beiden Geraden parallel liegen.
L = { }

c Beim Lösen des Gleichungssystems fallen x und y weg und eine wahre Aussage bleibt stehen.
Grafisch bedeutet das, dass die beiden Geraden deckungsgleich sind.
L = ℚ

d L = {(0; 1)}

19 a zum Beispiel

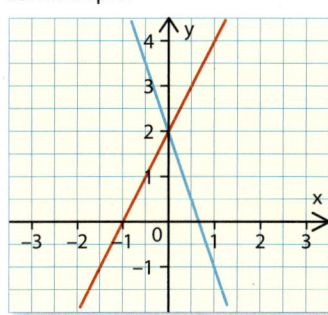

b zum Beispiel

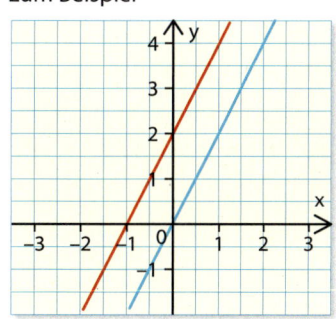

c (I) y = 2x + 2   (II) y = −3x + 2
⇒ L = {(0; 2)}

(I) y = 2x + 2   (II) y = 2x
→ 0 = 2 ⇒ L = { }

Kapitel 5

Seite 139

1 a u = 28,8 cm   **b** u = 1 536 mm   **c** u = 69 dm   **d** u = 17,4 cm
e u = 21,9 dm   **f** u = 38,4 m

2 a A = 1 728 cm²   **b** A = 20,28 cm²   **c** A = 1 373,9 dm²   **d** A = 3 996,75 mm²
e A = 7,68 cm²   **f** A = 6,75 m²

3 a r = 1,6 m   **b** r = 0,4 km   **c** r = 9 cm   **d** r = 40 mm

4 a u = 219,9 mm   **b** u = 20,1 cm   **c** u = 3,93 m   **d** u = 39,9 cm
A = 3 848,5 mm²   A = 32,2 cm²   A = 1,23 m²   A = 126,7 cm²
e u = 115,6 km   **f** u = 750,8 m
A = 1 063,6 km²   A = 44 862,7 m²

5 a r = 3,44 cm   **b** r = 22,9 cm   **c** r = 1,05 m   **d** r = 5,00 cm
e r = 6,00 m   **f** r = 11,0 km

Lösungen zu den Grundlagentraining-Aufgaben

6

	a	b	c	d	e	f
r	5,5 cm	3,75 cm	10,5 cm	7,00 cm	15,3 m	4,00 m
d	11 cm	7,5 dm	21 cm	14,00 cm	30,6 m	8,00 m
u	34,6 cm	23,6 dm	66 cm	44 cm	96 m	25,1 m
A	95,0 cm²	44,2 dm²	346,6 cm²	154 cm²	735,4 m²	50,3 m²

7
a d = 14 mm → u = 44 mm; A = 154 mm²   b d = 25 mm → u = 78,5 mm; A = 491 mm²
c d = 30 mm → u = 94,2 mm; A = 707 mm²   d d = 19 mm → u = 59,7 mm; A = 284 mm²

8 $A_{\text{links hinten}}$ = 11 309,7 mm²; $A_{\text{links vorne}}$ = 34 636,1 mm²; $A_{\text{rechts hinten}}$ = 16 513 mm²; $A_{\text{rechts vorne}}$ = 25 446,9 mm²
A_{gesamt} = 87 905,7 mm²

9

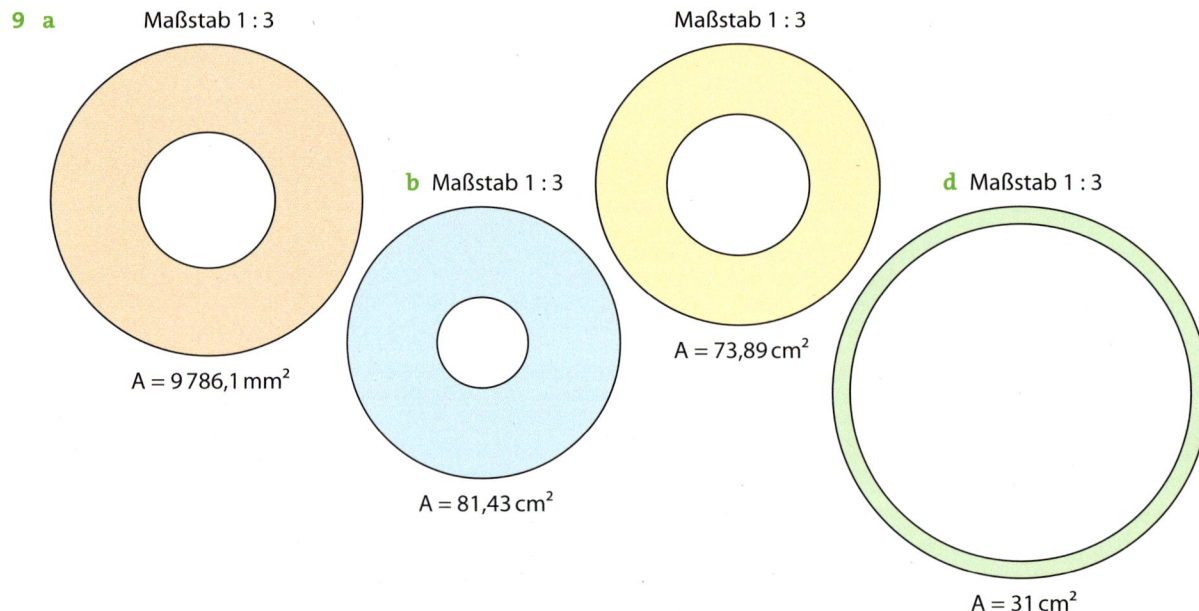

Seite 140

10 ① A = 276,5 mm²   ② A = 301,6 mm²   ③ A = 402,1 mm²   ④ A = 273,3 mm²

Lösungen zu den Grundlagentraining-Aufgaben

L2 a $\frac{90°}{360°} = \frac{1}{4}$ b $\frac{180°}{360°} = \frac{1}{2}$ c $\frac{40°}{360°} = \frac{1}{9}$ d $\frac{45°}{360°} = \frac{1}{8}$ e $\frac{240°}{360°} = \frac{2}{3}$ f $\frac{270°}{360°} = \frac{3}{4}$

L3 $\alpha_1 = 60°$; $\alpha_2 = 10°$; $\alpha_3 = 72°$

L4 a $A_{rot} = 28{,}3\ cm^2$; $A_{blau} = 50{,}3\ cm^2$; $A_{gelb} = 122{,}5\ cm^2$ b Die Flächeninhalte verändern sich nicht.

L5 Zeichnung siehe Schulbuch.
Fläche des Quadrats: $64\ cm^2$; gelbe Fläche: $38{,}9\ cm^2$

L6 ① $A_1 = 13{,}73\ cm^2$;   ② $A_2 = 16\ cm^2$; $A_{Diff} = A_2 - A_1 = 2{,}27\ cm^2$

L7 a $A = 36\ cm^2$ b $A = 35{,}34\ cm^2$

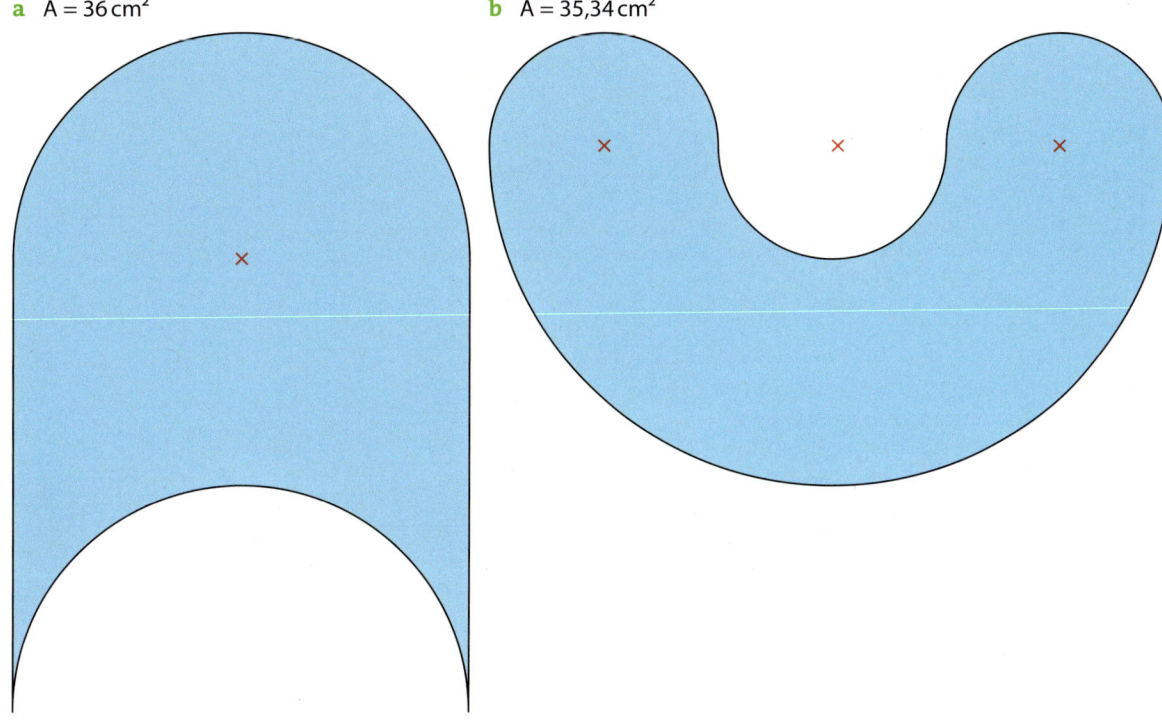

c $A = 25{,}73\ cm^2$

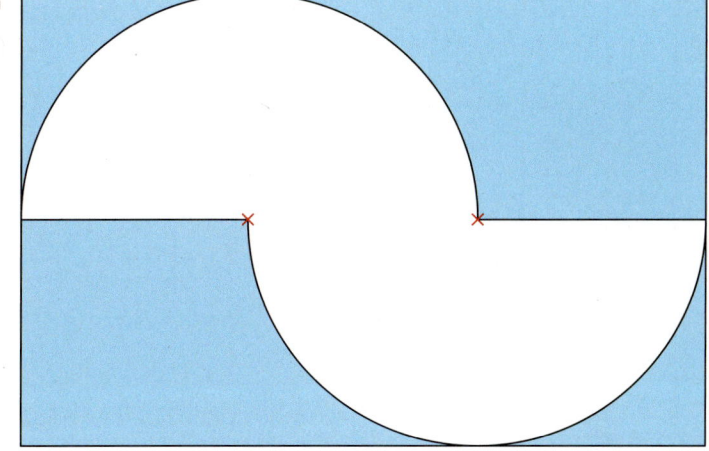

Lösungen zu den Grundlagentraining-Aufgaben

Kapitel 6

Seite 165

1

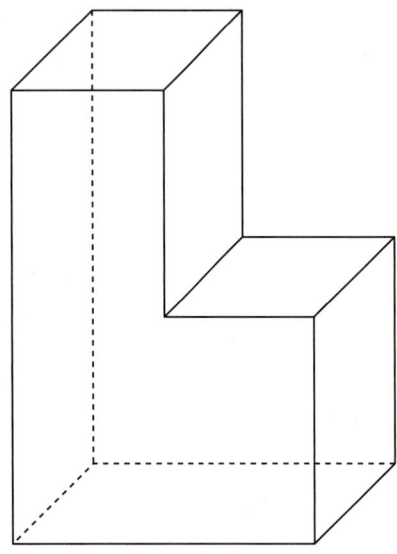

2 a Leons Behauptung ist falsch. Die Körperhöhe ist der Abstand zwischen Grund- und Deckfläche. Das Dreieckprisma hat eine Höhe von vier Kästchen, der Quader von fünf Kästchen.

b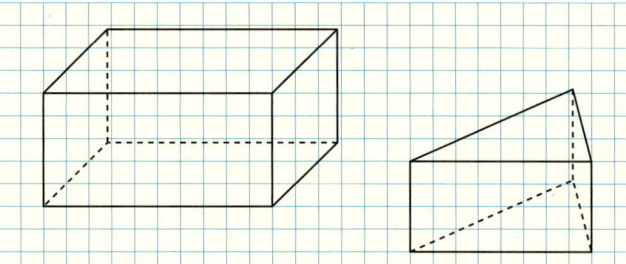

3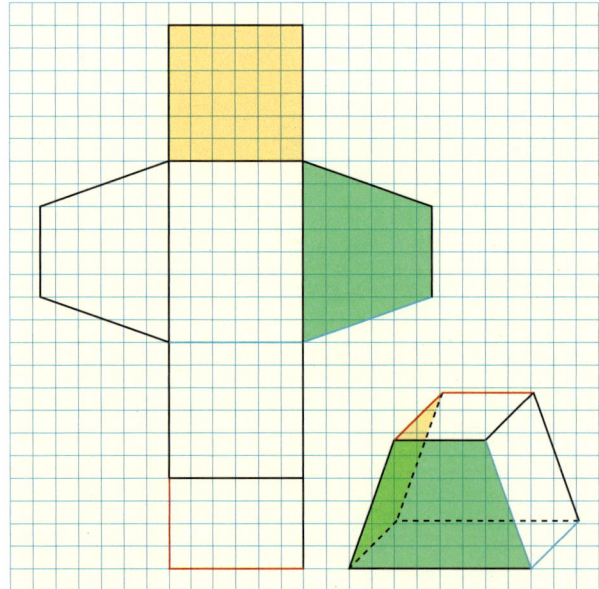

212 Lösungen

Lösungen zu den Grundlagentraining-Aufgaben

4 Alle Mantelflächen hängen zusammen:

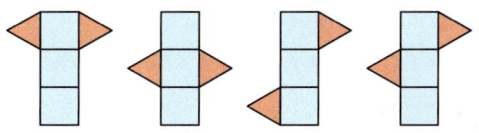

Zwei Mantelflächen hängen zusammen:

Alle Mantelflächen voneinander getrennt:

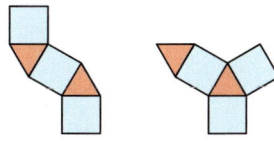

5 Die Oberfläche von Prismen und Zylindern setzt sich aus den Flächeninhalten von Grundfläche, Deckfläche und Mantelfläche zusammen.
O = 2G + M

Das Volumen von Prismen und Zylindern berechnet man, indem man den Flächeninhalt der Grundfläche mit der (Körper)höhe multipliziert.
V = G · h

6   **a** G = 8 cm²; V = 68 cm³; M = 111,35 cm²; O = 127,35 cm²
    b G = 12 cm²; V = 102 cm³; M = 153 cm²; O = 177 cm²
    c G = 6 cm²; V = 51 cm³; M = 112,2 cm²; O = 124,2 cm²
    d G = 6,5 cm²; V = 55,25 cm³; M = 129,2 cm²; O = 142,2 cm²

7   **a** G = 34,21 cm²; V = 253,17 cm³; M = 153,44 cm²; O = 221,86 cm²
    b G = 22,9 cm²; V = 64,13 cm³; M = 1 074,42 cm²; O = 93,3 cm²
    c G = 283,53 cm²; V = 5 103,52 cm³; M = 1 074,42 cm² ; O = 1 641,48 cm²

Seite 166

8 Liebe Nele,
die **Würfel** sind gefallen. Meine Geburtstagsparty findet im Haus der Jugend statt! Könntest du bitte die Vase, die die Form eines **Trapezprismas** hat, zur Dekoration mitbringen? Ich habe etliche Süßigkeiten eingekauft und in die **quaderförmige** Kiste gepackt.

Liebe Grüße, Viola

9

Umzugskartons	Innenmaße (L · B · H in mm)	Volumen
Standard	525 · 310 · 335	54 521 250 mm³ = 54 521 cm³ ≈ 55 dm³ = 55 l
Compact	500 · 350 · 370	64 750 000 mm³ = 64 750 cm³ = 65 dm³ = 65 l
Bücher Standard	400 · 318 · 328	41 721 600 mm³ = 41 722 cm³ ≈ 42 dm³ = 42 l
Bücher Profi	492 · 288 · 334	47 326 464 mm³ = 47 326 cm³ ≈ 47 dm³ = 47 l

Lösungen zu den Grundlagentraining-Aufgaben

10 Dreieckprisma: Die Berechnung der Grundfläche ist falsch.

richtig: $O = 2 \cdot \frac{1}{2} \cdot 5{,}2 \cdot 4 + 3(5{,}2 + 4 + 6{,}6) \Rightarrow O = 73{,}8\,\text{cm}^2$

Trapezprisma: Bei der Berechnung der Grundfläche wurde mit der falschen Höhe gerechnet und die Deckfläche wurde vergessen.

richtig: $O = 2 \cdot \frac{1}{2}(32 + 13) \cdot 20 + 13 \cdot 30 + 2 \cdot 22{,}1 \cdot 30 + 32 \cdot 30 = 3576\,\text{mm}^2 \Rightarrow O = 36\,\text{cm}^2$

11 a

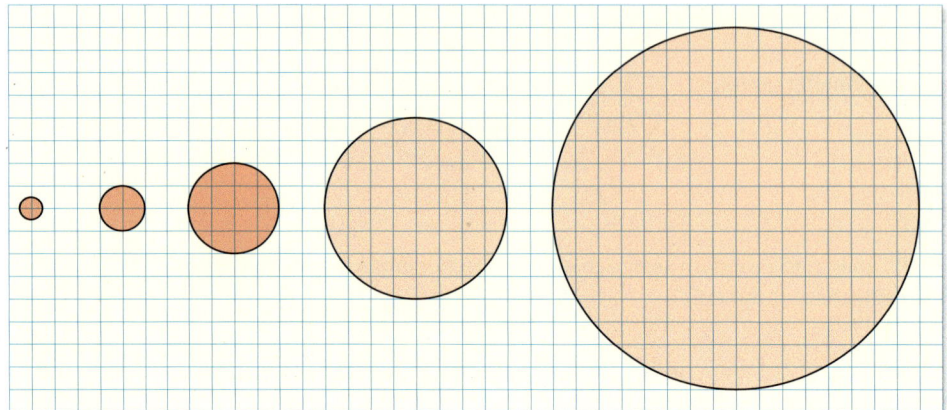

b

Radius r	Höhe h	Volumen V	Oberfläche O
0,25 cm	5 cm	1 cm³	8,2 cm²
0,5 cm	5 cm	3,9 cm³	17,3 cm²
1 cm	5 cm	15,7 cm³	37,7 cm²
2 cm	5 cm	62,8 cm³	88,0 cm²
4 cm	5 cm	251,3 cm³	226,2 cm²

12 a Die Oberfläche des Würfels hat den Wert $O = 384\,\text{cm}^2$.
Wenn man den Würfel in der Mitte durchschneidet und die zwei Teile aneinanderfügt, erhält man einen Quader mit folgenden Maßen:
l = 16 cm (8 Würfel lang), h = 4 cm (2 Würfel hoch) und b = 8 cm (4 Würfel breit).
Die neue Oberfläche beträgt 448 cm², damit ist die Oberfläche um 64 cm² größer geworden.

b Quader mit l = 42 cm (21 Würfel lang), b = 12 cm (6 Würfel breit) und h = 2 cm (1 Würfel hoch)

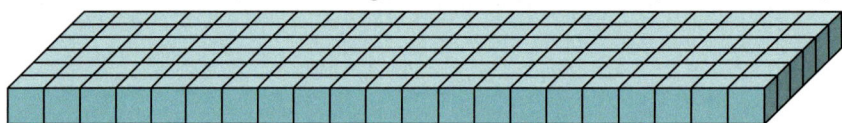

13 Schwimmerbecken: $V = 25 \cdot 12 \cdot 3{,}5 - \frac{12+6}{2} \cdot 1{,}5 \cdot 12$

$V = 888\,\text{m}^3 = 888\,000\,\text{dm}^3 = 888\,000\,\text{l}$

Nichtschwimmerbecken: $V = 250\,\text{m}^3 = 250\,000\,\text{dm}^3 = 250\,000\,\text{l}$

Lösungen zu den Mach-dich-fit!-Aufgaben

Kapitel 1

Seite 35

1 a 6x b 8y c 4a + 5b d 2t − 4s e 12k − 10k² f 2a² + 3b² − ab

2 a 12x b 24y² c −42a² d 12b³c
e −189d²e² f 30z g 9a³ h 9x²

3 a 10q + 8p b 5v − 9w c −12m d −7r + s

4 a 2x + $\frac{11}{4}$y b $\frac{39}{50}$st c 0 d 3,4s − 5r e 2,7s²t² f −7ab

5 a A = 2b · (c + a) + 1,5b · (a + c) = 3,5b · (a + c)
b A = 3,5 · 3 · (2 + 4) = 63
→ Die Fläche des Rechtecks ist kleiner als 65 m².

6 a 6a + 4b b −0,6g + 2,9h c 12x − 9,9y d 5a − 5b

7 a u = 12n + 4m + 8 b u = 3 + 3x + 3y

8 a 2a + 6b b 21d − 35e c 24g + 21h d 21a − 35b + 91c
e s² − 3s²t + 9s f −42ef² + 18ef − 48f

9 a 3 · (a + 3b − 4c) b 5 · (3x − 11y) c 2 · (8g + 14h − 17i) d −7 · (−6k − 9m + n)
e 4f · (2ef + 1 + 4g) f −x · (−3 + y)

10 u = 2 · (3x + 2) + 2 · (x + x + 3) + 2 · 4 + x = 11x + 18

Seite 36

11 a 3x + 4x² b 14,6x² − 6x²y c $\frac{3}{2}$p − 6q d $-\frac{5}{6}$b + $\frac{2}{5}$c − 4d
e 3x − 9y f 9t − 2

12 a 9m · (3n + 5m) b −4a · (−5a + 3b) c $\frac{1}{2}$p · (4q + $\frac{1}{2}$) d 2x²y · (3 + 2y)
e −12st · (2tx − 3z) f 7a³b²c · (3ab − 14ac)

13 a A = (x + 1)² = x² + 2x + 1
b A = $\frac{(x + 7) \cdot x}{2}$ = $\frac{x^2 + 7x}{2}$
c A = (x + 3) · x = x² + 3x
d A = $\frac{2x \cdot x}{2}$ = x²

14 a 50x + 25y b 36a + 54b − 18c c 15p − 25q + 5r d −4x + y − $\frac{1}{3}$r

Lösungen zu den Mach-dich-fit!-Aufgaben

15 ① $x^2(x \cdot x + x + 1) = x^2 + x^3 + x^4$ ⑧
② $8x^2y^2 - 12x^2y^3 = 2x^2y^2(4 - 6y)$ ④
③ $11y = (100y + 21y) : 11$ ⑥
⑦ $-8x^2y^2 + 12xy^3 = -4xy^2(2x - 3y)$ ⑤

16 a $V = x \cdot (x + 1) \cdot 8x = 8x^3 + 8x^2$
$O = 2 \cdot (x^2 + x + 8x^2 + 8x^2 + 8x)$
$O = 34x^2 + 18x$

b $V = x \cdot (x + 5) \cdot 12x = 12x^3 + 60x^2$
$O = 2 \cdot (x^2 + 5x + 12x^2 + 12x^2 + 60x)$
$O = 50x^2 + 130x$

17 a $12 + 3y + 4x + xy$ **b** $6 - 2q + 3p - pq$ **c** $3ae - 9be + 5af - 15bf$ **d** $-7vw + 6v^2 - 10w^2$

18 a

·	10	4	
20	200	80	280
4	40	16	56
	240	96	**336**

b

·	30	3	
40	1 200	120	1 320
−2	−60	−6	−66
	1 140	114	**1 254**

c

·	60	−2	
10	600	−20	580
1	60	−2	58
	660	−22	**638**

d

·	30	−5	
30	900	−150	750
−5	−150	25	−125
	750	−125	**625**

19 a $12 + 3b + 3c - 4a - ab - ac$
b $3e - eg + eh + ef - fg + fh$
c $2x^2 - 1xy + 4x - 3y^2 + 4y$
d $3{,}6s + 1{,}8s^2 + 2{,}25st + 14{,}1t - 18{,}8t^2$

20 a

·	10	2	
40	**400**	**80**	**480**
3	60	6	**36**
	430	**86**	**516**

$(10 + 2)(40 + 3) = 516$

b

·	20	−3	
80	1 600	**−240**	**1 360**
−4	−80	12	**−68**
	1 520	**−228**	**1 292**

$(20 - 3)(80 - 4) = 1\,292$

21 a $(3x + \mathbf{5b})(2x - \mathbf{3ab}) = 6x^2 - 9abx + 10bx - 15a^2b^2$
b $(y - 3)(\mathbf{2xz} + 4z) = 2xyz + \mathbf{4yz} - \mathbf{6xz} - 12z$
c $(\mathbf{0{,}5s} + rs)(-5s - \mathbf{7rs}) = -2{,}5s^2 - \mathbf{3{,}5rs^2} - \mathbf{5rs^2} - 7r^2s^2$

22 a $12x - 12y + 4z + 6x^2 - 6xy + 2xz$
b $6{,}3a - 0{,}75a^2 + 12{,}5ab - 16{,}8b - 28b^2$
c $-5ax + 5cx - 10dx + 3ay - 3by - 3cy + 6dy$

Lösungen zu den Mach-dich-fit!-Aufgaben

Seite 37

23
a $s^2 + 2st + t^2$
b $4y^2 + 4yz + z^2$
c $x^2 + 10x + 25$
d $9a^2 - 18ab + 9b^2$
e $9a^2 + 42a + 49$
f $25p^2 - 30p + 9$
g $6{,}25b^2 + 20b + 16$
h $1{,}21a^2 - 8{,}8a + 16$
i $36g^2 - 18g + 2{,}25$
j $196 + 84x + 9x^2$
k $169y^2 - 52my + 4m^2$
l $2{,}25x^2 + 27xy + 81y^2$

24
a $a^2 - 4b^2$
b $9c^2 - 9d^2$
c $16x^2 - 25$
d $12{,}25a^2 - 49$
e $25v^2 - 81w^2$
f $64f^2 - \frac{1}{4}e^2$

25
a $121a^2 - 88ab + 16b^2$
b $196c^2 - 81d^2$
c $256e^2 + 128ef + 16f^2$
d $289g^2 - 1$
e $324a^2 + 360a + 100$
f $361 - 38c + c^2$
g $9b^2 - \frac{1}{9}a^2$
h $225e^2 + 360e + 144$

26
a $x^2 + 12x + 36 = (x + 6)^2$
b $9b^2 - 24b + 16 = (3b - 4)^2$
c $4j^2 - 20j + 25 = (2j - 5)^2$
d $121 - 49z^2 = (11 + 7z)(11 - 7z)$
e $144 + 48x + 4x^2 = (12 + 2x)^2$
f $169 - \mathbf{225z^2} = (\mathbf{13} + 15z)(\mathbf{13} - \mathbf{15z})$

27
a $(x + 4)^2$
b $(y - 6)^2$
c $(8 + e)(8 - e)$
d keine binomische Formel
e $(9 - b)^2$
f keine binomische Formel
g $(5s + 2)^2$
h $(1 - 7z)^2$

28
a $2{,}25a^2 + 7{,}5ab + 6{,}25b^2$
b $2{,}25a^2 - 1{,}5ab + \frac{1}{4}b^2$
c $100e^2 - 2ef + 0{,}01f^2$
d $4{,}41c^2 - z^2$
e $0{,}36c^2 + 0{,}24c + 0{,}04$
f $0{,}09d^2 - 2{,}56$

29
a $16x^2 + 4x + \frac{1}{4}$
b $\frac{1}{16} - y + 4y^2$
c $\frac{1}{25} - 2z + 25z^2$
d $\frac{25}{64} - \frac{1}{4}b^2$
e $\frac{4}{49}w^2 + \frac{2}{7}w + \frac{1}{4}$
f $\frac{9}{100} - \frac{1}{9}m^2$

30
① $(3x + y)(3x - y) = 9x^2 - y^2$ ⑨
② $(3x + y)^2 = 9x^2 + 6xy + \mathbf{y^2}$ ⑧
③ $x + 3y)^2 = x^2 + \mathbf{6xy} + 9y^2$ ⑦
④ $(3x + 3y)^2 = 9x^2 + \mathbf{18xy} + 9y^2$ ⑩
⑤ $3(x + y)^2 = \mathbf{3x^2} + 6xy + 3y^2$ ⑥

31
a $2(x + 2)^2$
b $4(m + 3)^2$
c $3(p + 5)(p - 5)$
d $2(4 - w)^2$
e $3(3m + 2)(3m - 2)$
f $4(2q + 5)^2$
g $-(6 + j)^2$
h $20(x - 1)^2$

32
a $2x^2 - 12x + 68$
b $34x^2 - 142x + 149$
c $-32y^2 + 88xy$
d $85v^2 - 64v - 288vw + 256w^2 + 256$
e $96v^2 - 72v + 81$
f $d^2 + 51e^2$

33
a $-36a^2 - 24a - 4$
b $-16a^2 + 24ab - 9b^2$
c $-381a^2 + b^2$
d $-0{,}16a^2 + 4a - 25$
e $-20{,}25b^2 - 90b - 100$
f $-6{,}25a^2 + 36$

Lösungen zu den Mach-dich-fit!-Aufgaben

34 **a** $(3a - 12)^2 = 9a^2 - 72a + 144$
b $(7 - 2b)^2 = 49 - 28b + 4b^2$
c $(2d - 0{,}5c)^2 = 4d^2 - 2dc + 0{,}25c^2$
d $(4e - 13)(4e + 13) = 16e^2 - 169$
e $(6f - 8)(6f - 8) = 36f^2 - 96f + 64$
f $(10h - 1{,}9g)(10h + 1{,}9g) = 100h^2 - 3{,}61g$

35 **a** $3(x + 0{,}2)^2$ **b** $5(i - 0{,}1)^2$ **c** $0{,}5(1 + 2z)^2$
d $3(z - \frac{1}{2})^2$ **e** $5(b + \frac{1}{3})(b - \frac{1}{3})$ **f** $\frac{1}{8}(s - 16)^2$

Kapitel 2

Seite 61

1 ① ↔ ⑧   ⑦ ↔ ②   ④ ↔ ⑥   ⑤ ↔ ⑨

2 **a** $x = 3$ **b** $x = 12$ **c** $x = 0$ **d** $x = \frac{1}{6}$ **e** $x = -58$ **f** $x = -\frac{1}{5}$

3 **a** $x = 3; \mathbb{L} = \{3\}$ **b** $x = 22; \mathbb{L} = \{22\}$ **c** $x = 8; \mathbb{L} = \{8\}$ **d** $x = 5; \mathbb{L} = \{5\}$
e $b = 14; \mathbb{L} = \{14\}$ **f** $x = 7; \mathbb{L} = \{7\}$ **g** $\mathbb{L} = \mathbb{Q}$

4 **a** $s = 0$ **b** $t = 1$ **c** $u = -4$ **d** $v = 2$ **e** $w = -1$

5 **a** $x = -1{,}5$ **b** $x = -2$ **c** $x = 1$ **d** $x = -10$

6 Es wurden die Primzahlen bis 23 eingefärbt, mit Ausnahme der Zahl 19.
a $x = 17$ **b** $x = 3$ **c** $x = 2$ **d** $x = 5$ **e** $x = 13$ **f** $x = 19$
g Beispiel: $24 + 6x = 8x + 2; x = 11$
h Beispiel: $24 + 6x = 3x + 45; x = 7$

7 **a** $x = \frac{2}{3}$ **b** $x = 8$ **c** $x = -3$ **d** $x = -1$ **e** $x = \frac{4}{3}$

8 Gleichung: $12 \cdot 25 + 12x = 660 \Rightarrow x = 30$
Jo muss im 2. Jahr monatlich 30 € bezahlen.

9 Gleichung: $(2x + 5)^2 - 25 + 32 = 4x(x + 9) \Rightarrow x = 2$
Flächeninhalt des abgeschnittenen Quadrats: 56 Flächeneinheiten (FE)
Flächeninhalt des Rechtecks: 88 FE

Seite 62

10 Gleichung: $5x + 3 = 7x - 15 \Rightarrow x = 9$
Die Zahl ist 9.

11 Gleichung: $x + 4x = 65 \Rightarrow x = 13$
Charlotte ist 13 Jahre alt, ihre Mutter ist 52 Jahre alt.

Lösungen zu den Mach-dich-fit!-Aufgaben

12 Gleichung: $3x + x + 4 = 34 \Rightarrow x = 7{,}5$
Drei Seiten sind jeweils 7,5 cm lang, die vierte misst 11,5 cm.

13 Gleichung: $2(x - 3) = 5(x - 6) \Rightarrow x = 8$
Die gesuchte Zahl ist 8.

14 Gleichung: $x + (x - 3) + 3x + 4(x - 3) = 111 \Rightarrow x = 14$
Bastian: 14 Jahre, Tabita: 11 Jahre, Frau Klos: 42 Jahre, Herr Klos: 44 Jahre

15 Gleichung: $10x + 3x + 6 = 30x + x - 30 \Rightarrow x = 2$
Die ursprüngliche Zahl ist 26.

16 Gleichung: $50 \cdot 70 \cdot x = 40 \cdot 60 \cdot (x - 5) + 5600 \Rightarrow x = 40$
Höhe des größeren Aquariums: 40 cm, Höhe des kleineren Aquariums: 35 cm

17 Bison (s), Walross (w), Bär (b): $3s + 1b = 2w$
$3s + 1b = 2s + 4b$
$s = 3b$
Ein Bison wiegt so viel wie drei Bären. (Ein Walross wiegt so viel wie fünf Bären.)

18 Die Definitionsmenge ist jeweils $D = \mathbb{Q}$.
a $x = 10$ b $x = 13$ c $x = 12$ d $x = 34$ e $x = 18$
f $x = 4{,}5$ g $x = 3$ h $x = 5$ i $x = -2$

19 a $\frac{1}{6}$ b $\frac{3}{4}$ c $\frac{3}{10}$ d $\frac{5}{6}$ e $-\frac{2}{3}$
f $\frac{5}{3}$ g $-\frac{4}{11}$ h $-\frac{5}{11}$ i $\frac{5}{4}$

20 Lösungswort: PFORZHEIM
a $-\frac{4}{5}$ b $4\frac{1}{2}$ c $2\frac{1}{2}$ d $\frac{1}{24}$ e $\frac{5}{3}$
f $-\frac{7}{8}$ g -3 h $\frac{1}{50}$ i $-\frac{1}{20}$

Seite 63

21 a Gleichung: $\frac{240}{x} = 5 \Rightarrow x = 48$
48 Schüler müssten an der Spendenaktion teilnehmen.

b Gleichung: $\frac{240}{x} = 2 \Rightarrow x = 120$
120 Schüler müssten an der Spendenaktion teilnehmen.

22 a Länge zu Breite = 2 : 1
b Himbeeren zu Naturjoghurt = 3 : 1
c Benzin zu Zweitaktöl = 50 : 1
d Treffer zu Schüsse = 9 : 10

23 Gelb zu grün = 10 : 6

24 a Gleichung: $2 : 5 = x : 15$
$\frac{2}{5} = \frac{x}{15}$
$x = 6$
Es sind sechs Marzipanpralinen in der Packung.

b Gleichung: $2 : 5 = x : 25$
$\frac{2}{5} = \frac{x}{25}$
$x = 10$
Es sind zehn Marzipanpralinen in der Packung.

25 **b**, **d**, **e** und **f** sind richtig dargestellt
  a Nicht richtig dargestellt. Richtig wäre: 75 ha : 150 ha = 1 : 2
  c Nicht richtig dargestellt. Richtig wäre: 250 g : 150 g = 5 : 3

26 **a** x = 800 **b** x = 60 **c** x = 66 **d** y = 30 **e** y = 6
  f y = 300 **g** z = 80 **h** z = 95 **i** z = 96

27 **a** x = 4 **b** x = 15 **c** x = 20 **d** y = 22 **e** y = 140
  f y = 77 **g** z = 36 **h** z = 4 **i** z = 72

28 Stuttgart – Karlsruhe: 60 km   Stuttgart – Pforzheim: 36 km

29 Gleichung: 3,5 : 1 = x : 40 ⇒ x = 140
  Malte erhält 140 €, wenn die Rhein-Neckar-Löwen deutscher Handballmeister werden.

Kapitel 3

Seite 94

1 **a** Für 400 g muss man 2 € bezahlen.
  b Vier Wanderer brauchen auch vier Stunden.
  c Fünf Flaschen Eistee kosten 4,45 €.
  d Auf der Rechnung stünde der Betrag 552 €.

2 **a** Es wurden zwei Pflüge eingesetzt.
  b Das Taschengeld wird drei Tage reichen.
  c Der Futtervorrat reicht fünf Tage.
  d Das Becken ist nach $1\frac{1}{4}$ Stunden gefüllt.

3 **a** Jeder muss nun 6 € bezahlen.
  b Zehn Arbeiter bräuchten zwölf Tage.
  c Die Fahrt dauert 75 Minuten.

4 Beispiele:

Länge (cm)	3	4	5	6	8	9	12
Breite (cm)	30	22,5	18	15	11,25	10	7,5

5 **a** Ja, in jeder Klasse kostet es pro Schüler 6,50 €.
  b Es gehen 21 Schüler aus der 8b in den Zoo.
    Der Eintrittspreis beträgt dann 136,50 €.

6 Die Zuordnung ist antiproportional, da die Produktwerte aller Wertepaare gleich sind.
  Sechs Helfer würden $2\frac{1}{2}$ Stunden benötigen.

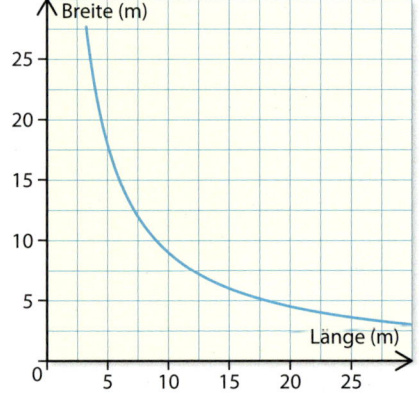

Lösungen zu den Mach-dich-fit!-Aufgaben

7 a 100 Vögel könnten 45 Tage lang gefüttert werden, 250 Vögel 18 Tage lang.
b Für 180 Vögel würde der Vorrat 25 Tage lang reichen.

8 a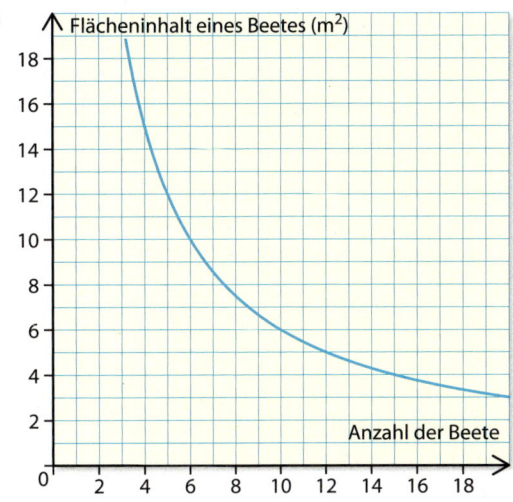

b 5 Beete: 12 m² pro Beet;
6 Beete: 10 m² pro Beet;
8 Beete: 7,5 m² pro Beet

Seite 95

9 a Jedem Schüler stehen 8,04 € zu.
b 8a: 8,33 € pro Schüler
c Der Betrag erhöht sich um 3,71 € pro Person.

10 a Mia ist im ersten Lebensjahr 24 cm gewachsen, im zweiten 13 cm und im dritten 9 cm.
In den folgenden vier Jahren war die Zunahme der Körpergröße pro Jahr geringer.
Sie lag zwischen 6 cm und 8 cm.

11 a $y = 2x$ → ②
b $y = 0{,}5x + 2$ → ③
c $y = 2x - 2$ → ①

12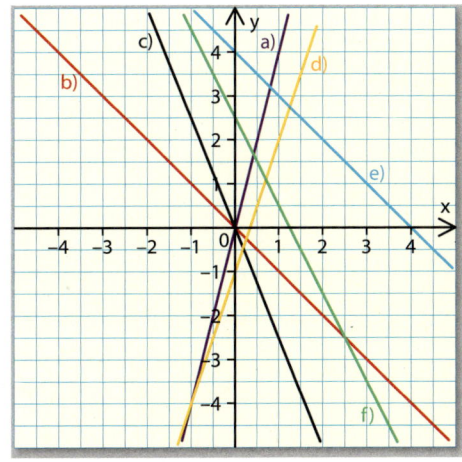

Lösungen zu den Mach-dich-fit!-Aufgaben

13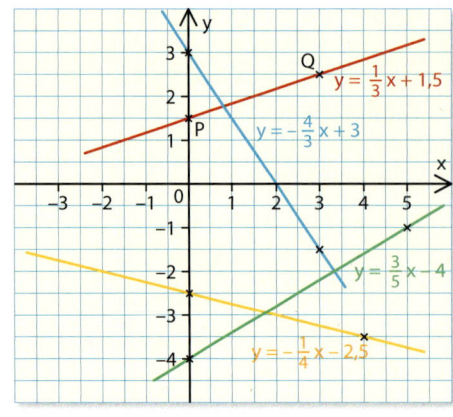

Beispiel: $y = \frac{1}{3}x + 1{,}5$

Zuerst bestimmt man den Schnittpunkt mit der y-Achse: P(0|1,5).

Einen zweiten Punkt kann man mithilfe der Steigung m ermitteln. Von P(0|1,5) geht man drei Einheiten nach rechts und **eine** Einheit nach oben. Man erhält den Punkt Q(3|2,5).
Durch P und Q kann man dann die Gerade legen.

14 a Beispiel:
Der Klingenkopf liegt auf einer Höhe von 1 010 m. Bis zur 5 km entfernten Tannenalm fällt die Strecke um 209 Höhenmeter. Direkt danach erfolgt ein kurzer Anstieg. Die nächsten vier Kilometer verläuft die Strecke relativ eben. Danach erfolgt eine zuerst steile Abfahrt zu der noch zwei Kilometer entfernten Kapelle. Diese befindet sich auf 715 Höhenmetern.

b

Strecke (km)	0	10	16	24	29	37	40
Höhe (m)	610	720	869	1 040	801	715	610

15 a

x	−3	−2	−1	0	1	2	3
y	−19	−14	−9	−4	1	6	11

b

x	−3	−2	−1	0	1	2	3
y	1,5	2	2,5	3	3,5	4	4,5

c

x	−3	−2	−1	0	1	2	3
y	12,5	10	7,5	5	2,5	0	−2,5

d

x	−3	−2	−1	0	1	2	3
y	4,25	3,5	2,75	2	1,25	0,5	−0,25

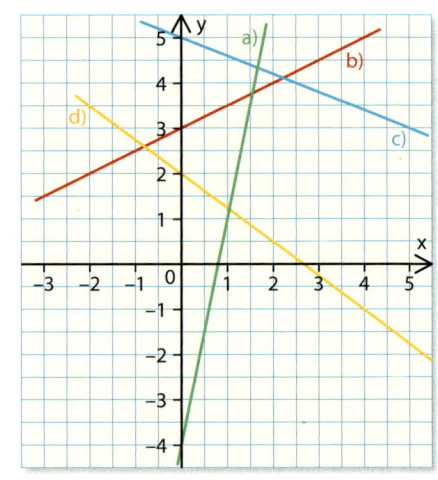

16 ① $y = 2x$ ② $y = -x$ ③ $y = -3x$
⑤ $y = x - 2$ ④ $y = -2x + 4$ ⑥ $y = x - 3{,}5$

Seite 96

17 a $y = \frac{1}{2}x + 2$ **b** $y = -\frac{1}{5}x + \frac{2}{5}$ **c** $y = \frac{3}{4}x - \frac{1}{4}$ **d** $y = \frac{1}{6}x - 2$

Lösungen zu den Mach-dich-fit!-Aufgaben

18 a

Verbrauch (kWh)	0	500	1 000	1 500	2 000	2 500	3 000	3 500	4 000	4 500	5 000	5 500	6 000
Kosten (€)	96	133,50	171	208,50	246	283,50	313,50	343,50	373,50	403,50	433,50	456	478,50

b Herr Forster: 385,50 €
Frau Bühner: 451,50 €

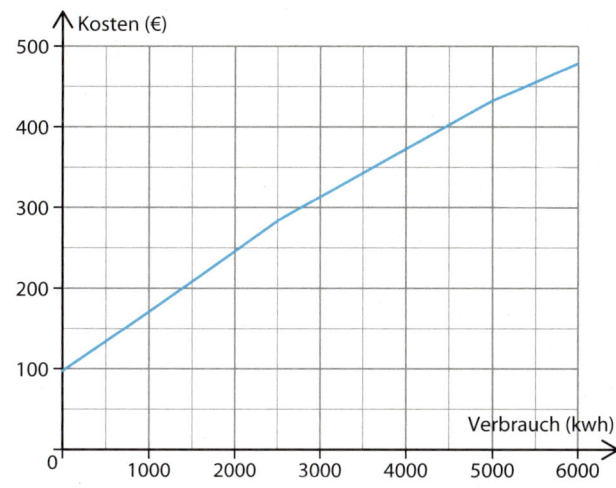

19 a USD: y = 1,066 · x; türkische Lira: 4,038 · x
b Lisa erhält 605,70 türkische Lira.
c Herr Maurer muss 375,23 € umtauschen.
d y = 63,2$\overline{6}$ · x

20 a Die monatlichen Gebühren für einen Verbrauch von 4,5 m³ betragen 20,38 €.
Für einen Verbrauch von 7,5 m³ muss man 31,78 € bezahlen.
b Es wurden 6 m³ Wasser verbraucht.

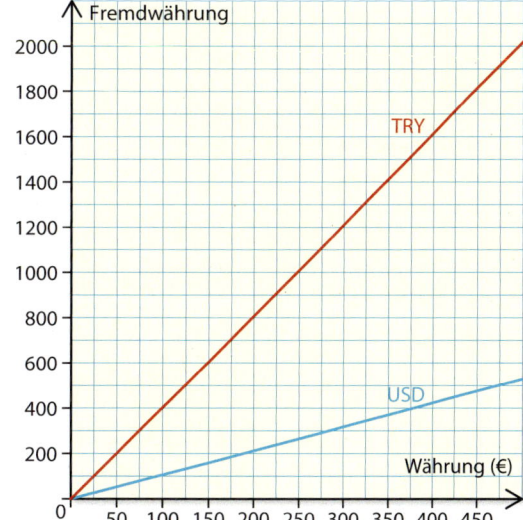

21 a Der Punkt Q(15|14) liegt auf der Geraden.
b N(−2,5|0)

22 a y = −3x + 2   **b** y = $\frac{3}{4}$x + 2,5   **c** y = 2x + 3
d y = −2x − 2

23 a y = $\frac{1}{2}$x − 1   **b** y = 3x − 2   **c** y = $\frac{1}{3}$x + 2
d y = −$\frac{1}{4}$x + $\frac{17}{4}$

24 P(3|**−2,5**); Q(**−4**|8); R(−2,5|**5,75**); S(**4**|−4)

25 y = −200x + 2 500; der Heizöltank ist nach 12,5 min leer.

26 a y = −$\frac{1}{2}$x + 3   **b** N(6|0)   **c** Beispiel: y = x

27 a g: y = $\frac{1}{2}$x − 0,5; h: y = $\frac{1}{4}$x + 2,5
b Die Gerade g schneidet die y-Achse im Punkt (0|−0,5) und hat die Steigung m = $\frac{1}{2}$.
Sie steigt steiler an als die Gerade h, die die Steigung m = $\frac{1}{4}$ hat und die y-Achse drei Einheiten weiter oben schneidet.

Lösungen 223

Lösungen zu den Mach-dich-fit!-Aufgaben

Seite 97

28 a y = −85x + 450

b 0 = −85x + 450 ⇒ x ≈ 5,3
Familie Hoffmann ist nach ca. 5 h 20 min daheim.

c Familie Hoffmann muss voraussichtlich nach $2\frac{1}{2}$ h Fahrtzeit tanken.

d Nein, die Berechnungen können nur Richtwerte sein. Nicht berücksichtigt werden zum Beispiel ein starkes Verkehrsaufkommen oder notwendige Pausen.

29 a

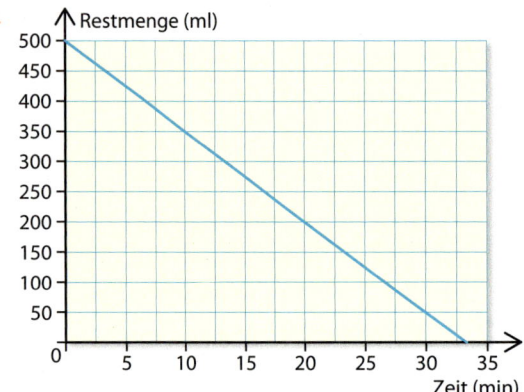

In der Wertetabelle können nur die Restmengen zu den angegebenen Zeitpunkten abgelesen werden. Der Graph ermöglicht das Ablesen weiterer Wertepaare.

b Die Hälfte der Infusionsflasche ist nach ungefähr 16 Minuten und 40 Sekunden durchgelaufen.
Die Infusionsflasche ist nach ungefähr 33 Minuten 20 Sekunden leer.

30 Landgut Maier: y = 45x + 80

Personenzahl	0	1	2	3	4	5	6
Kosten (€)	80	125	170	215	260	305	350

Hotel Lamm: y = 52x + 50

Personenzahl	0	1	2	3	4	5	6
Kosten (€)	50	102	154	206	258	310	362

Das Landgut Maier lohnt sich ab fünf Personen.

In der grafischen Darstellung kann man besser erkennen, ab welcher Personenzahl sich welches Angebot lohnt.
In der Tabelle kann man die Kosten für bestimmte Personenzahlen einfacher ablesen.

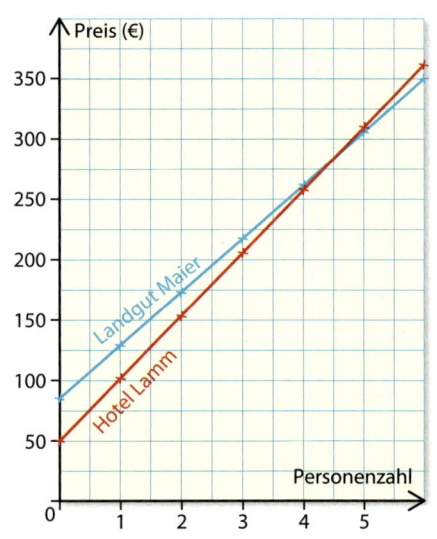

31 Graph ③ passt zur beschriebenen Situation.
Die anfängliche Füllhöhe von 25 cm trifft nur bei ① und ③ zu. Der Unterschied zwischen dem starken Regnen (steiler Anstieg) und dem anschließenden Nieseln (flacher Anstieg) ist nur bei ③ zu erkennen. Bei ① ist im angegebenen Zeitraum ein gleichmäßiges Regnen dargestellt.

Lösungen zu den Mach-dich-fit!-Aufgaben

32 Der Einkauf im Großhandel lohnt sich ab sieben Quadratmetern.
Mögliche Vorgehensweisen: Berechnung der jeweiligen Kosten nach gezielter Auswahl verschiedener Flächengrößen, Darstellung des Sachverhaltes im Koordinatensystem.

33 a Der Wasserverbrauch fiel bis ca. 21.00 Uhr auf das Minimum von etwa 1 600 l. Gegen 21.20 Uhr stieg er stark an. Um ca. 21.40 Uhr wurde das Maximum von knapp 5 500 l erreicht. In der nächsten halben Stunde nahm der Wasserbrauch stark ab und pendelte sich bei ungefähr 1 800 l ein.
b Der Wasserverbrauch war gegen 21.40 Uhr am höchsten. Zu diesem Zeitpunkt war die Halbzeitpause und viele Zuschauer gingen auf die Toilette.
c individuelle Lösung

Kapitel 4

Seite 121

1 a ①　　**b** ④　　**c** ② $(y = 3x - 5)$　　**d** ③ $(y = -\frac{1}{2}x)$

2 a S(2|7)　　　　　　　　　　　　　**b** S(1|−0,5)

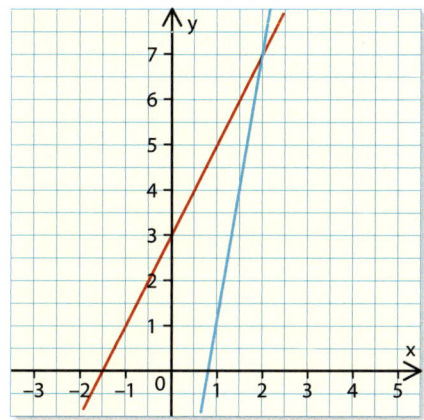
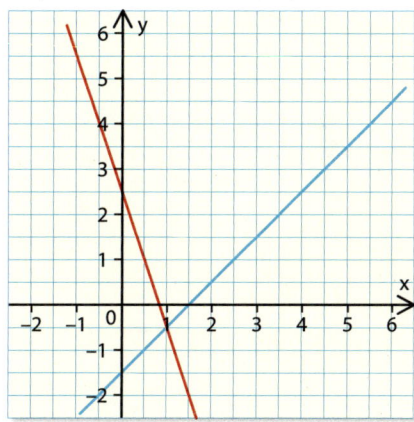

c S(−4|0)　　　　　　　　　　　　　**d** S(3|2)　$(y = 0{,}5x + 0{,}5;\ y = 2x - 4)$

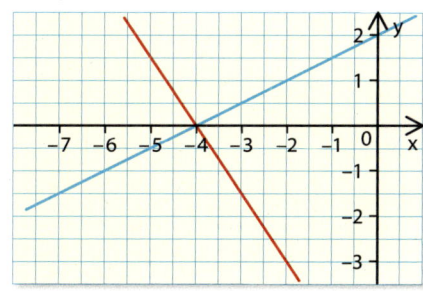
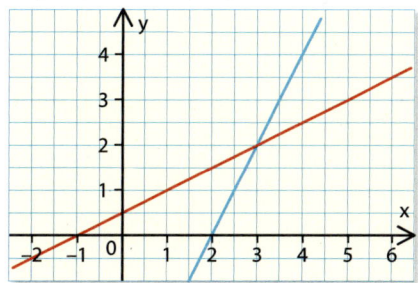

Lösungen zu den Mach-dich-fit!-Aufgaben

3 a L = {(1; −1)}

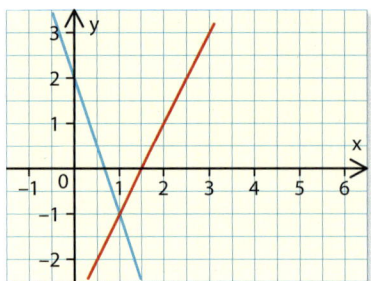

b L = {(0; 1)}

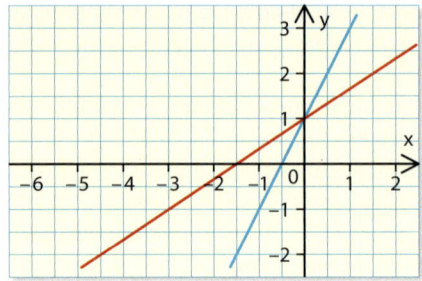

c L = {(3; −3)}

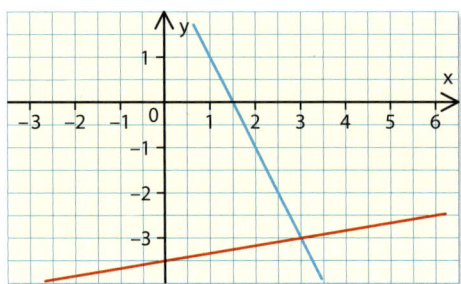

d L = {(0; −2)}

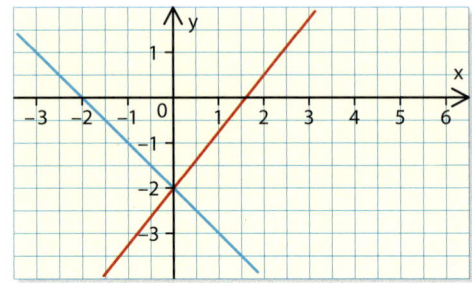

4 a L = {(4; −1)}

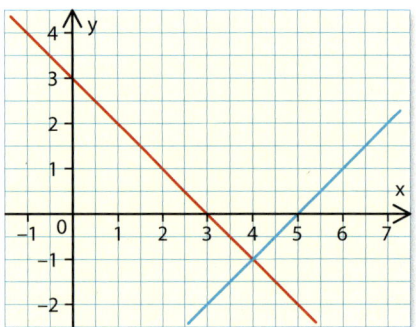

b L = {(2; 0)}

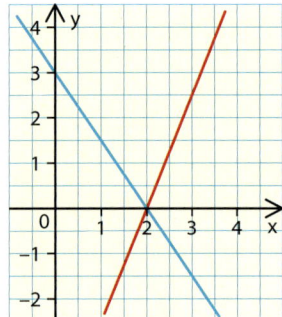

c L = {(3; 2)}

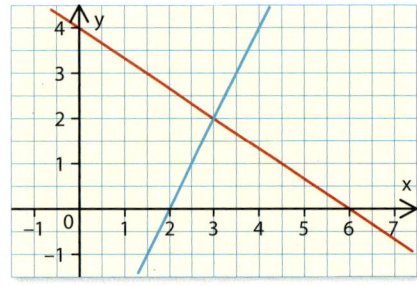

d L = {(−1; −3)}

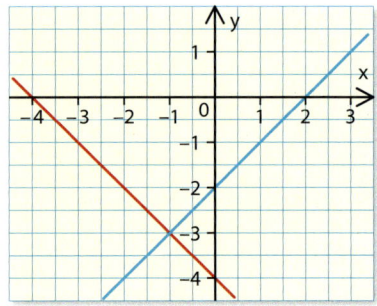

Lösungen zu den Mach-dich-fit!-Aufgaben

5 a Fit & Fun: $y = 45x + 25$
Maiks Fitnessstudio: $y = 35x + 75$

b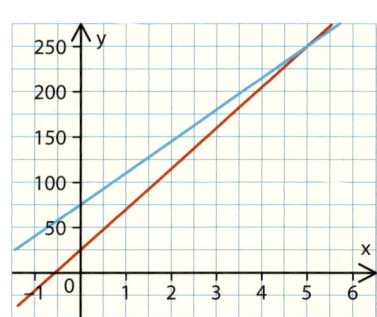

c Lukas sollte sich für das Angebot von Maiks Fitnessstudio entscheiden, wenn er insgesamt sechs Monate trainieren möchte. Er sollte sich allerdings erkundigen, welche Geräte und Kurse bei den jeweiligen Studios im Preis enthalten sind, da dies aus dem Angebot nicht ersichtlich ist.

6 a $L = \{(-4; 2)\}$ **b** $L = \{(1; 3)\}$ **b** $L = \{(2; 5)\}$ **d** $L = \{(2; 3)\}$

7 a $x = 1$; $y = 9$ **b** $x = 8$; $y = -1$ **c** $x = 6$; $y = 5$ **d** $a = 1$; $b = -1$

Seite 122

8 a $x = 5$; $y = -2$ **b** $p = 2$; $w = 3$ **c** $x = 13$; $y = 15$ **d** $a = 9$; $b = 5$

9 a $L = \{(2; 2)\}$ (Einsetzungsverfahren)   **b** $L = \{(4; -3)\}$ (Subtraktionsverfahren)
c $L = \{(1,5; 2,5)\}$ (Gleichsetzungsverfahren)   **d** $L = \{(17,6; 4)\}$ (Subtraktionsverfahren)
e $L = \{(-0,8; 0,8)\}$ (Subtraktionsverfahren)

10 a $L = \{(2; 3)\}$ **b** $L = \{(4; 3)\}$ **c** $L = \{(5; 1)\}$ **d** $L = \{(1; 1)\}$ **e** $L = \{(7; 9)\}$
Die Lösung $(-5 | 7)$ bleibt übrig.

11 a $L = \{(10; 2)\}$ **b** $L = \{(2; 2)\}$ **c** $L = \{(8; -8)\}$

12 a $L = \{(6; 3)\}$ **b** $L = \{(5; -2)\}$ **c** $L = \{(0,5; -2)\}$

13 a $L = \{(6; -1)\}$ **b** $L = \{(7; 10)\}$ **c** $L = \{(28; 20)\}$ **d** $L = \{(1; -2)\}$ **e** $L = \{(12,5; 2,5)\}$

14 a geg.: x: Anzahl verbrauchte Kilowattstunden
Angebot A: Kosten = $0,25x + 25$; mit $x = 333$: Kosten$_{\text{Angebot A}}$ = 108,25 €
Angebot B: Kosten = $0,24x + 28$; mit $x = 333$: Kosten$_{\text{Angebot B}}$ = 107,92 €
Angebot B ist bei einem Durchschnittverbrauch von 333 kWh im Monat günstiger.
b geg.: monatliche Kosten: y; Angebote wie in **a**
 (I) $y = 0,25x + 25$
 (II) $y = 0,24x + 28$
 $\Rightarrow x = 300$; $y = 100$
Bei einem Verbrauch unter 300 kWh ist Angebot A günstiger; über 300 kWh ist Angebot B günstiger.
c Es kommt darauf an, ob Familie Erletic regelmäßig die Angebote vergleicht und sie somit öfter den Stromanbieter wechseln möchte.

15 geg.: x: erste Zahl; y: zweite Zahl
math. Terme: (I) $y = 7 - x$
 (II) $4x - 2y = 4$
 $\Rightarrow x = 3$; $y = 4$ Die beiden Zahlen lauten 3 und 4.

Lösungen zu den Mach-dich-fit!-Aufgaben

Seite 123

16 geg.:

	Guthaben heute	Guthaben vor zwei Jahren	Guthaben in zwei Jahren
Lilly	x	x − 1 000	x + 1 000
Emma	y	y − 1 000	y + 1 000
Zusammenhang	unbekannt	(I) x − 1 000 = 4(y − 1 000)	(II) x + 1 000 = 2(y + 1 000)

ges.: heutiger Geldbestand von Lilly und Emma
(I') $x = 4(y - 1\,000) + 1\,000$
(II') $x = 2(y + 1\,000) - 1\,000$
$\Rightarrow x = 5\,000;\ y = 2\,000$
Lilly besitzt heute 5 000 € und Emma hat 2 000 €.

17 Anne x: heutiges Alter von Anne; erstes Kind in sechs Jahren – dann ist Anne x + 6 Jahre alt.
 y: heutiges Alter ihres Vaters
 (I) Vaters Alter bei Annes Geburt: y − x Jahre. Er war damals doppelt so alt wie Anne heute:
  $y - x = 2x$
 (II) Wenn der Vater in sechs Jahren Großvater wird, ist er 28 Jahre älter als Anne in sechs Jahren sein wird:
  $y + 6 = 28 + x + 6$
 $\Rightarrow x = 14;\ y = 42$
 Anne ist jetzt 14 Jahre alt und ihr Vater ist 42 Jahre alt.

Franka x: heutiges Alter von Franka
 y: heutiges Alter ihres Vaters
 (I) Vaters Alter bei Frankas Geburt: y − x Jahre
  $y - x = 3x$
 (II) Vor fünf Jahren war der Vater siebenmal so alt wie Franka damals:
  $y - 5 = 7(x - 5)$
 $\Rightarrow x = 10;\ y = 40$
 Franka ist jetzt 10 Jahre alt und ihr Vater ist 40 Jahre alt.

Lisa x: heutiges Alter von Lisa
 y: heutiges Alter ihres Vaters
 (I) Vaters Alter bei Lisas Geburt: y − x Jahre
  $y - x = 2x$
 (II) In 15 Jahren wird der Vater y + 15 Jahre alt sein und er wird dann doppelt so alt sein wie Lisa in 15 Jahren sein wird:
  $y + 15 = 2(x + 15)$
 $\Rightarrow x = 15;\ y = 45$
 Lisa ist jetzt 15 Jahre alt und ihr Vater ist 45 Jahre alt.
Franka und Lisa haben sich ganz schön verschätzt!

18 geg.: x: Preis für eine Fahrstunde in €
 y: Grundgebühr in €
 Marius: Rechnung über 1 520 € $\triangleq$ 20x + y
 Anna: Rechnung über 1 070 € $\triangleq$ 12x + y
 (I) $20x + y = 1\,520$
 (II) $12x + y = 1\,070$
 $\Rightarrow x = 56{,}25;\ y = 395$
 Der Preis für eine Fahrstunde beträgt 56,25 € und die Grundgebühr beträgt 395 €.

Lösungen zu den Mach-dich-fit!-Aufgaben

19 a (I) $y = -\frac{2}{3}x + 4$
(II) $y = -\frac{2}{3}x + 4$
deckungsgleiche Geraden
$L = \mathbb{Q}$

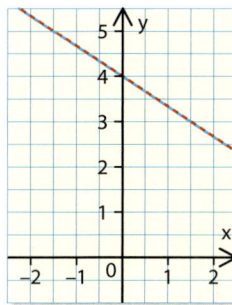

b (I) $y = -4x + 2$
(II) $y = 4x - 2$
$L = \{(0,5; 0)\}$

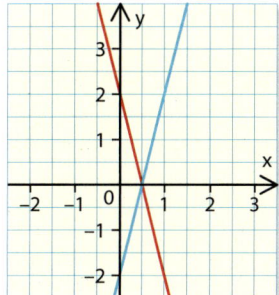

c (I) $y = \frac{1}{2}x - 3$
(II) $y = 0,5x + 2$
parallele Geraden
$L = \{\}$

d (I) $y = \frac{1}{2}x + 5$
(II) $y = 3,5x - 4$
$L = \{(3; 6,5)\}$

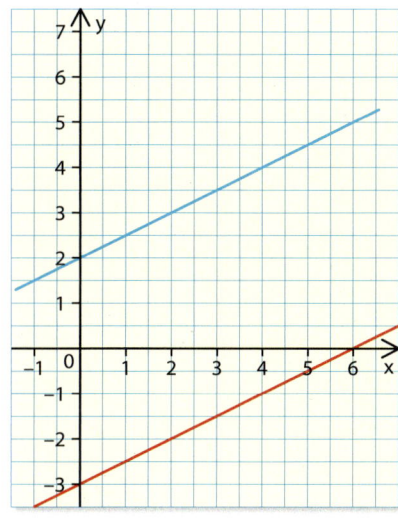

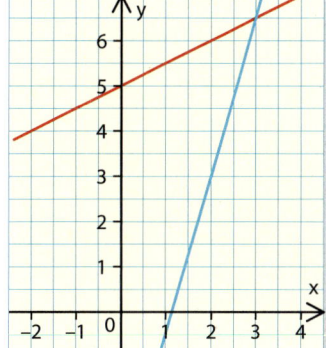

20 a (I) $y = 2x - 4$ (II) $y = 2x - 4$
deckungsgleiche Geraden $\Rightarrow L = \mathbb{Q}$

b (I) $y = \frac{3}{4}x + 3$ (II) $y = \frac{3}{4}x + \frac{5}{12}$
parallele Geraden $\Rightarrow L = \{\}$

c (I) $y = -\frac{1}{2}x + 5$ (II) $y = -\frac{1}{2}x - 4$
parallele Geraden $\Rightarrow L = \{\}$

d (I) $y = -3x + 5$
deckungsgleiche Geraden $\Rightarrow L = \mathbb{Q}$

21 (I) $y = \frac{2}{3}x + 5$ (II) $y = \frac{2}{3}x - 1$

a (I) $y = \frac{2}{3}x + 5$
(II) $y = 3x - 1$
$S\left(\frac{18}{7} \mid \frac{47}{7}\right)$

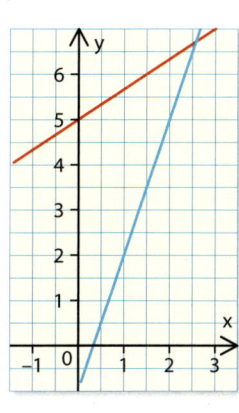

b (I) $y = \frac{2}{3}x - 1$
(II) $y = \frac{2}{3}x - 1$

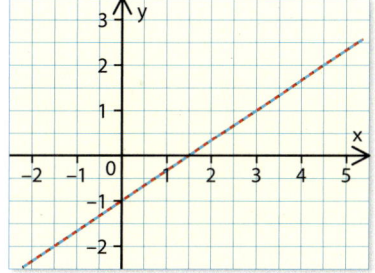

Lösungen zu den Mach-dich-fit!-Aufgaben

Kapitel 5

Seite 141

1   a u = 50,4 cm   b u = 738 mm   c u = 10,2 mm   d u = 81,9 cm

2   a A = 8,7 cm²   b A = 122,9 cm²   c A = 36,8 m²   d A = 4,3 km²

3   a r = 1,8 m   b r = 2,4 km   c r = 8 cm   d r = 15 mm

4   a r_1 = 2,8 cm u_1 = 16,8 cm u_3 = 50,4 cm
    b r_1 = 10,8 m u_1 = 64,8 m u_3 = 194,4 m
    c r_1 = 4,6 cm A_1 = 63,5 cm² A_3 = 571,3 cm²
    d r_1 = 2,7 m A_1 = 21,9 m² A_3 = 196,8 m²

5   a r = 25 cm; A = 1 875 cm²   b r = 7 km; u = 42 km

6   a u = 157,1 cm   b u = 5,34 dm   c u = 102,7 cm   d u = 20,3 km
       A = 1 963,5 cm²   A = 2,3 dm²   A = 839,8 cm²   A = 32,7 km²

7   a r = 4,1 cm   b r = 23,0 cm   c r = 3,0 cm   d r = 13,0 m

8

	a	b	c	d	e	f
r	**3,5 cm**	2,9 dm	1,75 cm	2,0 cm	1,4 m	3,0 m
d	7 cm	**5,7 dm**	3,5 cm	4,0 cm	2,9 m	6,0 m
u	22 cm	17,9 dm	**11 cm**	12,57 cm	**9 m**	18,85 m
A	38,5 cm²	26,4 dm²	9,6 cm²	**12,6 cm²**	6,4 m²	**28,3 m²**

9   a u = 36 π cm   b u = 24 π cm   c r = 7 mm   d r = 1,6 dm
       A = 324 π cm²   A = 144 π cm²   A = 49 π mm²   u = 3,2 π dm

10 a u = 26,7 cm ist falsch. Korrekt: u = 53,4 cm
       Bei der Umfangsberechnung aus dem Radius wurde der Faktor 2 vergessen.
    b richtig!
    c d = 11,6 m ist falsch. Korrekt: d = 23,1 m
       Hier wurde der Radius anstelle des Durchmessers berechnet.
    d richtig!

11 $A_{zwei\ Löcher}$ = 2 · 2 375,8 cm² = 4 751,7 cm²
    a $r_{großes\ Loch}$ = 38,9 cm
    b p % = 4 751,7 : (270 · 180) = 9,8 %
    c $u_{zwei\ Löcher}$ = 2 · 2π · 27,5 = 345,6 cm
       $u_{großes\ Loch}$ = 2 · π · 38,9 = 244,4 cm

12 a u = 4xπ   b u = 14xπ   c u = (4x + 8) · π   d u = (16 − 2x) · π
       A = 4x²π   A = 49x²π   A = (2x + 4)² · π   A = (8 − x)² · π

Lösungen zu den Mach-dich-fit!-Aufgaben

Seite 142

13 a $r_{violett} = 8\,cm$ $u_{violett} = 50{,}3\,cm$ **b** $A_{violett} = 201{,}1\,cm^2$
     $r_{gelb} = 4\,cm$ $2 \cdot u_{gelb} = 50{,}3\,cm$ $A_{gelb} = 50{,}3\,cm^2 \rightarrow 4 \cdot A_{gelb} = A_{violett}$
     $r_{grün} = 2\,cm$ $4 \cdot u_{grün} = 50{,}3\,cm$ $A_{grün} = 12{,}6\,cm^2 \rightarrow 16 \cdot A_{grün} = A_{violett}$

   c Wenn der Radius verdoppelt wird, verdoppelt sich der Umfang und der Flächeninhalt vervierfacht sich.

14 a $A = 1253{,}5\,mm^2$ **b** $A = 52{,}3\,cm^2$ **c** $A = 95\,cm^2$ **d** $A = 62{,}2\,cm^2$

15 a $r_a = 5\,mm$ **b** $r_a = 4\,cm$ **c** $r_i = 5\,cm$ **d** $r_i = 40\,m$

16 a 1-Euro-Münze: $r_a = 11{,}63\,mm$; $r_i = 8\,mm$
     $A_{silber} = 201{,}1\,mm^2$; $A_{gelb} = 223{,}9\,mm^2$
     $\Rightarrow$ Die Messingfläche ist größer als der silbrige Kern.

   b 2-Euro-Münze: $r_a = 12{,}88\,mm$; $r_i = 9\,mm$
     $A_{silber} = 254{,}5\,mm^2$; $A_{gelb} = 266{,}7\,mm^2$
     1-Euro-Münze: $\frac{A_{silber}}{A_{gelb}} \approx 0{,}9$; 2-Euro-Münze: $\frac{A_{silber}}{A_{gelb}} \approx 0{,}96$
     $\Rightarrow$ Die Flächenverhältnisse sind nicht gleich.

17 a $\alpha = 90°$ **b** $\alpha = 72°$ **c** $\alpha = 40°$ **d** $\alpha = 30°$

18 a $\frac{45°}{360°} = \frac{1}{8}$ **b** $\frac{36°}{360°} = \frac{1}{10}$ **c** $\frac{120°}{360°} = \frac{1}{3}$ **d** $\frac{60°}{360°} = \frac{1}{6}$ **e** $\frac{135°}{360°} = \frac{3}{8}$ **f** $\frac{216°}{360°} = \frac{3}{5}$

19 a $r = 20{,}27\,cm$ **b** $r = 2{,}82\,m$ **c** $r = 15\,m$ **d** $r = 4\,m$

20 a $\alpha = 150°$ **b** $\alpha = 17{,}6°$ **c** $\alpha = 110°$ **d** $\alpha = 140°$

21

	r	α	b	A
a	12 cm	100°	20,9 cm	125,7 cm²
b	14,5 m	300°	75,9 m	550,4 m²
c	3,3 m	212°	12,2 m	20,15 m²
d	73,2 cm	89°	113,7 cm	4161,7 cm²
e	78,3 cm	224°	3,06 m	1,2 m²
f	27,2 mm	12°	5,7 mm	77,6 mm²
g	91 cm	290°	4,6 m	2,1 m²

22 a A_{rot}: 150°; A_{gelb}: 125°; A_{blau}: 85°
     Rot hat die größte Gewinnchance.

   b Anteil von A_{rot}: $\frac{5}{12} = 41{,}7\,\%$

   c $A_{gelb} = 4608{,}8\,cm^2$

Seite 143

23 a $A = 4 \cdot 12 + \frac{\pi \cdot 6^2}{4} \Rightarrow A = 76{,}27\,cm^2$; $u = 2(4 + 12) + \frac{2\pi \cdot 6}{4} \Rightarrow u = 41{,}42\,cm$

   b $A = 6 \cdot 12 \Rightarrow A = 72\,cm^2$; $u = 2(9 + 3) + \frac{2\pi \cdot 6}{2} \Rightarrow u = 42{,}85\,cm$

   c $A = 6 \cdot 2 + \frac{\pi \cdot 2^2}{2} \Rightarrow A = 18{,}3\,cm^2$; $u = 18{,}85\,cm$

   d $A = 6 \cdot 12 + \frac{3\pi \cdot 6^2}{4} \Rightarrow A = 156{,}82\,cm^2$; $u = 12 + \frac{5 \cdot 2\pi \cdot 6}{4} \Rightarrow u = 59{,}12\,cm$

Lösungen zu den Mach-dich-fit!-Aufgaben

24 a   A = 78,5 cm²   b   A = 50 cm²

25 ① A = 9 646,0 mm²   ② A = 9 557 mm²   ③ A = 17 215,5 mm²   ④ A = 11 368,1 mm²

26 a   A = 19,68 cm²; u = 16,5 cm   b   A = 7,2 cm²; u = 13,85 cm
    c   A = 13,42 cm²; u = 13,42 cm   d   A = 18 cm²; u = 18,85 cm

27 a   A = 2,58 cm²; u = 12,6 cm   b   A = 54,8 cm²; u = 29,7 cm   c   A = 51,48 cm²; u = 16 cm

Kapitel 6

Seite 167

1 a
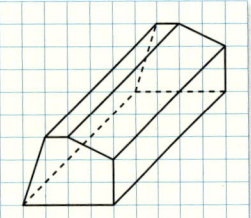
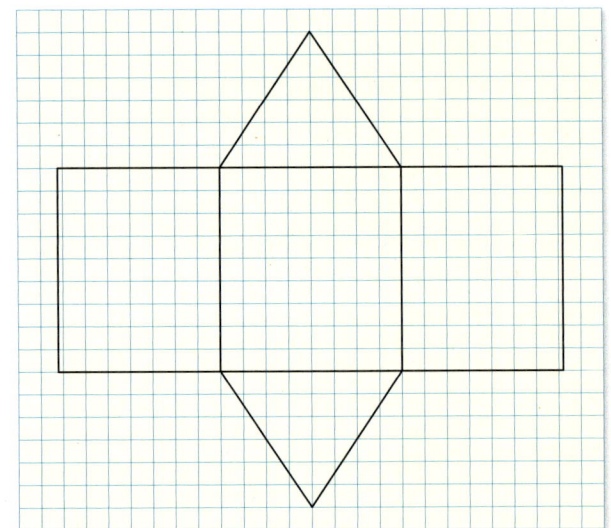

b   zum Beispiel

c
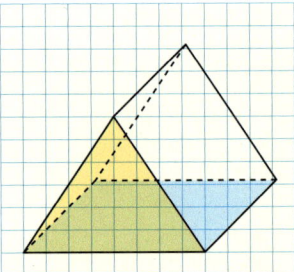

d
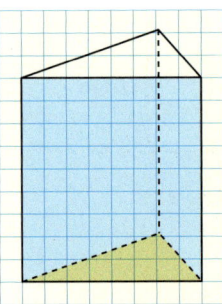

232   Lösungen

Lösungen zu den Mach-dich-fit!-Aufgaben

2 a grüner Kreis: r = 2 cm; roter Kreis: r = 1 cm

b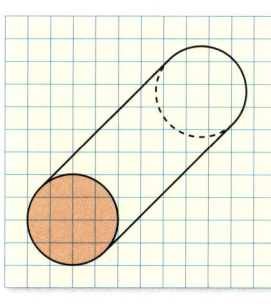

c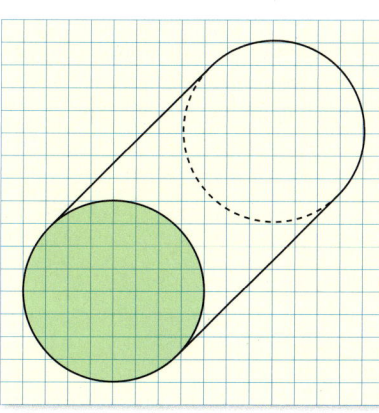

d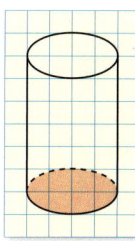

e individuelle Lösung

3 a x = 5 cm; y = 2,5 cm; z = 5,5 cm

b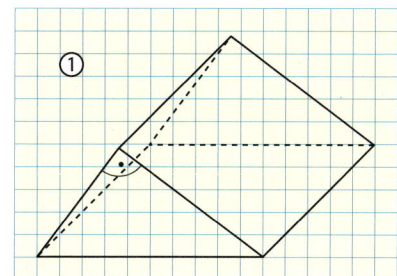

c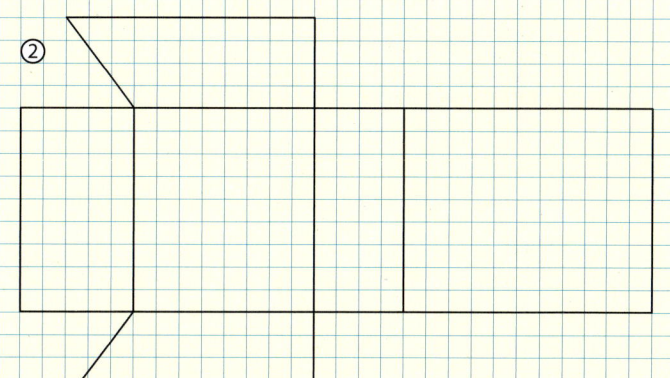

d individuelle Lösung

4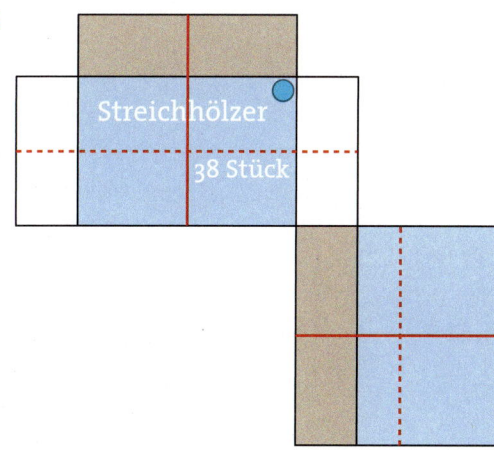

Lösungen zu den Mach-dich-fit!-Aufgaben

Seite 168

5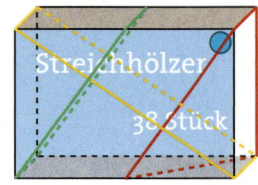

6 a Flächeninhalt Grundfläche: A = 7 cm² ⇒ O = 80 cm², V = 38,5 cm³
  b Flächeninhalt Grundfläche: A = 9 cm² ⇒ O = 70,1 cm², V = 37,8 cm³
  c Flächeninhalt Grundfläche: A = 18 cm² ⇒ O = 185,6 cm², V = 153 cm³

7 ① 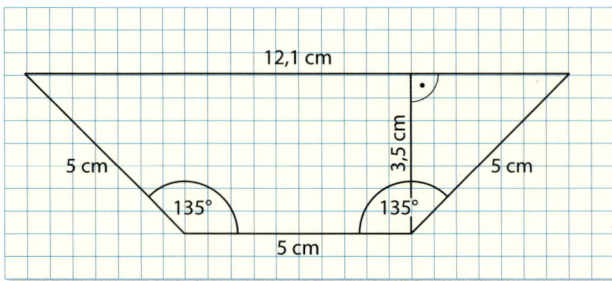 ②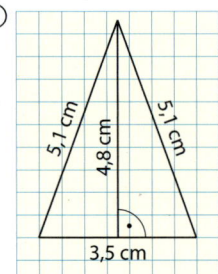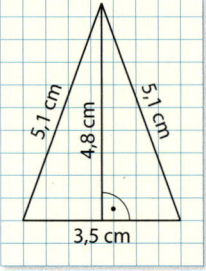

Flächeninhalt Grundfläche: A = 30 cm²
O = 276,8 cm², V = 240 cm³

Flächeninhalt Grundfläche: A = 8,4 cm²
O = 74,34 cm², V = 35,28 cm³

③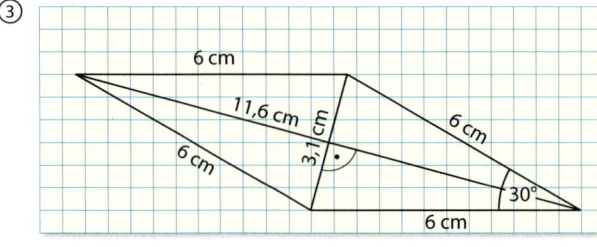

Flächeninhalt Grundfläche: A = 17,98 cm²
O = 287,96 cm², V = 188,79 cm³

8 Volumen und Oberflächeninhalt der einzelnen Teilkörper

Teilkörper	① / ②	③ / ④	⑤ / ⑥
Volumen (cm³)	75 295	75 295	75 295
Oberfläche (cm²)	13 579	z. B. 14 019	15 265

Martins Aussage ist richtig. Wenn der Holzblock in der Diagonalen durchgesägt wird, dann ist die Oberfläche am größten. Wenn der Holzblock in der Mitte, parallel zu den Seitenflächen, durchgesägt wird, ist die Oberfläche am kleinsten.

9 a Der linke Zylinder (V = 80,42 cm³) hat ein größere Volumen als der rechte Zylinder (V = 64,34 cm³).
  b Der linke Zylinder (O = 114,61 cm²) hat eine größere Oberfläche als der rechte (O = 96,51 cm²)

Lösungen zu den Mach-dich-fit!-Aufgaben

Seite 169

10 Volumen der rechteckigen Regentonne: V = 206 640 cm³ (= 206,6 l)
   a rote Regentonne: V = 212 057,5 cm³ (= 212,1 l)
      grüne Regentonne: V = 206 082,2 cm³ (= 206,1 l)
      braune Regentonne: V = 193 019,5 cm³ (= 193 l)
      Das Wasser aus der rechteckigen Tonne passt in die rote Regentonne.
   b Die braune Regentonne muss mindestens eine Höhe von 64,3 cm haben, damit sie das Wasser aus der rechteckigen Regentonne aufnehmen kann.
   c Wenn der Durchmesser verdoppelt wird, vervierfacht sich die Grundfläche. Also vervierfacht sich das Volumen, da die Höhe der Tonne gleich bleibt.
   d O = G + M   rote Tonne: O = $\pi \cdot (3^2 + 7,5 \cdot 6)$ ⇒ O = 169,6 dm²
                       grüne Tonne: O = $\pi \cdot (2,9^2 + 7,8 \cdot 5,8)$ ⇒ O = 168,5 dm²
                       braune Tonne: O = $\pi \cdot (3,2^2 + 6 \cdot 6,4)$ ⇒ O = 252,8 dm²
   Für den Außenanstrich der roten Tonne braucht man am meisten Farbe.

11 Ein DIN-A4-Blatt ist 29,7 cm hoch und 21 cm breit.
   a Ja, der Papierzylinder hat ein Volumen von V = 1 474,08 cm³ (≈ 1,4 l).
   b V = 1 042,3 cm³ (≈ 1 l)

12 Körper ①: V = 128 cm³; O = 208 cm²   Körper ②: V = 432 cm³; O = 418,4 cm²

13
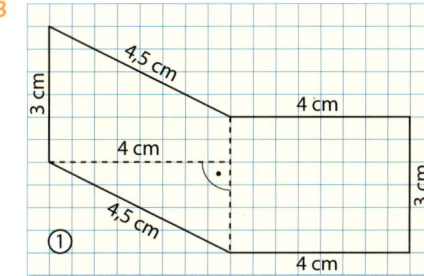 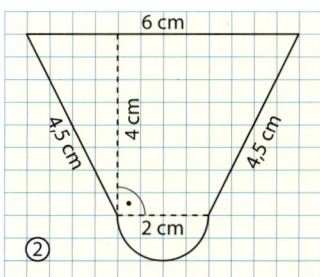

   a ①: V = 144 cm³; ②: V = 105,6 cm³   b ①: O = 186 cm²; ②: O = 144 cm²

14 a Oberfläche des Quaders: O_{Qu} = 448 cm²
     Mit M = Mantelfläche des Bohrlochs und G = Grundfläche des Bohrlochs
     kann man die Größe der Oberfläche des aufgebohrten Quaders berechnen: O = O_{Qu} + M − 2G
     d = 3 cm: O = 528,1 cm² → O_{Qu} + 17,9 %
     d = 4,5 cm: O = 557,6 cm² → O_{Qu} + 24,46 %
     d = 6 cm: O = 601,9 cm² → O_{Qu} + 34,4 %
     Ein Bohrlochdurchmesser von 4,5 cm vergrößert die Fläche des Quaders um 24,46 %.
   b Das ausgebohrte Loch hat ein Volumen von 159 cm³.

Lösungen zu den Aufgaben in Mehr zum Thema

Kapitel 1

Seite 40

$99 \cdot 101 = (100-1)(100+1)$
$ = 100^2 - 1^2 = 9999$

$98 \cdot 102 = (100-2)(100+2)$
$ = 100^2 - 2^2 = 9996$

$55 \cdot 65 = (60-5)(60+5)$
$ = 60^2 - 5^2 = 3575$

$71^2 = (70+1)(70+1) = 70^2 + 2 \cdot 70 \cdot 1 + 1^2 = 5041$

$72^2 = (70+2)(70+2) = 70^2 + 2 \cdot 70 \cdot 2 + 4^2 = 5184$

$99^2 = (100-1)(100-1) = 100^2 - 2 \cdot 100 \cdot 1 + 1^2 = 9801$

$98^2 = (100-2)(100-2) = 100^2 - 2 \cdot 100 \cdot 2 + 2^2 = 9604$

$55^2 = (50+5)(50+5) = 50^2 + 2 \cdot 50 \cdot 5 + 5^2 = 3025$

Kapitel 2

Seite 66

Zu welchem Schluss gelangte Euler für Königsberg?
Ein Spaziergang, bei dem jede Brücke über den Pregel nur einmal überquert wird, ist nicht möglich.

Kapitel 3

Seite 100

Was bedeutet 100 % Steigung?
Auf einer Horizontalentfernung von 100 Meter werden 100 Höhenmeter überwunden.

Welche durchschnittliche Steigung hat die Heidelberger Bergbahn?
Die durchschnittliche Steigung der Heidelberger Bergbahn beträgt 30,6 %.

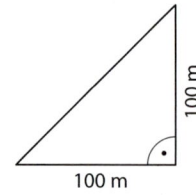

Kapitel 4

Seite 126

Das lineare Gleichungssystem für die 30 %ige Essigsäure umfasst die Gleichungen:
(I) $x + y = 20$ und (II) $0{,}2x + 0{,}7y = 6$
Das Lager muss 16 l der 20 %igen und 4 l der 70 %igen Essigsäure bereitstellen.

Kapitel 6

Seite 172

Zeichne entsprechend der Dreitafelprojektion drei Ansichten des Körpers.

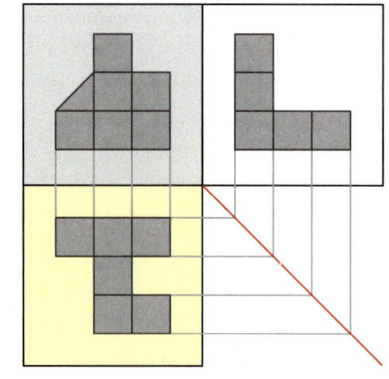

Lösungen zu den Aufgaben in Mehr zum Thema

Kapitel 7

Seite 190

Um wie viel Prozent wächst die Bevölkerung laut Prognose in den nächsten 40 Jahren in den einzelnen Kontinenten an? Überschlage zuerst und rechne dann zur Kontrolle nach.
Was stellst du bei Europa fest?

Nordamerika: +29,7 %   Europa: −2,6 %   Australien und Ozeanien: +52,8 %

Südamerika: +24,5 %   Afrika: +114,4 %   Asien: +23,5 %

Europa ist der einzige Kontinent, für den ein Bevölkerungsrückgang erwartet wird.

Überprüfe diese Aussage. Welche Aussagekraft hat dein Ergebnis?

Bei der Annahme, dass vier Menschen auf einen Quadratmeter passen, würden sieben Milliarden stehende Menschen eine Fläche von 1 750 000 000 m² oder 1 750 km² benötigen.
Somit stimmt es, dass alle Menschen auf die Fläche von Moskau passen würden. Das Ergebnis sagt allerdings nichts über den tatsächlich benötigten Lebensraum aus und ob zum Beispiel noch ausreichend landwirtschaftlich nutzbare Fläche zur Verfügung steht.

Zeichenerklärung

=	… gleich …
≈	… ungefähr gleich …
≠	… nicht gleich …
>	… größer als …
<	… kleiner als …
≥	… größer oder gleich …
≤	… kleiner oder gleich …
≙	entspricht
$\mathbb{N}_0$	Menge der natürlichen Zahlen
$\mathbb{Z}$	Menge der ganzen Zahlen
$\mathbb{Q}$	Menge der rationalen Zahlen
$\mathbb{R}$	Menge der reellen Zahlen
G	Grundmenge
D	Definitionsmenge
L	Lösungsmenge
{ }	leere Menge
∈	… Element von …
∉	… nicht Element von …
\	ohne
{a; b; c}	Menge mit den Elementen a, b, c
{x|x = …}	Menge aller x, für die gilt: x = …
$\overline{AB}$	Strecke AB
AB	Gerade AB
h ⊥ g	h senkrecht auf g
h ∥ g	zueinander parallele Geraden g und h
k(M; r)	Kreis um M mit Radius r
∢	Winkel
∟	rechter Winkel
⇒	daraus folgt
∞	unendlich
$\bar{x}$	arithmetisches Mittel
P(E)	Wahrscheinlichkeit des Ereignisses E
P($\bar{E}$)	Wahrscheinlichkeit des Gegenereignisses $\bar{E}$
|a|	Betrag von a
a^n	Potenzschreibweise; der Faktor a wird n-Mal mit sich selbst multipiliert.
√	Quadratwurzel
Σ	Summe
P(a|b)	Komponentendarstellung eines Punktes P im Koordinatensystem mit x-Wert a und y-Wert b

Stichwortverzeichnis

A
Additionsverfahren 110
antiproportionale Zuordnung 70
Äquivalenzumformung 42
Ausklammern 20
Ausmultiplizieren 20

B
Binom 26, 48
binomische Formeln 26
Bruchdarstellung der Steigung 82
Bruchgleichung 53
Bruchterm 53

D
Deckfläche 148
Definitionsmenge 53
doppeltes Produkt 27
Dreisatz 68, 70
dritte binomische Formel 26

E
eindeutige Zuordnung 74
Einsetzungsverfahren 107
erste binomische Formel 26

F
Faktor null 49
Faktorisieren 20, 30
Faustregel für den Kreisumfang 128
Faustregel für die Kreisfläche 128
Flächeninhalt des Kreisausschnitts 135
Flächeninhalt des Kreises 131
Flächeninhalt des Kreisrings 134
Formeln umstellen 55
Funktion 74, 75
Funktion, lineare 80, 85
Funktion, proportionale 78
Funktionsgleichung 77
Funktionswert 77

G
Gleichsetzungsverfahren 104
Graph 74
Grundfläche 148
Grundmenge 53

H
Hyperbel 73

K
Kehrbruch 57
Klammern in Gleichungen 46
Körperhöhe 148
Kreisausschnitt 135
Kreisbogen 135
Kreisfläche, Berechnungsformel 131
Kreisring 134
Kreissektor 135
Kreisumfang, Berechnungsformel 130
Kreiszahl π 130

L
liegender Zylinder, Schrägbild 153
liegendes Prisma, Schrägbild 151
lineare Funktion 80, 85
lineare Gleichung 102
lineare Zuordnung 80
lineares Gleichungssystem 102
Lösung 44
Lösungsmenge 44, 112
Lösungsverfahren 114

M
Multiplikation von Summen 23

N
negative Steigung 78
Netz Prisma 150 ff.
Netz Zylinder 150 ff.
Nullstelle 86

O
Oberflächeninhalt von Prismen 154
Oberflächeninhalt von Zylindern 158

P
positive Steigung 78
Prisma 148
Produkt des Wertepaares 72
proportionale Funktion 78
proportionale Zuordnung 68
Proportionalitätsfaktor 69
Prozentrechnung 182
Punktprobe 85

Q
Quersumme 51

S
Schnittpunkt 102
Schrägbild Prisma 150 ff.
Schrägbild Zylinder 150 ff.
Sonderfälle bei linearen Gleichungssystemen 112
stehender Zylinder, Schrägbild 153
stehendes Prisma, Schrägbild 152
Steigung 78, 80, 87
Steigungsdreieck 78
Subtraktionsverfahren 110

Stichwortverzeichnis

T

Tabellenkalkulation 186
Termumformung 18

U

Umfang des Kreises 130
Umstellen von Formeln 55

V

Variable, Auflösen nach 55
Verhältnis 56
Verhältnisgleichung 56

Vierfeldertafel 23
Vollkreis 135
Volumen von Prismen 156
Volumen von Zylindern 160

W

Wertepaar 74

Y

$y = mx + c$ 80
y-Achsenabschnitt 80, 87

Z

Zahlenpaar 102
Zinsrechnung 182
zusammengesetzte Figuren 137
zusammengesetzte Körper 162
zweite binomische Formel 26
Zwischengröße 72
Zylinder 148

Bildquellenverzeichnis

Seite 16/un.re.: Shutterstock/estherpoon
Seite 53/ob.re.: 100 pro imago sport/Westend61
Seite 54/un.re.: Fotolia/jaschin
Seite 55/ob.li.: ClipDealer/RicoK
Seite 57/un.re.: ddp images/Joachim Opelka
Seite 60/un.li.: mauritius images/Rene Mattes
Seite 63/ob.li.: Fotolia/pepperarts
Seite 63/un.li.: ClipDealer/kostrez
Seite 66/ob.li.: Glow Images
Seite 66/Mi.: Cornelsen Verlag, Berlin/Detlef Seidensticker, München, Foto: picture alliance/Heritage Images
Seite 68/ob.re.: Fotolia/Harald Biebel
Seite 69/un.li.: Cornelsen Verlag, Berlin/Detlef Seidensticker, München, Foto: Fotolia/Thomas Francois
Seite 70/ob.re.: Fotolia/by-studio
Seite 71/un.re.: Fotolia/A
Seite 72/ob.li.: Fotolia/annabell2012
Seite 75/ob.re.: Shutterstock/Kohlhuber Media Art
Seite 78/ob.re.: Shutterstock/srzaitsev
Seite 86/un.re.: Fotolia/Laurens
Seite 90/un. 3: mauritius images/Westend61/Dieter Heinemann
Seite 90/un. 1: Fotolia/ExQuisine
Seite 90/ob. 2: colourbox.com
Seite 90/ob. 1: Shutterstock/pukach
Seite 90/Mi. 4: Shutterstock/urfin
Seite 90/ob. 3: Shutterstock/pukach
Seite 90/un. 2: Shutterstock/pukach
Seite 91/ob.re.: Fotolia/johnmerlin
Seite 94/Mi.re.: Fotolia/Jurapix
Seite 97/ob.li.: Fotolia/ipq7
Seite 100/ob.re.: 100 pro imago sport/Schwenke
Seite 100/un.re.: Visum/Wolfgang Steche
Seite 111/Mi.re.: Fotolia/ehrenberg-bilder
Seite 112/ob.re.: picture alliance/augenklick
Seite 119/un.re.: F1online/Maskot
Seite 126/un.re.: Shutterstock/Steve Collender
Seite 126/ob.re.: mauritius images/Alamy/PhotoStock-Israel
Seite 132/ob.re.: ddp images/360° Creative/Wolfilser
Seite 132/un.re.: picture alliance/KEYSTONE
Seite 133/Mi.re.: mauritius images/Alamy Stock Photo/Stock Connection Blue
Seite 133/un.li.: Cornelsen Verlag, Berlin/Detlef Seidensticker, München, Foto: Fotolia/fgniffke
Seite 133/un.mi.: Cornelsen Verlag, Berlin/Detlef Seidensticker, München, Foto: Glow Images/ImageBROKER RF
Seite 134/ob.re.: Colourbox.com/M. Panchenko
Seite 134/un.li.: Cornelsen Verlag, Berlin/Detlef Seidensticker, München, Foto. Fotolia/euthymia
Seite 134/Mi.re.: Dr. Hans-Peter Waschi, Wolnzach

Seite 135/ob.re.: Cornelsen Verlag, Berlin/Detlef Seidensticker, München, Foto: Fotolia/baibaz
Seite 139/Mi.re.: Cornelsen Verlag, Berlin/Detlef Seidensticker, München, Foto: mauritius images/ALAN OLIVER/Alamy
Seite 141/Mi.re.: Cornelsen Verlag, Berlin/Detlef Seidensticker, München, Foto: Fotolia/Michael Rosenwirth
Seite 142/un.li.: Cornelsen Verlag, Berlin/Detlef Seidensticker, München, Foto: mauritius images/NICK FIELDING/Alamy
Seite 142/un.mi.: Cornelsen Verlag, Berlin/Detlef Seidensticker, München, Foto: Colourbox.com
Seite 148/ob.re.: Cornelsen Verlag, Berlin/Detlef Seidensticker, München, Foto: Fotolia/rdnzl (Milchtüte), Shutterstock/Tim UR (Käse), Shutterstock/Super8 (brauner Block), Shutterstock/Zhukov Oleg (Korken)
Seite 148/un.re.: Jens Ungerer
Seite 150/ob.mi.: Jens Ungerer
Seite 150/ob.re.: Jens Ungerer
Seite 152/un.mi.: Fotolia/cameraman
Seite 154/ob.re.: Shutterstock/Shawn Hempel
Seite 154/Mi.li.: Fotolia/Анна Скворцова
Seite 157/ob.re.: Cornelsen Verlag, Berlin/Detlef Seidensticker, München, Foto: Fotolia/Olaf Schulz
Seite 158/ob.re.: Cornelsen Verlag, Berlin/Detlef Seidensticker, München, Foto li.: Dr. Hans-Peter Waschi, Wolnzach, Foto re. Shutterstock/Zhukov Oleg
Seite 159/un.re.: Fotolia/Jutta Adam
Seite 159/ob.re.: Cornelsen Verlag, Berlin/Detlef Seidensticker, München, Foto: Fotolia/womue (Papierrolle)
Seite 160/ob.re.: Shutterstock/photogal
Seite 161/un.re.: Cornelsen Verlag, Berlin/Detlef Seidensticker, München, Foto: Fotolia/Countrypixel
Seite 166/Mi.li.: Fotolia/Robert Kneschke
Seite 168/ob.re.: Fotolia/rdnzl
Seite 175/ob.re.: Fotolia/Countrypixel
Seite 176/Mi.re.: Fotolia/Starpics
Seite 177/Mi.li.: Shutterstock/Syda Productions
Seite 181/un.li.: www.colourbox.de
Seite 181/ob.re.:100 pro imago sport/WEREK
Seite 183/un.li.: Shutterstock Creative/vchal
Seite 183/ob.re.: mauritius Images/Photoshot Creative/Paulo de Oliveira
Seite 187/ob. li.: 100 pro imago life/AFLO
Seite 187/ob.re.: Fotolia/industrieblick
Seite 188/ob. li.: picture alliance/Augenklick/Roth
Seite 188/un.re.: Fotolia/UbjsP
Seite 189/ob. li.: Fotolia/sdecoret
Seite 189/ob.re.: Fotolia/Dr Ajay Kumar Singh
Seite 190/un.re.: 100 prop imago life/Manngold